這世界有點糟
但還有救！

面對氣候變遷、環境汙染、物種滅絕，
用數據打敗末日宿命，
從七個永續關鍵點啓動「對地球好」的行動

Not the
End of
the World

Hannah Ritchie
漢娜・瑞奇 著　　葉妍伶 譯

獻給我的父母，你們是溫柔與智慧的化身。

目次

前　　言　用不絕望的數字，喚起行動　005

第 1 章　永續議題：一體兩面　023
第 2 章　空氣汙染：為了能好好呼吸　045
第 3 章　氣候變遷：調降世界的溫度　079
第 4 章　人為毀林：看見林木，理解森林　133
第 5 章　糧食與農業：如何不「吃垮」地球　165
第 6 章　生物多樣性：守護野生生命　219
第 7 章　海洋塑膠：淹沒在垃圾海中　255
第 8 章　過度漁撈：掏空大海的貪婪行動　293

結　　論　改變正發生，成為永續新人類的起點　333
致　　謝　347

前言
用不絕望的數字，喚起行動

　　有愈來愈多的人對孩子們說：他們以後會死於氣候變遷，如果不是因為熱浪，那就是因為野火、颶風、洪水或饑荒。令人震驚的是，我們說這些話時，甚至眼睛連眨都不眨。這也難怪許多年輕人都覺得未來死定了，只要一想到這顆星球為我們準備了什麼，就會強烈的感受到焦慮與恐懼。

　　我每天在電子郵件信箱裡都會看到這種現象，世界各地的研究也反映出這股焦慮。[1]有一項調查詢問了全球十萬名16歲至25歲人，從他們對氣候變遷的態度中發現，[2]超過四分之三的人認為未來很可怕，更有一半以上的人說「人類要完了」。這種悲觀消極的感受遍布各地，英國、美國、印度和奈及利亞都有同感。無論國家貧富或安全程度如何，世界各地的年輕人都覺得他們命懸一線。

　　在這份調查中，五分之二的人不確定要不要生小孩。而在另一份2020年的美國調查發現，有11%沒有小孩的成年人（不限年齡）表示，「氣候變遷」是他們不生育的「主要原因」，另有15%則認為這是「次要原因」。[3]在介於18歲至34歲的年齡層中，相關比例更高。其中一位受訪者表示：「我若把小孩帶來這

個世界,要他們在可能面對世界末日的情況下求生,我會良心不安。」[4] 另外,這份調查也顯示,有6%的成人後悔生小孩,因為氣候一直變,他們對未來很絕望。

我們很想把這些話當成空談,不去當真。然而,有份不只以問卷調查的近期研究,透過民眾生育決定的實際數據發現:**非環保分子生小孩的意願比在乎環境議題的人高了60%**。[5] 當然,環保分子比較不願意生小孩的原因可能不只這一項,但這給了我們一些具體證據,看見對是否生小孩議題的焦慮,不是隨便說說而已。如果大家說不確定要不要生小孩是認真的,那他們的末日感和焦慮感也應該是認真的。

這話很實在,我知道這種感受很真實,因為我也有。我以前也深信我沒什麼未來了。

∞ 顛覆世界的宏觀數據

我大部分的時間都在思考這世界的環境問題。這是我的工作,也是我的熱情所在,但我差點放棄了。

我2010年開始在愛丁堡大學念環境地理科學。當時我才16歲,一臉呆萌,準備學習迎接這世界最大的挑戰。四年後,我毫無頭緒的離開了校園,而且我還感覺到無窮無盡、無法解決的問題無比沈重。在愛丁堡的每一天都提醒著我:人類如何虐這行星千萬遍。全球暖化、海平面上升、海水酸化、珊瑚礁死亡、北極熊挨餓、人為毀林、酸雨、空汙、漏油、過度漁撈、殘害生態系。我印象中從未聽過任何環境有改善的趨勢。

在我讀大學的時候，我刻意緊跟新聞。因為我認為自己必須要隨時掌握這個世界的狀態。新聞媒體上到處都是天然災害、乾旱與飢餓面孔的畫面。看起來，死亡人數好像一直破歷史紀錄、生活在貧困中的人也增加了，挨餓的兒童人數更創下歷史新高。這使我堅信，我正生活在人類史上最悲慘的時段。

我們稍後就會看到，這些預設立場都是錯的。事實上，在幾乎所有案例中，這個世界都在往相反的方向前進。你可能會以為在全球領先的大學裡念了四年就可以輕鬆打破這些單純的誤解。沒那麼簡單，甚至反而加深誤會，因為每堂課都讓我們更慚愧，感覺破壞生態罪孽深重。

大學的那幾年讓我很無助。儘管好不容易拿到學位，但我當時已經準備要放下執著、另謀出路了。我開始申請一些和環境科學無關的工作。然後，有一天晚上，一切都變了。我看到電視螢幕裡有很多的泡泡，有個小小的人在泡泡後面追著跑。

「我這輩子看到很多以前的殖民地在獨立之後，終於開始愈來愈健康、愈健康、愈健康。現在，他們終於走到這一步！亞洲和拉丁美洲的國家開始追上西方國家了。」泡泡有紅有綠，在圖表上互相疊加，看起來像全像投影。那個人開始揮動手臂，在螢幕上拖拉這些泡泡。他興奮熱切的表現讓人很難確定他的口音，但我想他應該是瑞典人。「現在非洲也來了！」他呼喊著。

這人就是漢斯・羅斯林（Hans Rosling）。如果你已經知道他是誰，你應該可以想起第一次見到他的樣子。如果你不知道他是誰，我有點羨慕：因為你還有機會首度見證他的魔法。羅斯林是瑞典物理學家、統計學家和公共演說家。《自然》(*Nature*)

很多年輕人認為,世界將因為氣候變遷走向毀滅

16 歲至 25 歲年輕人對「氣候變遷如何影響未來」不同說法的認同比例。

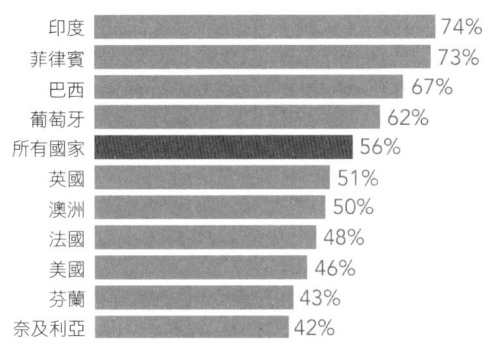

人類要完了

國家	比例
印度	74%
菲律賓	73%
巴西	67%
葡萄牙	62%
所有國家	56%
英國	51%
澳洲	50%
法國	48%
美國	46%
芬蘭	43%
奈及利亞	42%

未來很可怕

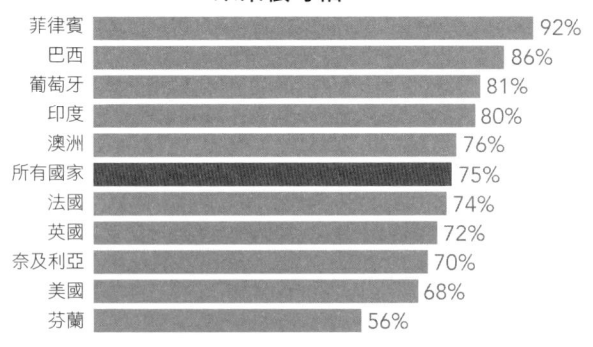

國家	比例
菲律賓	92%
巴西	86%
葡萄牙	81%
印度	80%
澳洲	76%
所有國家	75%
法國	74%
英國	72%
奈及利亞	70%
美國	68%
芬蘭	56%

我不確定是否要生小孩

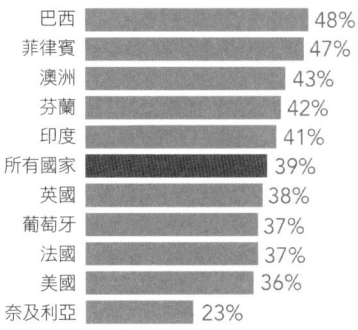

國家	比例
巴西	48%
菲律賓	47%
澳洲	43%
芬蘭	42%
印度	41%
所有國家	39%
英國	38%
葡萄牙	37%
法國	37%
美國	36%
奈及利亞	23%

期刊回顧了他的成就,掌握了他的精髓。「和漢斯・羅斯林相處三分鐘,就可以改變你對世界的看法。」[6]那三分鐘改變了我的世界觀。

你要知道,我對這個世界的理解全錯了,且不是錯一點點而已:我以為一切都在走下坡。可是羅斯林在講台上跳來跳去,提供各種事實,還有牢不可破的數據資料佐證。他說我完全搞錯了,每個人都搞錯了。這成了他最主要的任務。他在TED、Google或世界銀行,聚集了大群的知識分子、企業領袖、科學家,連全球公衛專家也找來了,他讓這些人知道自己徹底忽略了最基礎的事實。他們聽得很過癮!去看他的影片,你可以聽到觀眾在笑自己多麼無知。他為師時願意分享知識的那種慷慨,幾乎沒人能模仿。

羅斯林在授課時解釋,數據資料其實說明了人類最重要的幾個指標:有多少比例的人生活在極度貧困中、多少小孩失去了生命、多少小女孩有去上學或沒去上學、多少比例的小孩打過疫苗。我們幾乎從來沒有回頭看過這些數據,回顧全球發展的變化。我們倒是每天看著新聞,靠頭條來建立我們的世界觀。可是這麼做沒用。新聞經過設計,要告訴我們,嗯,新鮮事──獨特的報導、難得的事件、最近的災難。因為我們常常在新聞裡反覆觀看,不太可能發生的事件也變得好像可能會發生了。但事實不是這樣的。這就是為什麼他們要製播新聞,為什麼他們要攫取我們的注意力。

這些個別事件和報導很重要。新聞有存在的意義,但不能只靠新聞來理解整體局勢,這方法爛透了。很多真正深刻形塑世界

的改變，往往沒那麼稀奇、刺激、值得上頭條，而是日積月累、持續發生變化，要累積數十年後才會扭轉這世界，使我們幾乎認不出原本世界的模樣。

要真正看到這些變化，唯一辦法就是退一步「看長期數據」。這就是漢斯・羅斯林在社會議題上所做的事。環境議題也一樣。我一直在研究、寫作，疾呼這些趨勢將近十年了。我是「數據看世界」（Our Worldin Data）的首席研究員，我們就是用這種方式在看待地球上的每個大問題──貧窮、疾病、戰爭、氣候變遷。我在牛津大學是個格格不入的科學家，之所以「格格不入」，是因為我們做的事情剛好和別人眼中學者該做的事情相反。研究員通常會仔細深入探究問題，愈仔細愈好。不過我們則相反：看大不看小。

我的工作不是要進行原創研究或創造科學突破，而是去理解我們已經知道的事，又或是研究我們已有的資訊，再解釋給大家聽。透過文章、廣播、電視，我們也走進政府部門，這樣他們就可以透過我們的見解讓大家往前進。

如漢斯・羅斯林呈現的，頭條不會讓我們更了解全球貧窮、教育或公衛，掌握最近的野火或颶風動態也無助建立環境世界觀。想理解這世界的能源系統，並思考如何修復，不能靠新聞。

如果要看清真相，我們得掌握全貌，這表示需拉開距離。當我們後退幾步，才能看到真正徹底改變人生、影響局勢的事──人類此刻正站上前所未有的時間點，可以打造出永續世界。

∞ 末日思維，其實才是災難

「我們需要大家醒醒。我們需要大家開始注意！」很多人常用這個理由，強調環境浩劫的末日故事必須廣為宣傳。根據這些人的主張，一旦不宣傳的話，末日就會成真。我懂，在很多環境議題上，我們已經夢遊許久。我們把各種行動方案一直往後延，而之所以往後延，是因為環境衝擊還要過好幾十年才會影響我們。只不過那好幾十年早已過去，我們來到此刻。衝擊來臨，且已經發生了。

我想先把立場說明清楚：我沒有要否認或小看氣候變遷。我這輩子——不管是上班或下班時間——都在研究、書寫與理解我們的環境問題，並設法解決這些問題。這世界缺少了一股行動的急迫感。如果我們想要改變，讓大家注意到潛在衝擊的強度就很重要，但這不代表我們要向孩子說他們完蛋了。

讓我們先暫時這樣說吧：完全毀滅是誇張了點。這樣講會造成傷害嗎？如果能讓人認真看待問題，誇飾可能是好方法，但誇飾不過是為了去平衡那些刻意淡化問題的人。我深信一定有更好、更樂觀、更實在的方法可以往前進。

我認為末日論弊大於利，理由如下：**首先，這種末日說法通常不真實。**我不期待你現在就相信我，但我希望等你看完這本書之後，我可以說服你。這些問題確實很龐大急切，但這些問題都可以解決。我們還有未來。這裡的「我們」指的就是人類這個種族。沒錯，很多人會被嚴重影響，甚至被剝奪未來，但我們可以靠行動來決定這個影響人數。如果你相信人們有權知道真相，那

你應該要反對誇張的末日傳說。

第二，這樣的末日論述讓科學家看起來像笨蛋。每個主張大膽的末日行動分子最後都錯了。每戳破一次他們的說法，大眾對科學家的信任感就被削弱一點。這就中了否認末日者的圈套。只要這世界不會在十年內毀滅，否認末日者就會倒過來說：「嘿，看吧，那些瘋狂科學家又搞錯了。為什麼大家還要聽他們的？」因此，本書裡的每一章，我都會列出被證實為無稽的末日假說。

第三，或許也是最重要的理由：末日將至的說法會讓我們陷入癱瘓。如果我們已經沒救了，那努力還有什麼意義？末日論述不會讓我們更有效的推動改變，反而會奪走我們的動力。我還記得自己的黑暗時期也是這樣，我幾乎差點離開這個領域。我可以向你保證，在我重新建構世界觀之後，我更嚮往改變了。追根究柢，將氣候變遷視為末日，沒有比否認氣候變遷好到哪裡去。

唯有掌握特權的人才有資格選擇「放棄」。假設我們現在就不再嘗試，任由全球溫度再提高 1°C、2°C，讓我們無法達成氣候目標。此時，如果你生在富裕的國家，那可能會沒事，雖不至於一帆風順，但可以用錢度過危難。可是，對很多沒那麼幸運的人來說，就不是這樣了。那些生在較貧窮國家裡的人，沒辦法負擔自保的費用。因此，向氣候變遷認輸、放棄，不只毫無正當性且極端自私。

氣候科學家不接受挫敗。我認識的大多數氣候科學家都有小孩。他們每天都在思考、研究氣候變遷。而且，他們顯然不打算讓步，接受下個世紀就會要面對氣候末日的說法。他們認為還有時間可以確保孩子擁有活得下去的未來。美國太空總署的氣候科

學家凱特‧瑪沃博士（Dr. Kate Marvel）說：「從科學觀點和個人立場來說，我都明確反駁『孩子以後注定要不幸』的說法。」[7]

這倒不是說他們覺得氣候變遷的衝擊不值得擔憂。如果他們這樣想，他們就不必以氣候科學為業了。他們也不認為這世界已經做足因應準備──這幾十年來他們一直在懇求大家行動，而且幾乎每個氣候科學家都說我們行動速度太慢了，如果我們再不攜手合作，情況會更糟。好，那為什麼他們依舊樂觀，覺得我們還能做點什麼？可能的原因很多。其中一項原因是：我們在討論氣候目標時，可能有所誤會──1.5°C和2°C真的有差。但我們不應該把這個當做「門檻」──彷彿只要全球氣溫再上升1.5°C，我們就要焦了。這不是事實。1.5°C這數字沒什麼特別用意；不是說上升個1.499°C，大家都還活得下去，但超過1.501°C，地球就沒辦法住人。我們一旦開始進入1.5至2°C的範圍，氣候臨界點的風險和非線性氣候衝擊的程度就會大增。事實上，只要我們進入這個區間，每0.1°C都會愈來愈重要。差異在於，很多氣候科學家把這些數字當成「目標」。如果能控制在溫度目標內，那將是一件了不起的事，不過，即便無法限制在溫度目標之內，我們也還是得繼續努力。

這聽起來可能很迂腐，但卻十分重要。現實是，我們幾乎可以確定就要突破1.5°C目標了，且多數氣候科學家都預期如此。所以，如果大家認為這是末日的門檻，那當然會有浩劫感。

氣候科學家沒那麼悲觀的另一個原因是：他們相信一切都可以改變。過去這幾十年，對他們來說是場艱苦的戰鬥：大家都無視他們、很多人覺得他們危言聳聽。但如今，世界終於開始正視

氣候變遷的現實，人們也開始採取行動。這些氣候科學家知道改變是有可能的，因為他們已看見變化。儘管困難重重，他們正是推動這些改變的主要力量。

∞ 我們需要「又急又樂觀」

我以前覺得樂觀主義者都很天真，悲觀主義者則很聰明。悲觀主義好像是科學家不可缺少的特質：科學的基礎就是要挑戰所有的結果，把理論區分開來，看哪一種說法經得起檢驗。我以前認為批判刁鑽就是科學的其中一項基礎原則。

或許確實如此吧，但科學本質也應該是樂觀的。要不然我們怎麼解釋科學家願意一次又一次的實驗，即便成功的機率很渺茫？科學進展有時慢到讓人沮喪：這些人上人可以畢生鑽研一個問題，什麼結果都沒取得。他們之所以這麼做，是因為懷抱著希望：或許再幾步就會有所突破。他們不太可能是有重大發現的那個人，但仍有機會，可是只要他們放棄，機會就歸零了。

儘管如此，悲觀依舊聽起來比較睿智，樂觀聽起來好傻。我往往不太敢承認我自己很樂觀，總覺得我在別人心中的評價會因此掉分。但這個世界迫切需要樂觀的念頭。問題是，大家把樂觀主義誤會成「盲目的樂觀主義」了，沒來由的相信一切會自己變好。盲目樂觀才是真的蠢，而且危險。如果我們癱坐著，什麼也不做，一切不會自己變好。我講的不是這種樂觀。

樂觀主義是把挑戰視為進步的機會；是對我們能創造改變有信心。我們可以塑造未來，若我們想，我們甚至可以打造很好的

未來。經濟學家保羅・羅莫（Paul Romer）巧妙的區分「自滿型樂觀」和「條件型樂觀」的差異。[8]

自滿型樂觀就好像小孩在等禮物。條件型樂觀則是小孩在想著怎麼蓋樹屋：「如果我拿了木頭和鐵釘，並說服其他孩子幫忙，我們可以做出很酷的東西。」

還有人用其他詞彙來代替「條件型」或「有效型」樂觀，像是「積極樂觀」、「務實樂觀」、「實際樂觀」、「等不及樂觀」，這些詞彙都著重在靈感和行動。

悲觀主義者通常聽起來很聰明，這是因為他們會移動目標，來避免自己「出錯」。當一個末日論預言這世界會在五年內消亡，結果當日期過去地球還在，他們就只要再把日期改一改就行了。美國生物學家保羅・埃力克（Paul R. Ehrlich）*在1968年出版了《人口爆炸》（*The Population Bomb*），然而這十幾年來就是一直在改日期。[9] 他在1970年說：「接下來的15年內，末日將至。而所謂『盡頭』，我指的是地球能支持人類的數量到了上限，最終崩潰。」當然，這錯得離譜。他還有一次也是先射箭再畫靶，他說：「英國在2000年後就不存在了。」又錯了，埃力克會一直把末日期限往後延。悲觀主義的立場就是張安全牌。

別誤把批判當悲觀。批判主義對有效樂觀者很重要。我們需要檢視不同的點子，才能找到最有希望的解方。多數用創新改變

---

*不是同名同姓的德國物理學家，德國的埃力克因為對免疫學貢獻卓著而獲頒諾貝爾獎，他在20世紀初期發明了梅毒的治療方法，拯救了許多人的性命。兩人不可相提並論。

過世界的人都很樂觀，只是他們可能不自知。同時，他們也很批判：沒有人比湯瑪士・愛迪生（Thomas Edison）、亞歷山大・弗萊明（Alexander Fleming）、瑪麗・居禮（Marie Curie）或諾曼・布勞格（Norman Borlaug）對自己更嚴厲。

如果我們要認真處理環境問題，我們就要更樂觀，相信我們可以處理好。我們會在書中的各章節看到，這不是空談：世界真的在改變，而我們應該要更迫切的推動改變。

∞ 成為永續世界的第一代

德國有個行動團體叫做「最後一代」（The Last Generation），顧名思義，這個名字暗示著我們再不發展永續，終將滅絕。為了迫使政府採取行動，團體中的部分成員最近發起一場長達一個月的絕食抗議。他們不是隨口說說的，很多人最後都進了醫院，引起廣大共鳴。全球環保團體「反抗滅絕」（Extinction Rebellion, XR）也是根據這個信念而起。前面提到的調查結果也顯示出，很多年輕人對於「最後一代」的觀念都不陌生。

但我想採取相反的立場，我不認為我們會是「最後一代」。證據顯示事實剛好相反，我認為，我們有可能會是「第一代」。我們有機會成為讓環境更好的第一代，人類歷史上達成永續的第一代（沒錯，這好像很難相信，繼續聽我說，我稍後會解釋）。我這裡所指的「世代」比較廣義。我來自一個會被環境問題定義的世代，在我小的時候，氣候變遷才剛受到注意；我成年之後，多數時間都在經歷重大能源轉型，我看到很多國家從完全依賴化

石燃料走向完全不使用,很多政府都保證要在2050年前完成淨零碳排,而到那時候我已經57歲了。我在寫這本書的時候,感覺自己正代表了一整個世代的年輕人,我們都想看到世界改變。

不過,這個專案計畫當然還牽涉到很多世代。有些是我的上一代,如我的父母和祖父母;有的是我的下一代,像我以後的小孩(還可能有孫子)。世代之間常被描繪成針鋒相對:下一代怪上一代破壞了地球,上一代覺得下一代歇斯底里、義憤填膺。追根究柢,其實我們多數人都只是想建立更好的世界,讓我們的子孫可以成長。我們必須一起合作才能達成這個目標,這個轉型需要我們所有人的參與。

在這本書裡,我會說明為什麼我認為我們可以是永續第一代。我會逐一探討每個環境問題,回顧歷史發展,說明我們目前的現況,並提出我們如何打造一條路徑,邁向更好的未來。多數章節都會從一個聳動——破壞力強勁——的新聞標題開始,這些你可能以前都看過,我會解釋為什麼這些標題都錯了。關於地球健康,太多關於「我們不該怎麼做」的資訊把我們給淹沒了。我會指出真正在創造改變的大事,點出我們應該把注意力放在哪裡,不必為了哪些事情倍感壓力。

我將從高空講起,然後慢慢往下,走過七大環境危機,我們要永續就得解決這些問題。我會先從空氣汙染開始,接下來談氣候變遷。然後把目光轉移到地面,探討濫伐導致人為毀林、食物危機和危及地面其他種族的生命。接下來,我們會潛到水裡,看看塑膠海廢,最後深入了解目前海洋魚類資源的現況。

我們的環境問題會重疊,吃的食物會影響到氣候變遷、林木

濫伐和地球上其他種族的健康。如果我們多吃陸地上農場產出的食物，海洋魚類的壓力就會小一點。焚燒化石燃料不只會加劇氣候變遷，還會汙染空氣、傷害我們的身體。環境問題從來都不是獨立的議題。我希望你看完這本書後，可以更清楚的理解到這些議題環環相扣，也能看見我們手中一些最重要的解方，其實能同時解決多個問題——而這正是我們未來最寶貴的資產。

∞ 這六件事，請放在心上

我們要探討的議題很龐雜，會讓人不舒服，而且遺憾的是，我提出的部分主張或數據可能被人有心誤用。請你在閱讀本書的時候把這六點放在心上。

（1）我們正面臨重大的環境挑戰

令人意外的是，在許多環境議題上，有些趨勢其實是朝著正確的方向前進。但有時候，這些正面的趨勢會被不負責任的人拿去利用：「你看，放心啦，這根本不是問題。」

這不是我的立場。我們面對的環境挑戰依然龐大。如果我們不處理，後果將具毀滅性，而且極其不平等。我們一定要行動，必須擴大規模行動，而且要比過去的速度更快。

（2）就算無關存亡，也不能不行動

我不認為氣候變遷或其他環境問題會讓我們整個種族滅絕，反之：核戰、全球瘟疫、人工智慧對人類生存造成的風險更高。

而有些人以此為由,企圖減少對氣候變遷的注意:「為什麼有人在忙這些事情,明明我們應該把重點放在危險的病原體或核戰的威脅呀?」

這種思維很奇怪。全球有80億人——我們可以同時處理不只一、兩個問題吧。我們甚至可以說氣候變遷會增加其他生存威脅的風險。減少氣候變遷的危害,也是在降低其他風險。

還有,從哪時候開始,只有生存危機才需要認真對待了?環境破壞的風險非常嚴重:大到會衝擊數十億人。對人類來說,這就是生存風險。

(3) 我們需要同時擁抱多種觀點

如果我們要看清這看世界,並開發出能帶來改變的解決方案,這點就很重要。情況有所好轉,不代表我們工作做完了。

舉例來說:自1990年起,每年兒童的死亡數已經減半了。這是個偉大的成就,但如果你在網路上分享這項重要的事實,通常會得到這種回應:「哦,所以你覺得每年還有500萬個兒童死亡沒什麼囉?」當然不是這樣。這是地球最上糟糕的事情之一,但這兩項事實並沒有互斥。我們有了重大的進展,但還有很長的路要走。如我的同事麥克斯・羅瑟(Max Roser)所說:「這世界好多了;這世界很糟糕;這世界可以更好。」[10] 以上三句話都是實話。

若我們否認第一句話——我們有進步——我們就無法繼續累積心得和經驗,繼續往前進。否認這項事實就是在剝奪我們的靈感和啟發,讓人不相信有可能改變。

如果我每次提到環境有在改善的趨勢,都要加上警語:「但我的意思並不是一切都很完美喔。」那這本書讀起來就太累贅了。請大家記得,進步就是這樣。當我說有在進步,意思不是說現況已經很好了。

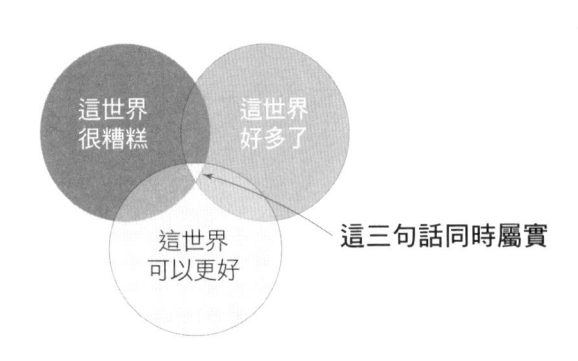

```
    這世界        這世界
    很糟糕        好多了
              ← 這三句話同時屬實
        這世界
        可以更好
```

(4)沒有什麼是注定,一切都有可能

回顧歷史與我們的現況,我會提出一條前進之道。我的建議絕對不是預言,而是各種可能性。

這點一定要分清楚。我不知道未來會發生什麼事,這要看我們行動的速度還有我們有沒有做出好決定。我能做的,就是把最好的選項都攤開來,希望這本書可以發揮作用,鼓勵大家去採取行動。

(5)我們沒有自滿的本錢

自滿的陷阱無處不在。若用騎單車來比喻,短期內,新問題出現的時候,我們很容易把腿放掉,不踩了,讓單車偏離原來的路線。我們不能讓這種事情出現。

俄國在2022年入侵烏克蘭時，很多國家拒絕購買俄國能源，導致能源價格立刻飆升，撼動全球經濟。很多國家必須找尋其他能源來用，有些國家便重起火力發電廠，又開始燒煤。

氣候行動走回頭路，讓人很失望，但這看起來只是暫時倒退。在碳排放量升高了幾個月之後，歐洲的煤炭消耗量又降低了，且以前所未見的極快速度轉型到可再生能源。俄國侵略烏克蘭讓很多政府有更多理由放棄化石燃料，投資自己能掌控的低碳能源。

這件事給我們上了兩課。第一，在前往永續世界的路上，會有顛簸。這些事件會害我們在修復環境問題時停滯不前，或甚至倒退。我們應該要有心理準備，遇到的時候也不要驚慌。我們最後會走到哪裡，取決於接下來這幾十年要做哪些事，不是只看未來三個月。第二，我們要開發出有韌性的系統，就算面對全球的變局，也不會偏離脫軌。若我們的經濟體依賴化石能源，我們就要看產油國的臉色。

（6）我們並不孤單

我希望我可以回去擁抱年輕時的自己。有好長一段時間，我覺得自己在面對這些問題時勢單力薄。就像在逆風前行，而且風勢愈來愈強。

如果你現在有這種感覺，這本書就是我要寫給你看的。我想讓你知道，這條路上你並不孤單：很多人都在盡力打造更好的未來。有些人在鎂光燈下，但多數人你都沒見過：他們在董事會裡拚命改變企業策略；他們在政府裡制定政策；他們在實驗室裡設

計太陽能板、風電機座扇葉和電池；或者他們在田裡開創永續的方式來栽種食物。

　　環顧四周，你會發現不同層級的人——有在地社群裡的個體，也有影響深遠的世界領袖——都在逆風飛揚。他們雖然憂心忡忡卻決心滿滿，樂觀的相信今天做的事會創造不同的明天。

　　我動筆寫本書時，就特地印出小時候的照片，掛在電腦旁邊。十年前的我正需要這樣一本書，結合近十年來的研究與數據，讓我可以更清晰透徹的看待環境問題，並為我提供不同視角，協助我把自己從黑暗中拉出來。如果你正處在這樣的黑暗中，我希望這本書，也能成為引領你走出來的那盞燈。

第 1 章
永續議題
一體兩面

在我們開始探討環境問題之前，我必須先讓你知道一個不討喜的事實：這世界以前從來沒有永續過。我們的目標是一件以前從沒達成過的事。若想理解原因，我們得先看看永續的意思。

∞ 過去的世界從不永續

永續性的傳統定義來自一份聯合國的指標型報告。1987年，聯合國將永續發展定義為：「在不損害後代子孫滿足其自身需求能力的前提下，滿足當前需求的發展。」這個定義分成兩部分。一部分是要確保現在地球上的每個人──當前世代──可以過上健康好日子；另一部分是要確保我們的生活方式不會糟蹋未來世代的環境。我們不應該造成環境破壞，導致未來子孫沒機會過上健康好日子。

這說法不是沒有爭議。有些永續性的定義只著重環境要素。根據《牛津英語字典》（*Oxford English Dictionary*），永續性是「環境永續的特質；企業既能維持或持續下去，又能避免長期耗竭天然資源的能力」。這其實就是委婉的說：「確保你今天做的事情不會傷害明天的環境。」有些定義沒有要求人類在追求永續時也要滿足自己的需求。

我身為環保主義者，也偏向把重點放在第二部分：限制對地球的傷害。但從道德的角度來看，我也不能忽略第一部分。有很多人類的苦難其實都可以避免，如果沒去預防和因應，這也不符合永續的定義。

很多關於定義的爭議，是因為我們認定第一部分和第二部分

之間一定要有所取捨。不是選人類,就是選環保。這表示優先順序要一高一低,在「永續」議題上,那就是環境大勝。但這種取捨是過去式了。貫徹本書的核心主張是:未來不一定需要衝突。既然有辦法兩者兼得,就表示這些定義間的衝突應該要大幅減少。所以,如果你仍傾向只考慮包含環境的永續定義,那至少把人類的興盛繁榮也附加上去吧。

這個世界從來沒有永續過,因為我們從來沒有同時達成這兩個部分。如果我們只重視第二部分,就會覺得好像是因為碳排放、能源用量和濫捕濫漁,才使這個世界在最近變得不永續。我們以為這個世界以前是永續的,是我們對環境破壞讓生態失去了平衡。這個結論錯了。這幾千年來,不只是從農業革命開始,甚至在那之前人類就從未達到環境永續過。我們的祖先早已經把數百種大型動物殺到絕種,從燒木柴、燒木炭和農產廢物就開始汙染環境,人類很早就為了能源和農地而大量砍伐林木。[1-3]

確實,有些年代或有些族群可以和其他種族與大環境達成和諧的平衡。保護生物多樣性與生態系,很多原住民社群都辦得到。[4,5] 原住民族的原則核心就是尊重地球。美州原住民有句諺語說:「只取你所需,讓大地在你離開後仍維持原樣。」肯亞也有類似的古諺:「對地球好:這不是你父母給你的,是你的孩子借你的。」

我們對永續性的理解就從這裡開始。現代的定義很學術,把這些優美的諺語說得太拘謹了。

不過那些達成環境永續的社群都很小,那是因為當時的兒童死亡率很高:喪子導致孩子不多,所以人口不大。

若一半的孩子都無法長大,那這個世界就不符合「當前世代的需求」,因此也不永續。

這就是我們面對的挑戰。我們得確保這世界上的每個人現在都可以過上好日子,而且也得降低環境衝擊,未來世代才能過得好。這樣一來,我們就進入未知的領域。過去沒有任何世代擁有這種能兩全的知識、科技、政治體系或國際合作經驗。我們有機會成為第一個達成永續的世代。讓我們接下這個機會吧!

∞ 我們正活在最好的世代

我以前覺得自己活在人類最悲慘的年代,但現在我相信我活在最好的年代。「活在這時代最好了。」如果八年前有人這樣講,我一定會嗤之以鼻。其實,當我第一次在螢幕上看漢斯‧羅斯林演講,我差點看不下去。他住在哪個星球?

但這是事實。我希望看完以下數據與幾個人類重要指標的進展之後,你的想法也會改變。

(1) 兒童死亡率降低

讓孩子繼續活下去是人類最大的成就。大多數的人認為生老病死很自然,但「人能活到衰老才死去」其實是近期的發展。孩子可以比雙親活得更久,一點也不「自然」:這是我們努力的結果。

在人類歷史上,你只有一半的機率可以活到成年。大概有四分之一的孩子還沒過週歲就夭折了,另外四分之一沒有體驗過

讓孩子繼續活下去是近代才達成的成就

全球兒童死亡率,即五歲前死亡的新生兒比例。

青春期。[6]毫無例外。不管在哪個世紀或哪片大陸上,孩子長不大是很普遍的事。[7]就連菁英也沒辦法用錢保證孩子可以長大成人。羅馬哲學家皇帝奧理略(Marcus Aurelius)有14個孩子,其中有九個比他更早離開人世;達爾文(Charles Darwin)失去了三個孩子;狩獵採集的社會裡孩子的存活比例也一樣。研究員檢視了20份現代狩獵採集者與考古記錄的不同研究,發現至少有四分之一在嬰兒時期就離世,且有一半在青春期之前死亡。[8]

最近這幾個世紀,我們都還找不到方法讓孩子好好活下去。一直等到有乾淨水源、衛生條件、疫苗、充足的營養與其他醫療保健的發展,全球兒童死亡率才開始下降。近至1800年,全球仍有43%的孩子無法活過15歲。[9]現在這數字是4%——仍然高得令人傷心,但已經至少降低了十倍。

如果大家認為這個比率只有富裕國家在下降,那就錯了。過去50年內,每個國家都有顯著的進步。在1950年代的西非馬利,有43%的新生兒無法活過五歲,現在這比率只有10%。印度和孟加拉的兒童死亡率也從三分之一降低到不到三十分之一。

不只是比率在下降,兒童死亡人數也在下降。我出生於1993年,當時五歲以下兒童的死亡人口有1200萬。如今,這數字已經減少了一半以上。當然,我們還有很多工作要完成——每年有500萬五歲以下的兒童死亡仍是悲劇——但我們已經完成過去想都想不到的成就:我們的祖先絕對無法想像現在兒童死亡率降到這麼低。

(2)極低的孕產婦之死

我母親生我兄弟的時候難產,當時我曾祖母對她說:「要是在我們那年代啊,妳就活不下來了。」才僅僅幾個世代,我們已經讓懷孕產子的安全性提高數十倍——在某些國家可能更提高了數百倍。[10]

我母親死於難產的機率大約是萬分之一(我這裡用的是英國數據。這是國家平均數字,不直接反映我母親和其他長輩個人的風險,但這可以讓我們稍微了解機率);我祖母的機率大約再高兩倍;我曾祖母的機率則高了30倍,很驚人。今日,在大多數國家,孕產婦因懷孕生產而死的機率都很低。

孕產婦之死：孕產婦死亡率這幾個世紀來大幅下降

每十萬名活產嬰兒中，因孕產相關原因而死亡的女性人數。

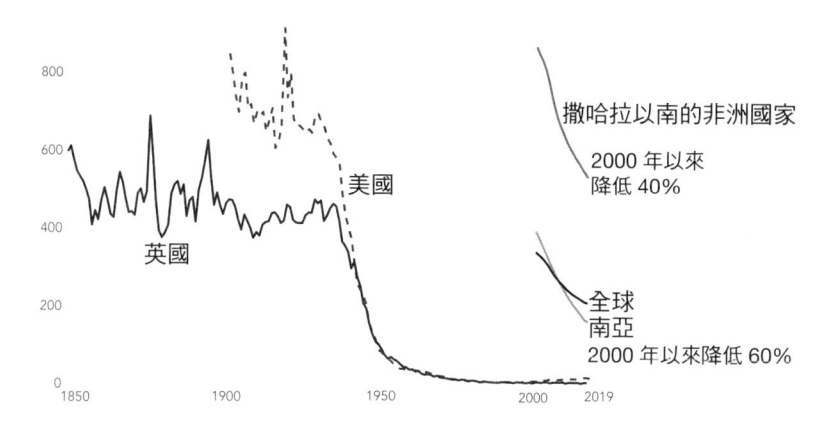

[圖表：顯示1850年至2019年英國、美國、撒哈拉以南的非洲國家、全球、南亞的孕產婦死亡率變化。撒哈拉以南的非洲國家2000年以來降低40%；全球、南亞2000年以來降低60%。]

（3）延長預期壽命

在19世紀前，英國人的平均壽命為30至40歲。[11] 就算是19世紀末、20世紀初，平均壽命也僅50歲。到了20世紀中期，平均壽命為70歲。2019年，平均壽命超過80歲。在200年之內，人類的平均壽命增加了一倍。*

這項進步不「只」是因為我們設法降低了兒童死亡率，而是降低了各年齡層死亡率。

＊我們應該在這裡說明「預期壽命」的意思，這代表一個人可能活多久。計算預期壽命有兩種常見的方式。同輩群體預期壽命（Cohort life expectancy），是指同輩生命長度的平均值，而同輩（cohort）指的是同一年出生的人。我們追蹤同一年出生每個人的死亡日期，計算出這一輩的平均壽命。這很難，我們得普查整群人，並得知每個人的死亡日期。另一種更常見的做法是期間預期壽命（period life expectancy）。這種做法是根據每年的死亡率去估計這一輩的平均壽命長度。期間預期壽命不會考慮未來平均壽命長度的變化。我們在書中提出預期壽命的報告時，用的就是期間預期壽命。

第1章　永續議題

同樣的,我們可以看到全世界都有進展。自20世紀開始,全球平均預期壽命從大約30歲延長到超過70歲。就連在最貧窮的國家,預期壽命也顯著進步。在肯亞、衣索比亞和加彭,預期壽命達67歲。在撒哈拉沙漠以南的非洲國家,整體平均預期壽命是63歲。

(4)飢餓與營養不良減少

在人類歷史上多數時代裡,我們的祖先每天都要拚搏,才能餵全家溫飽。農作物產量很低,供應吃緊。一個季節過不去──乾旱、洪水或蟲害──大家就可能陷入飢餓。

糧食不安全和饑荒很常見。或許在過渡到農業社會之前,很

世界各地的人都活得更久

出生時的預期壽命,根據當時死亡率估計當年度新生兒可能平均可以活到幾歲。

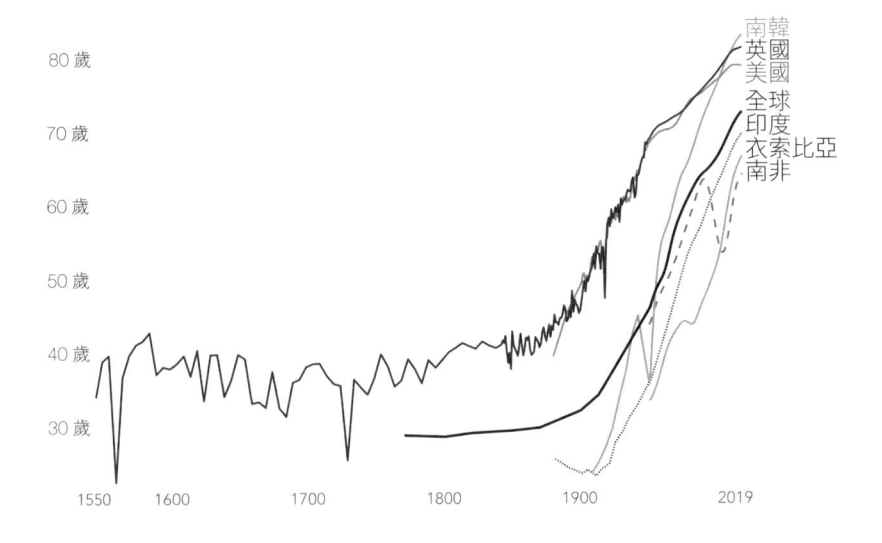

多部落和社群都有充足的營養。我們雖然無法確認，但能知道的是，在農業發展之後，一些小團體形成了村落，食物供應便無法預測。有很多人要養，但外出覓食的範圍變小了，田裡的收成又要看天吃飯。看起來彷彿無法避免饑荒與飢餓。不過，這都在20世紀的最後那幾十年改變了。儘管仍有幾次饑荒大災難，但農業科技進展讓產量大增，讓人可以打破過去的循環。

在1970年代，開發中國家裡大約有35%的人熱量攝取不足。到了2015年，這個比率降低了三分之二到13%。不過，還有很多人仍然面臨大問題。在2021年，全球大約有7.7億人——接近全球人口的十分之一——無法獲得足夠的食物。[12]但情況其實不必如此，現在我們生產的糧食遠遠超過需求量了。很多國家幾乎已經終結飢餓，而我們要確保每個國家都能做到。

（5）取得更好的基本資源

在人類歷史多數時間裡，我們都是從河流、小溪或湖泊取水，能不能取到乾淨的水全憑運氣。疾病肆虐，許多兒童會因為腹瀉或感染而死——這仍是許多貧窮國家的現況。獲得乾淨水源、環境衛生與個人衛生，已經每年拯救了至少數千人的性命。

在2020年，全球有75%的人可獲取乾淨安全的水源——2000年的數字是60%[13]——而此時全球有90%的人有電可用。[14]有些人認為電力是奢侈品——人類不需要因此消耗天然資源——但電力對健康、有產能的生活很重要。我們需要電力才能讓疫苗和藥品維持低溫；才能讓醫院設備持續運作；才能讓食物不受汙染；才能有照明讓孩子在夜間讀書；才能維持街道治安。

至於環境衛生和乾淨的料理用燃料，進展相對比較慢：只有54％的人能擁有衛生的廁所，60％的人擁有乾淨燃料。我們必須確保大家都能獲得這些資源，但不管我們用什麼指標來衡量，趨勢都持續往上走。如今，每天都有 30 萬人首次可使用電力，能獲得乾淨用水的人數也差不多，且這記錄已經維持十年了。

（6）受教育比率升高

　　我知道我有機會能完成學業很幸運，尤其我還是女生。在西方世界，應該要有更多人體會到自己有多麼幸運。我們所打造的世界，有更好的醫療保健、科技、連結和突破的創新，都是靠教育和學習的力量。

　　在 1820 年，全世界只有 10％ 的成人具備基礎閱讀技巧。[15] 而在 20 世紀，這個情況快速改變了。到了 1950 年，世界上識字的成人比不識字的多。現在，這個比率快要接近 90％ 了。

　　漢斯・羅斯林在 2014 年的 TED 演講中，提出了一個問題，讓觀眾很困惑：「今日在全世界所有低收入國家裡，有多少女孩把小學念完？」大多數的人認為答案是 20％，但正確答案是 60％。到了 2020 年，這數字更是增加到 64％。低收入國家裡男孩完成小學學業的比率更高，有 69％。在多數國家裡——包括許多最貧窮的國家——連女孩可能都有辦法完成小學學業，獲得基礎教育。*

（7）極端貧窮比例下降

　　今天，每個生活在極端貧窮狀態中的人都想逃離這個困境。

聯合國採用國際貧窮線的標準,將「極端貧窮」定義為每日可支配金額在2.15美元。根據全球各地物價不同,這個數字等於你在美國可以用2.15美元買到的東西。顧名思義,這條貧窮線極其極端,用來辨識哪些人身處於最貧乏的狀態中。在人類歷史上,多數時間裡,幾乎所有人都很窮。1820年,全球超過四分之三的人都活在當時的貧窮線之下。[16]現在這數字不到10%。☆

我聽過有人認為這比例雖然在下降,但生活在極端貧窮狀態中的人數卻在增加。這不是事實。1990年,全球有20億人每天能支用的金額不到2.15美元。到了2019年,這個人數少了不只一半,剩下6.48億人。若要理解這個發展,就等於是過去這25年來,每天都有報紙頭條寫著:「跟昨日相比,生活在極端貧窮線以下的人少了12.8萬人。」◎

我們應該要有更強烈的企圖心,不只是要超越每日2.15美元的貧窮線而已。好消息是:愈來愈多人突破了較高的貧窮線──每日可支用金額超過了3.65美元、6.85美元或24美元。以前,貧窮是常態,而現在,我們可以建立一個不一樣的未來。

＊當然,我們感興趣的教育指標不只這一項。重要的不只是在學時間,還有教與學的品質。這部分的數據讓人比較擔心。我們看到最貧窮的國家裡,很多孩子──或者說多數孩子──在還不會閱讀和寫字之前就輟學了(https://ourworldindata.org/better-learning)。

☆讓我說清楚:我們把重點放在國際貧窮線上──這條線以下就是最貧窮的國家。貧窮的定義很多種。我們對貧窮程度的理解,以及貧窮的變化會根據心中的定義而變。顯然,富裕和貧窮國家對於貧窮線的設定不一樣,這是為了獲得更多和國民所得相關的資訊。例如,美國認為一日可支配金額低於22.5美元就是貧窮,但在衣索比亞貧窮線則要降低十倍以上,是每日1.75美元。

◎如果你覺得這項國際發展是因為中國人比較不窮了,那你也錯了。就算我們把中國拿掉,極端貧窮者的比例還是大幅下降了。

全球貧窮人口的比例

此數據已根據歷史物價（通貨膨脹）與各地物價差異調整。

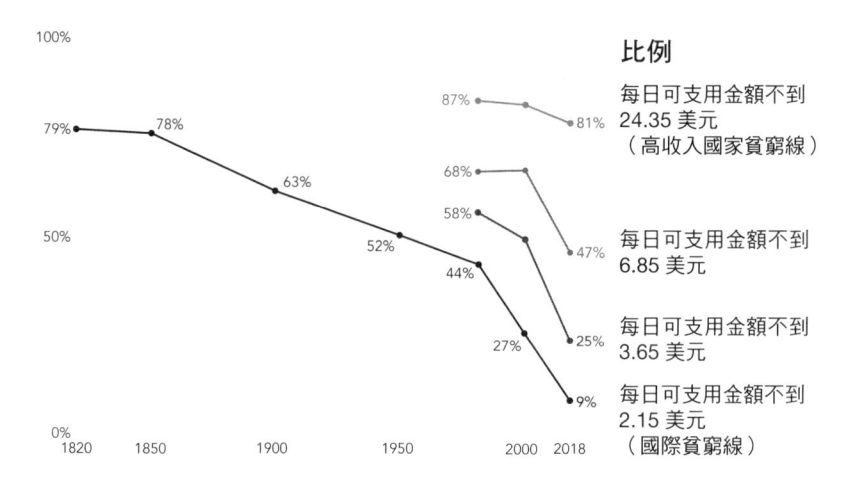

```
100%
         78%
 79%
              63%
50%                           68%    87%
                    52%       58%         81%
                         44%
                                     47%
                              27%
                                     25%
  0%                                  9%
  1820  1850  1900  1950  2000 2018
```

比例

每日可支用金額不到
24.35 美元
（高收入國家貧窮線）

每日可支用金額不到
6.85 美元

每日可支用金額不到
3.65 美元

每日可支用金額不到
2.15 美元
（國際貧窮線）

∞ 正視永續的環境面

　　我們剛剛看完了改變數十億人生活的七項發展。不過，為了達成這些進步，環境代價很高昂。永續等式的前半部分已經大幅改善，後半部分卻變糟了，這點不容爭議。我們接下來將詳談的七大環境問題，討論我們可以如何平衡永續定義裡的環境面。我們必須理解目前已經達成的進展，以及我們是怎麼一路走過來的。這會讓我們看到：如果我們要實現永續世界的夢想，還得做哪些事才行。我們先概述這些問題，看見全貌，再一一細究。

（1）空氣汙染

　　空氣汙染是全世界最大的殺手。據研究人員評估，空氣汙

染每年至少造成900萬人喪命，比近年來天災造成的死亡人數還高450倍。但空氣汙染不是最近才出現的問題。從人類發現火就開始了。我們燒東西，空氣就被汙染了。不管燒木柴或煤炭都一樣，汽車裡的油也是。要解決空氣汙染的難度很高，但我們知道我們辦得到：因為，許多富裕國家的空氣已是這幾個世紀以來最乾淨的。如果我們可以在每個地方複製同樣的做法，每年就可以拯救數百萬人。

（2）氣候變遷

全球在升溫。海平面在上升，冰原在融化，各種物種在掙扎著適應變化的氣候。洪水、乾旱、野火和致命的熱浪，人類要面對雪崩般的各種問題。農夫有歉收的風險，城市有被淹沒的風險。主因只有一個：人類排放溫室氣體。我們燃燒化石燃料、砍伐林木、飼養牲畜換取能源和糧食──這些當然都對人類的進步很重要。但我們要付出的代價就是嚴峻的氣候變遷。如果你看到歷史上二氧化碳排放量的數據，就會相信我們毫無進展。但過去這幾年內，我們進步得很快。我們希望在短時間之內，達到充足能源和低碳足跡之間不必取捨：我們可以過著繁盛的生活，又不會改變周圍的氣候。

（3）人為毀林

過去一萬年來，我們已經砍伐了世界上三分之一的森林，主要改為農地栽種作物。在這其中，有一半的森林是在近一個世紀中被砍伐的。當我們砍下林木，我們就會釋放出原本儲存在林木

裡數十萬年內的碳。但毀林不只是氣候變遷的問題而已。森林也是地球上最多樣的生態系統：動物、植物和菌種，數千年來在森林裡形成複雜相依的網路。把森林砍倒，我們就摧毀了美麗的棲息地。大家可能會覺得現在是毀林的高峰期，但事實並非如此，我們這幾十年來在解決這件事情上有不錯的進展，有機會成為不再毀林的一代。

（4）糧食與農業

毀林主要是為了糧食，這是我們下一個大問題。飢餓的問題在過去50年內已經大幅下降了。可是栽種更多食物已經影響到我們面對的每一個環境議題。全世界的溫室氣體排放量，有四分之一是因為要生產糧食；全球一半的可居住用地與七成的淨水都用來生產糧食，這是破壞生物多樣性的主因。

栽種足夠的糧食不是問題——問題是我們要用聰明的方法來栽種和使用糧食。做更好的決定，我們就可以在不把地球烤焦的情況下讓90億至100億人吃飽飽。

（5）生物多樣性

我們要關心的不只是農場動物，野生動物也很慘。會失去生物多樣性的原因，就是本書中提到的各種問題：氣候變遷、人為毀林、失去棲息地、狩獵野生動物、塑膠汙染、過度漁撈都會影響到其他物種。我們和動物的衝突並不是新鮮事——數千年來我們一直在和動物爭奪。在上個世紀裡，動物絕種的速度加快了，因此有人問我們是不是在經歷「第六次大滅絕」。在人類歷史

上,大多數時間裡,人類都在和野生動物爭資源,但有條路可以讓我們兩邊都繁盛。

(6)海洋塑膠

塑膠是這本書最「現代」的問題,這是一種有奇效的材料,也是一場環境災難。事實上,就是因為塑膠有魔力,所以才會成為環境災難。塑膠很便宜、輕量、多功能,給我們許多好處,讓我們可以傳遞救命用的疫苗,也可以預防食物浪費。不過,每年有100萬噸的塑膠從河川流進海裡,留下的環境印記就算是未來數十年或數百年都消不掉。很多人認為要阻止塑膠汙染,就是要完全不用塑膠。但這實在不可能,也不是我們想要的解決方案。幸好,我們還有解決工具,而且有很多國家都已經在用了。

(7)過度漁撈

最後,深入海洋看看過度漁撈的問題。新聞報導和紀錄片都用上聳動的標題,來說明海洋的現況。最流行的說法是:在本世紀中,海洋就會空蕩蕩了。這不是事實,但這也不代表濫捕不是問題:世界上的很多魚種都在快速耗竭。鯨魚的數量和過去相比少很多;全球的許多珊瑚都白化瀕死——這可是世界上最多元的生態系。但這些問題我們都可以處理——事實上,我們最典型、最瀕危的魚種和鯨魚在這幾十年都有復育,而且進展顯著。

∞ 兩個無用的解決方法

在我們起飛前往第一站之前,我必須先檢討幾種會影響到這些挑戰的說法。當我們仔細拆解,其實整體的環境衝擊很簡單,就是:人口數量 × 每個人造成的影響。當我們這樣想,就可以看到兩個宏觀的解決方案:減少地球上的人口,或透過刻意縮小經濟規模,來減少個人對環境的衝擊。

這種說法——分別稱為減人口(depopulation)與棄成長(degrowth)——在環境辯論中都有很多人高聲疾呼。但事實上這兩個選項都沒用。我們沒辦法靠減少人口或延緩成長的方式來達成永續。我會在後續章節詳述原因,但首先,我們開始之前你必須先知道這幾件事。

全球每位女性生育率的數字都在快速下降

生育率是指女性若能活到可受孕生產的年紀,平均所生的孩子數量。

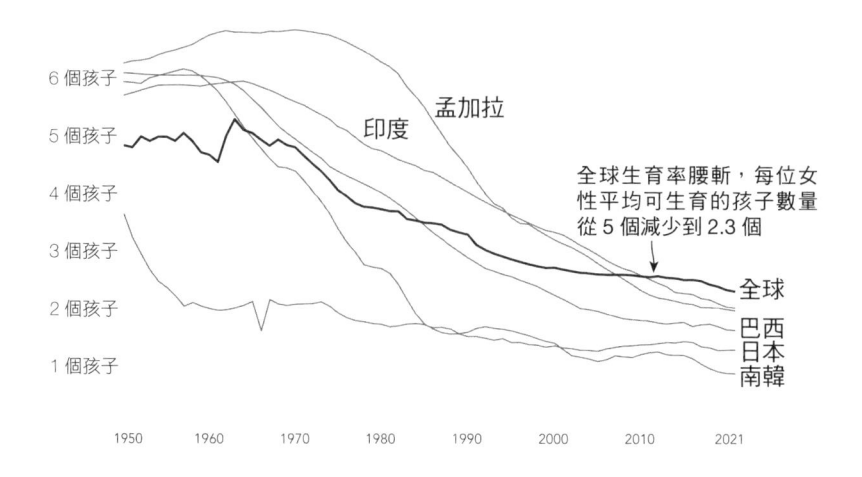

全球生育率腰斬,每位女性平均可生育的孩子數量從 5 個減少到 2.3 個

（1）減人口

很多人擔心全球人口成長得太快了，他們擔心人口呈指數型成長會失控。這不是事實。全球人口成長的速度——每年與前一年相比來計算——在很久以前就已達到高峰。1960年代的人口成長率超過每年2%。[17] 在那之後成長速度就減半了，2022年的人口成長率僅0.8%。這速度還會在未來十年繼續下降。人口成長若要呈「指數型」，就必須每年超過2%。

造成這種現象的原因，是因為現代女性的生育率比以前低。在人類歷史上的多數時間裡，女性生育五個小孩以上相當常見。但這不會導致人口迅速成長，因為很多孩子都死得早。一直到1950和1960年代，全球女性平均生育率都維持在這個數字——五個小孩。[18] 幸好，後來能活下來的孩子愈來愈多，所以人口迅速成長了。不過，從那之後，全球生育率也掉了一半以上，現在每位女性平均只產下二至三個小孩。

因此，世界其實已經過了「兒童人口高峰」（peak child）。根據聯合國的統計資料，全球兒童數在2017年達到巔峰，*現在已經在走下坡了。這背後的意思是：未來世界上的兒童人口不會比2017年還多。全球人口成長會在這些小孩變老的時候達到巔峰。聯合國預測地球人口會在2080年達到100億至110億人。[19] 接下來，就會開始減少。

＊我們在此處討論的是五歲以下的兒童。但就算我們把15歲以下的人口都考慮進去，我們也已經過了巔峰期。據聯合國的預測，全球15歲以下的人口在2021年達到巔峰。

所以,快速的人口成長已經過去了,這世界沒有在面對不受控的「人口爆炸」。對某些人來說,這還不夠,他們認為我們應該要積極減少地球上人類的數量。《人口爆炸》的作者保羅・埃力克在書中表示,全球最適合的人口數應維持在十億人,直到今天都還這樣主張。好,事情是這樣的:如果我們暫時接受這是最適合的數量好了(但我不接受),我們也不可能快速的減少人口來解決環境問題。如果有人想這麼做,那其實是不懂人口變遷。

就算有些國家實施一胎化政策,讓生育率大幅降低——讓全球平均低到1.5——但當我們到了2100年,全球人口仍有70幾億,跟現在的數量差不多。要接近10億或20億、30億,那表示得殺掉數十億人,或完全不讓人生小孩。如果你覺得這方案可行,良心也過得去,那我對你無話可說。想要用任何人道的方式「控制」人口(如果真有這麼一回事),或許可以減少一點點環境問題,但絕對難有顯著變化。我們的永續解決方案必須要能規模化,讓幾十億人採用。如果這些方案能讓80億人採用,就能讓100億人採用。

永續的最終目標是要將每個人的衝擊降到零——或至少接近零。如果我們要為未來打造永續世界,那我們就必須盡可能用最輕的環境足跡往前進。這才是本書的重點:找出我們能實作的方法。每個人的衝擊若為零(或甚至是負數,那表示我們可以恢復過去的環境破壞),在那樣的世界裡,不管有10億人、70億人、100億人都可以,因為我們的總環境衝擊就是零。而此時,我們的永續定義就完成一半了。

（2）棄成長

那麼棄成長，也就是縮小經濟規模呢？這個主張的基礎是，過去經濟成長都要靠資源密集的生活方式。我們愈富裕，就會消耗愈多化石燃料以獲得能源，就會產生更多的碳足跡，就會用掉更多土地、吃更多肉。若沒有科技革新，確實是這樣，我們得依賴化石燃料發電、車子要用汽油、家電效能也不夠。但後面幾章會解釋，新科技讓我們可以將舒適的好日子與摧毀環境脫鉤。這樣一來，我們才可能成為永續第一代。在富裕的國家裡，碳排放、能源使用、人為毀林、農藥使用、過度漁撈、塑膠汙染。*有人認為愈窮的國家愈永續，事實並不是這樣。

棄成長無法建立永續的未來，還有另一個原因。棄成長的論點是，我們可以重新分配全球的財富，把富國的財富撥給窮國，運用現有的資源就讓每個人都有更高更好的生活標準。但這說法經不起數學驗算。[20] 這世界還太窮了，沒辦法透過重新分配就讓每個人都擁有高生活標準。

我們用想的就可以想通了。假設每個國家最後都跟丹麥一樣。幾乎所有丹麥人每日可支用金額都超過30美元，這是最富有的國家所採用的貧窮線，丹麥也是全球最平等的國家。[21] 這就是我想要的：世界上的每個人都過著舒適的生活，遠離貧窮，而且這個社會裡不公平的程度很低。

---

*如果你的反應是「對啊，但他們能辦到，是因為他們把破壞環境的因素都遷到海外，搬去較窮的國家了」，那麼很多人跟你有同樣的想法。有些國家確實是把環境衝擊轉嫁到外地，但就算我們把這點都算進去，富裕國家的環境足跡還是在下降。

然而，在這個情境裡，我們要進行全球重新分配：所有比丹麥更富有的國家都要調降到丹麥的平均收入，所有比丹麥窮的國家——也就是全球人口的85%——都要調漲。這些國家間都要平等，國內的不平等差距也得大幅縮小。我們只要重新分配世界上的錢就可以辦到嗎？

答案是：沒辦法：全球經濟規模至少要比現在大五倍才有可能。沒錯：要讓每個人脫離貧窮，並達到丹麥等級的平等，全球經濟至少要增加五倍。如果世界上的每個人每天都可支用30美元，又沒有不平等的現象（最窮的國家和最富裕的國家可支用金額都是30美元），全球經濟翻倍都不夠。

沒有經濟成長的世界就是個均窮的世界。我不確定富國的成長會怎樣，但數據很明確，我們需要全球強勁的經濟成長才能消弭貧窮，就算要重新分配財富也需要成長。

歷史上，很多國家靠石油或其他資源致富。因此，很多人認為成長就是「不好」。但我們沒必要一直這樣想。如果一個國家或一個人，可以帶頭提供平價的低碳能源，為全世界發電，我會樂見他們更有錢。而且，他們真的有可能做到。這是環境問題上巨大的「解法真空」帶。先進入這個領域的人可以大發利市，同時為我們的環境問題開發解決方案。國家可以帶頭使用「好」科技來「成長」，而不是只埋頭用會汙染的科技。

這又帶到了另一項主張，那就是有錢就有選擇。要修復環境問題，我們所需要的解決方案和科技是這幾十年才出現的，有些方案，例如太陽能和電動車，則是這幾年才有的。在那之前，這些科技還不存在，或者太貴了。是透過多年的投資與發展，才出

現競爭,把價格降下來——投資和研發都需要政府與創業家的大筆現金。

數十萬年來,燒木頭是唯一可以「控制」溫度與亮度的方法。然後,幾百年前,我們的祖先又找到其他方式——雖然有破壞性——鯨魚油和煤炭。我們是這幾年才有了真正的選擇。

經濟成長和降低環境衝擊可以共容。在這本書裡,我會讓大家看到我們可以減少環境衝擊並扭轉過去的破壞,同時變得愈來愈好。最大的問題是我們能不能在夠短的時間裡讓經濟成長與環境破壞脫鉤。答案就取決於我們今天要採取什麼行動。

我們已經看到了永續定義的前半段,人類已經進步了很多。減人口或棄成長不管有多少人擁護,都不會是後半部分的解法。事實上,這會讓前半部分和後半部分都退步。我們該怎麼做?現在,我們該逐一探討七大環境問題,看我們要怎麼解決。

第 2 章
空氣汙染
為了能好好呼吸

北京的空氣末日：一座被汙染到「快要無法居住」的城市
——2014年《衛報》[1]

在「全球汙染嚴重程度」排行榜上，北京一直是名列前茅，對西方媒體來說，北京簡直就是全球空氣汙染的代表。汙染程度嚴重到被稱為「空氣末日」（airpocalypse）。

2008年北京要舉辦夏季奧運時，當地的空氣品質引起了全世界的關注。政府為了迎接奧運採取各種行動，試圖讓汙染程度大幅下降。[2,3] 城市內有一半的車輛都只能停在路邊不能開，政府關閉部分工廠，還停止所有建築營造活動。這些措施雖然奏效，但那場奧運仍然是歷史上空氣汙染最嚴重的奧運賽事之一。媒體紛紛報導汙染如何影響運動員和觀眾的健康，但事實是，短短的奧運期間，他們接觸到的髒空氣其實已經比當地人平常呼吸的空氣乾淨多了。

到了2022年北京冬季奧運會時，情況大不相同。這座城市的空氣品質在過去十年中迅速改善。原本是「快要無法居住」的城市，後來在報導中的標題則出現了藍天與無霧霾的晴空。[4] 在全球汙染程度最嚴重的城市榜上，北京已從前200名的名單上消失。2022年的改善措施與2008年不同，不是為了迎合國際遊客的短效改變，而是由市民要求並持續推動的永久改變。但這是怎麼辦到的呢？

2008年奧運結束後，北京的空氣品質繼續惡化。到了2013年，市民們的憤怒炸鍋了。他們要求政府監測空氣品質並提出

數據。甚至連中國的官媒都報導了嚴重的汙染問題,稱這不僅籠罩北京,也覆蓋全國多座城市。[5]中國政府迅速做出回應,並在2014年「向汙染宣戰」。中國政府對工業工廠制定出嚴格規定,淘汰老舊車輛,關閉城郊的燃煤電廠,並將供暖系統從燃煤鍋爐改為天然氣鍋爐,大大減少了汙染。

從2013年到2020年,北京的汙染程度下降55%,全中國的汙染程度也下降了40%。這些變化大幅影響國民健康:根據估計,北京居民的人均壽命增加了4.6年。*

到了2022年冬奧時,中國的環境形象已經改頭換面了。媒體不再關注霧霾,而是聚焦於滑雪跳台場地背後的一個獨特背景:一座已關閉、廢棄的鋼鐵廠,這是「向汙染宣戰」的其中一項犧牲品。每一次選手跳躍的背景裡都看得到鋼鐵場雄偉聳立的身影,象徵著中國更重視乾淨的空氣,也代表著中國要從汙染工業轉型的決心,避免讓國民減壽。

中國的空氣仍然不完美,汙染程度遠高於世界衛生組織(WHO)的標準,且是美國或歐洲城市的好幾倍。中國的環保工作還未完成。但這個案例為我們提供了一個重要的教訓:有公民的要求、足夠的資金和政治意願時,我們可以迅速行動,取得成果。

---

*請注意,中國的轉變並不公正,也非無痛無縫。在第一年冬季,許多家用燃煤機都被拆掉了,卻沒有辦法用天然氣保暖。很多家庭那年都沒有暖氣可用。

∞ 問題的來龍去脈：從昔日到今日

一講到空氣汙染，我們就會聯想到現代化和工業化，但這其實不是現代的問題。事實上，在全球很多地方，我們現在呼吸的空氣已經是千年來最乾淨的。

古羅馬哲學家塞內卡（Seneca，西元前4年至西元後65年）[*]對很多事情都能忍，但古羅馬的空氣實在骯髒到連塞內卡都知道會影響健康。他曾在短暫離開市區時這樣感嘆：「只要我遠離市區壓抑的大氣，以及廚房融合蒸汽和煤氣的臭酸可怕氣味，我就能馬上察覺到我在恢復健康。」[7,8]

就算回推到西元前400年，希波克拉底（Hippocrates）也曾在他的著作《空氣、水與地方》（*Airs, Waters and Places*）裡留下汙染致病的紀錄。[9]阿拉伯地理學家馬蘇第（Al-Mas'udi，西元896至956年）沿著絲路在中亞旅行時同樣提過汙染的事。[10]許多宋朝（西元960至1279年）的作家更都寫過他們很擔心燒煤的事。

我們到19世紀，才對空氣汙染的影響有顯著理解。而且在現在，我們更是處在一個獨特的時代，可以運用現代的解決方案，讓空氣汙染快速成為古代人類的問題。

空氣汙染的起因很單純：焚燒物質。當我們燒東西時——不

---

[*] 嚴格來說是小塞內卡，他在伊比利半島出生，算是現代的西班牙，不過他大半輩子都住在羅馬。

管是木頭、穀物、煤炭或石油——我們就會同時產生我們不想要的小粒子。這就是問題的根源,也是解決問題的關鍵。

最早的能源:燒木柴

我還小的時候,最喜歡全家去露營。不過,因為蘇格蘭的氣候關係,露營的機會很少,而且得去很遠的地方。但天氣晴朗的時候,我父親、叔叔和親戚就會打包行李,帶我們到遠方的林地去露營。我們會撿木材、點火。我可以坐在營火旁好幾個小時,平靜的享受火溫和火光,暖暖的、亮亮的,有靜心的作用。我現在還是很喜歡戶外篝火。

當時這個我覺得很奢華的活動,原來就是人類最大的隱形殺手。而且,現在仍是。人類至少在150萬年前就開始燒木取火了。[11] 火供給了熱能、得以料理的燃料,並在黑暗中提供保護,卻也帶來汙染,造成健康問題。

我們燒木頭時產生的小粒子,可能深入肺部造成各種呼吸道與心肺問題,包括心臟病和癌症。我們之所以會知道以前的人類就暴露在這種汙染源裡,是因為我們在數十萬年前的遺骸裡就看到了這些汙染物。研究人員在以色列卡西姆洞穴(Qesem Cave)發現40萬年前的狩獵採集社會,當時留下的牙齒就有煤炭的汙染物。[12] 據研究人員判斷,這些汙染是因為當時的人在室內生火烤肉。

研究人員也發現埃及木乃伊的肺部組織裡有空氣汙染的證據。科學家羅傑・蒙哥馬利(Roger Montgomerie)檢視了15具木乃伊的背部——其中有貴族也有祭司——他找到許多小顆粒和

肺部受傷的痕跡，可能就是因為暴露在汙染中和受肺炎等疾病所引起。[13] 儘管我們現在有化石燃料、汽車和其他各種汙染，蒙哥馬利仍相信，幾千年前的汙染程度和現在差不多。

儘管在曠野升營火可能對我沒有造成太多傷害，但我們現在知道長期暴露在焚燒木頭和其他生物質（biomass，編按：適合做為燃料的死亡動植物有機體）所釋放出的小粒子中，對人體健康有害。尤其是封閉空間，大家圍爐烹調或取暖更不好。

但百萬年來，我們的祖先只有這種能源。*不管他們是否知道自己吸進去的空氣可能會影響健康，可是若不燒木頭，代價更嚴重。他們需要燃料來烹飪、加熱、照明和避免危險。或許壽命會因為呼吸道感染、心血管疾病或肺癌而縮短，但是生活品質會提高。我們等一下就會看到，現在仍有數十億人在做這種取捨。最終，取得能源總是會贏過其他考量。

最毒的能源：燒煤炭

煤炭是最髒的化石燃料，不但會在燃燒的時候產生最多汙染，加速氣候變遷的力道也最強。不過從燒木頭到燒煤炭，仍是一大進步。煤炭每公斤能產生的能量是木材的兩倍，而且不需要砍伐森林。

到了15世紀和16世紀，許多富裕的國家就快把森林都砍完

---

*我們不知道究竟人類是在什麼時候發現火的，考古證據顯示出人類在十萬年前就普遍已知用火，不過，有些地方的證據指出，人類最早可能在150萬至200萬年前就發現火了。

了。英國和法國的森林有四分之三都被砍伐殆盡。[14] 保護僅存的林地成了國家要務。很多國家的人開始在家裡改以燒煤做飯、取暖。城市這時興起，家家戶戶都有燒煤炭的爐子，家中瀰漫著煙，再從門窗飄出去，所以街道上也都是煙。不管家裡或街上，空氣中都是煙霧。這是無聲的殺手，但似乎為了進步，不得不付出這樣的代價。

以前的空汙比今日更嚴重

我這輩子都住在兩座以空氣骯髒聞名的城市裡。幾個世紀以前，諾爾湖區（Nor' Loch）是愛丁堡的重點小鎮，當時市區廢水都排到這裡，連屍體也都集中在這裡。空氣中總是有股讓人想吐的臭味，再加上市區煙囪與煤火排放出來的毒煙，使這座城市持續被濃厚的霧覆蓋著，也因此愛丁堡才會被叫做「老煙城」（Auld Reekie）。

如果愛丁堡是「老煙城」，倫敦就是「大煙城」。現在很難生動寫實的描述倫敦在18世紀和19世紀到底被汙染成什麼樣子。這座城市終年籠罩在厚厚的霧霾中，成為犯罪的溫床——燒煤讓小偷穿上了隱形斗篷。空氣經常糟到人們無法出門。

空氣汙染讓居民健康付出龐大的代價，這點愈來愈明顯。光呼吸就是個定時炸彈了。在50年內——1840年至1890年——支氣管炎造成的死亡率就增加了12倍，代表每350人就有一人死於支氣管炎[15]。如果這數字維持到今天，那麼倫敦每年都會有2.6萬人死於支氣管炎。

1952年12月的霧霾最嚴重，如悲劇般籠罩整座城市。當時

空氣汙染的程度已經相當高，不幸又加上寒冷，而且沒有風，代表懸浮微粒都留在空氣中。倫敦完全停擺，倫敦人幾乎什麼都看不到：要出門的話得拖著腳步曳足而行，才能感覺到人行道和障礙物在哪裡。救護車不能上路。建築物室內也都是汙染，音樂會和劇場被迫取消演出。倫敦大霧霾只持續了四天，但幾乎造成萬人死亡，十萬人因呼吸道問題重病。

德里是目前世界上汙染最嚴重的城市，常常霸占汙染排行榜，不過如果18世紀或19世紀的倫敦也能參賽，光憑懸浮微粒就肯定可以奪得冠軍頭銜。

這不代表現在我們面對的空汙問題就是小事。一點也不小。髒空氣仍是世界上最大的殺手之一。當我看到照片裡德里或北京被蓋在厚重的霧霾下，都忍不住一陣心驚。我的重點是：現代汙染的程度好像讓人覺得前所未有，其實不然。大家聽了應該鬆口

倫敦過去的空氣汙染比現在的德里更嚴重

懸浮微粒濃度的平均值，單位為每立方尺內多少微克。

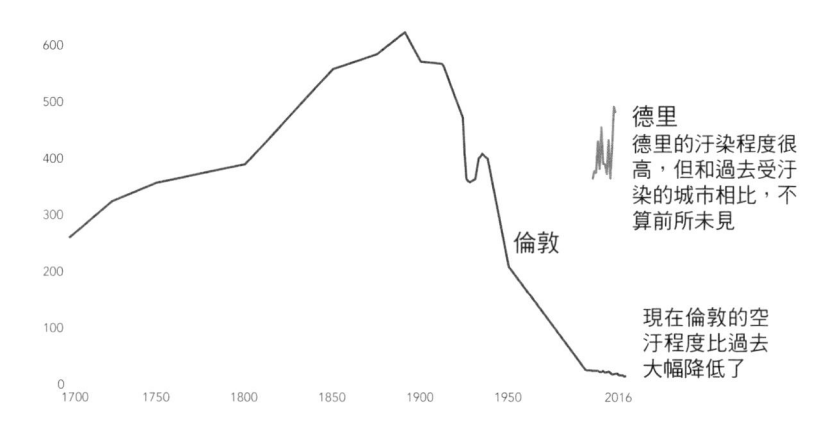

德里
德里的汙染程度很高，但和過去受汙染的城市相比，不算前所未見

倫敦

現在倫敦的空汙程度比過去大幅降低了

氣：畢竟如果是完全陌生的領域，會讓人更害怕。我們如今對以前這些城市的汙染嚴重程度感到驚訝，其實算是好消息，這表示後來的人有找到解決方法把空氣清乾淨了。

跨國合作面對酸雨

倫敦空氣汙染能大幅減少就是在地的成功範例，另外還有兩個成功案例也值得一提：需要跨國區域合作的「酸雨」；和需要全球攜手找到修復辦法的「臭氧層」。

在20世紀末，很多雕像與紀念碑都在酸雨中溶解，使得國王與女王的臉孔逐漸消融，只剩下一團模糊的輪廓。河流和湖泊酸化，魚都活不下去。淡水昆蟲在消失，森林也要死了，植披光禿禿的。

這一切的元兇，就是硫氧化物與氮氧化物的排放所造成的酸雨。這些化合物會在大氣層裡和水反應，形成硫酸與硝酸。雨變酸了，使得雨所流經的樹林、土壤、河流和湖泊的酸鹼度變得更酸。硫氧化物和氮氧化物的主要來源是化石燃料、工業與部分型態的農業。舉例來說，煤炭含有很多硫，所以燒炭的時候，會釋放出二氧化硫，這個分子會溶解在雨水中，讓雨水更酸。

到了1980年代，酸雨成為當時的環境問題。而且，顯然個別國家無法自行處理這個問題，因為這個問題跨越了國界：英國排放的二氧化硫會飄到北歐，摧毀挪威的森林；而美國排放的氣體會吹到加拿大，汙染淡水湖。雖然有強烈的阻力，但美國和許多歐洲國家最後還是推出嚴格的管制措施，成效立竿見影。美國的二氧化硫排放量和1970年代的峰值相比，減少了95%[16]。歐

洲減少了84％、英國減少了98％。這個解決辦法很簡單：在火力發電廠的煙囪加入一種反應物，可以去除二氧化硫，就不會被排放到大氣層了。

酸雨幾乎在北美和歐洲消失了。其他國家也進步飛速。要證明的話，就看看中國。在十幾年內，儘管煤炭的使用量增加了一倍以上，但中國的二氧化硫排放量還是減少了三分之二。

酸雨就是個我們知道怎麼解決的問題，運用科技很簡單就能處理。當各國願意正視問題，搭配正確的政治決心與投資，就能處理得又快又好。

二氧化硫（SO_2）排放量在許多國家都大幅減少

單位為每年多少噸。

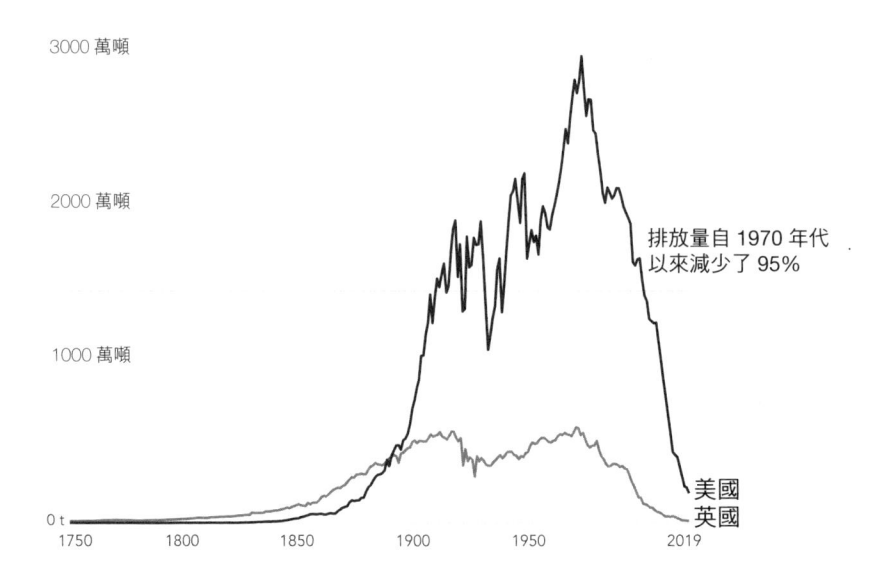

排放量自1970年代以來減少了95％

美國
英國

全球攜手修復臭氧層

汙染對臭氧層的影響是當年氣候變遷的主要議題，也是當時霸占新聞頭條的環境問題，而且沒有任何國家可以單挑面對。然而在現在，幾乎沒人提起了。

在1960年代，科學家開始理解那些上層大氣層的光化學反應作用。臭氧是一種氣體，存在於地球不同的大氣層裡。地面也有，是一種在地空氣汙染源，吸入體內會造成呼吸道問題。但我們關心的那種臭氧，是在高空大氣層裡，約離地面15至35公里的平流層裡。

這是所謂的「好臭氧」，可以吸收危險的太陽紫外線（UV-B）輻射。有這個臭氧保護層，人類才不容易罹患皮膚癌，不容易曬傷或失明。臭氧層也保護著其他物種。我們可能想擺脫地面的臭氧，但我們絕對不想失去平流層的臭氧。

有三位科學家後來獲頒諾貝爾獎——保羅・克魯岑（Paul Crutzen）、法蘭克・羅蘭（Frank Rowland）和馬力歐・莫里納（Mario Molina）——他們認為人類排放含氯物質就會摧毀平流層裡的臭氧。[17]他們當時還無法看到臭氧層的破洞，也無法直接評估傷害，但他們從自己對化學的理解推導出臭氧層的破洞。這些物質——最知名的是氟氯碳化物（CFC）——在冰箱、冷凍庫、冷氣、噴霧和工業應用中都有。他們測量大氣層低處的氯分子濃度後，發現這些氣體不但不會分解，反而會往上飄到大氣層高處。[18]紫外線輻射會在那裡破壞氯原子，讓它們和臭氧反應，破壞臭氧層。

他們的假說在1974年公開後，科學界很快就達成共識，一

致認為臭氧層正變得稀薄。接著，一份重要的報告在1985年提出了實證。[19]不過，最撼動科學界的證據是發現了南極州上方的臭氧層破洞。我們排放的氟氯碳化物，會均勻的在大氣層上層擴散——就連沒有直接排放的地方都無法倖免。氟氯碳化物飄到南極州，冷空氣催化了反應，所以地球兩極的臭氧消失得特別快。

在這之前，克魯岑、羅蘭和莫里納原本遭到工業圈和政治圈要角的強力阻攔。[20]化工企業杜邦（DuPont）是全球產氟氯碳化物最多的公司，而杜邦的總裁形容他們的理論：「是科幻故事……都是垃圾……無稽之談。」產生氟氯碳化物最多的企業組成「CFC政策聯盟」（Alliance for Responsible CFC Policy）來協調各方作為，展開密集公關行動，瓦解臭氧破洞理論。美國第一位女性環保局局長安・葛薩奇（Anne Gorsuch）斥臭氧破洞說為環境鬼故事。[21]不過隨著臭氧層破洞愈來愈大，還有影像佐證，讓人無法再忽視：最後終於讓政府和工業巨頭感受到壓力，必須採取行動。

有43個國家在1987年簽訂《蒙特婁議定書》（the Montreal Protocol），同意從1989年起逐步淘汰會傷害臭氧的物質。第一批採取行動的國家主要是工業生產的富國，如美國、加拿大、日本、多數歐洲國家與紐西蘭。他們的目標是要在1999年將全球排放量減半，並再繼續努力最終歸零。[22, 23]

愈來愈多證據指出問題後，管制規定就更嚴格了。期限往前挪，要更早一點停止製造會破壞臭氧的氣體。等到世紀之交，《蒙特婁議定書》共有174個締約者（多數是國家，也有獨立的州）。在2009年，這成為全球所有國家都批准生效的第一個國

際公約,不只是環境議題的成就,更是過去各種議題都沒有經歷過的國際共識。

這種國際合作的成效很驚人。1989年第一份議定書後,排放量快速減少。不到一年內,會傷害臭氧的物質使用量比1986年的紀錄少了25%。十年內,減少了幾乎80%。大幅超越原訂目標的50%。時至今日,用量已經減少了99.7%。

平流層的臭氧濃度在1980年代降低一半以上,在1990年代逐漸平穩。臭氧層需要很長的時間才能修復,全球臭氧濃度可能在21世紀中期之前都無法回到1960年代的水準。[24]而且,可能要等到本世紀末,南極州的臭氧濃度才會恢復到以前的樣子。

國際行動已將會造成臭氧層損耗的氣體排放量減少超過99%

1987年,全球採取《蒙特婁議定書》的目的,是減少會破壞臭氧層的物質排放。圖上顯示全球氣體排放量和1989年相比所減少的幅度。

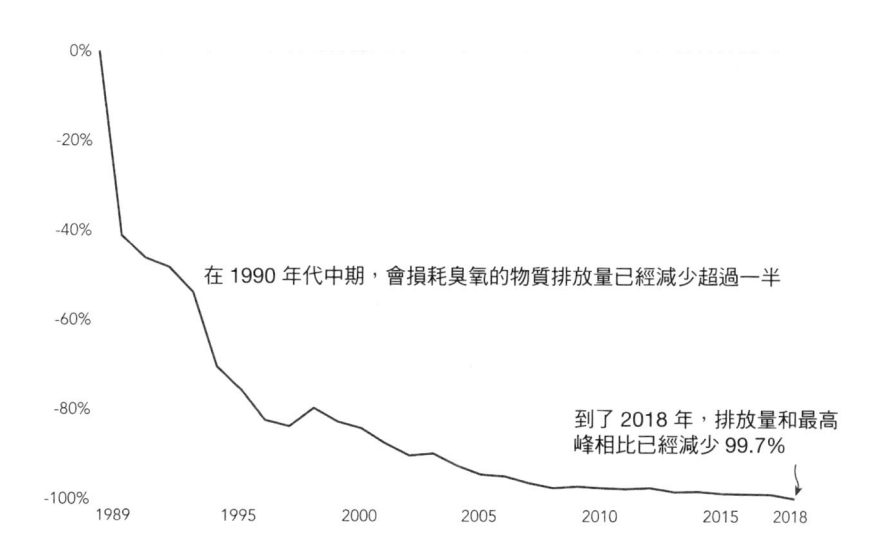

第 2 章　空氣汙染　57

但只要我們持續淘汰會破壞臭氧的物質,這個洞就會繼續縮小。我們已經採取行動了,現在能做的就是等。

面對氣候變遷和書中提到的其他問題,往往都比這個問題更困難,但我們從酸雨和臭氧層的成功案例裡可以提煉出寶貴的經驗:人類確實有辦法解決真正的全球問題。每個國家都有參與的機會,我們在面對挑戰的時候可以迅速採取行動。我們可以常常提醒自己:我們有能力在這些全球問題上合作。

你在翻閱後續的幾章時,請記住這些經驗。你可能會感到懷疑,我以前也是。但那些起初看似不可撼動的障礙,其實並不是注定無法改變。還有很多很多個克魯岑、羅蘭和莫里納在我們看不見的地方努力不懈。

∞ 今日,世界已經沒那麼糟

數世紀以來最乾淨的空氣

我小時候吸到的空氣,比我父母在年輕時吸到的空氣要乾淨多了,且與我祖父母能享受到的空氣比起來,更乾淨許多。我們現在吸到的空氣,是這幾個世紀以來最乾淨的空氣。然而,很少人傳頌這個成就。

會降落在英國的不只有二氧化硫,還有其他在地的空氣汙染物,都比以前少很多。氮氧化物(Nitrogen oxides,NO_x)的濃度和高峰期比起來少了76%,黑碳減少94%、揮發性有機化合物(VOCs)減少73%,一氧化碳(CO)也減少了90%。

英國不是特例,世界上多數富裕國家都有同樣的體驗。美

國、加拿大、法國和德國的成效都讓人刮目相看。會這麼成功，主要是因為有成功的環境法規。英國在經歷倫敦大霧霾之後於1956年實施第一部《空氣清潔法》（*Clean Air Act*）。之後的數十年，這些法規愈來愈嚴格。為符合法規，各產業都必須開發低汙染的技術。我們學會了怎麼避免在燒煤的時候排放硫，禁止了含鉛石油，學會製造出比以前更少汙染的汽車和卡車。美國在1970年實施了美版《空氣清潔法》，效果也一樣驚人。[25]

環境行動往往被黑化，以為與經濟對立，好像一定要在氣候行動或經濟成長間二選一。汙染與市場相互對抗，這根本錯了。很多國家的經濟在蓬勃發展同時淨化空氣，「低汙染、更健康、財力更強大」這廣告聽起來很完美呀！

空汙問題由高峰逐步改善

各國的發展路徑，其實有跡可循。一個國家在脫離貧困的過程中，汙染會先增加。在這個階段裡，取得能源最重要，此時國家會燃燒煤、油、天然氣，而且通常國內沒有嚴謹的規定能源要多乾淨。這個階段不需要配備最先進抗汙染設施的發電廠，也不必要求新車都要有碳微粒過濾器。汙染程度會持續上升，而國內愈來愈多人可以用電、買車，負擔得起家用暖氣或冷氣。接著國家進入工業爆發期，大家有更多錢，生活更好了。即使汙染讓人不舒服，但這妥協好像很值得。

不過，最終，這個國家會在通往繁榮的路上走到轉捩點。日子一旦舒服了，我們就會開始關心周遭的環境。我們的重點變了，不再能容忍髒空氣。政府也會調整，必須採取行動來降低空

英國空氣汙染物的濃度變化

多數富國都有這個模式——排放量增加、達到巔峰、再極速下降。排放量的單位為每年多少噸。

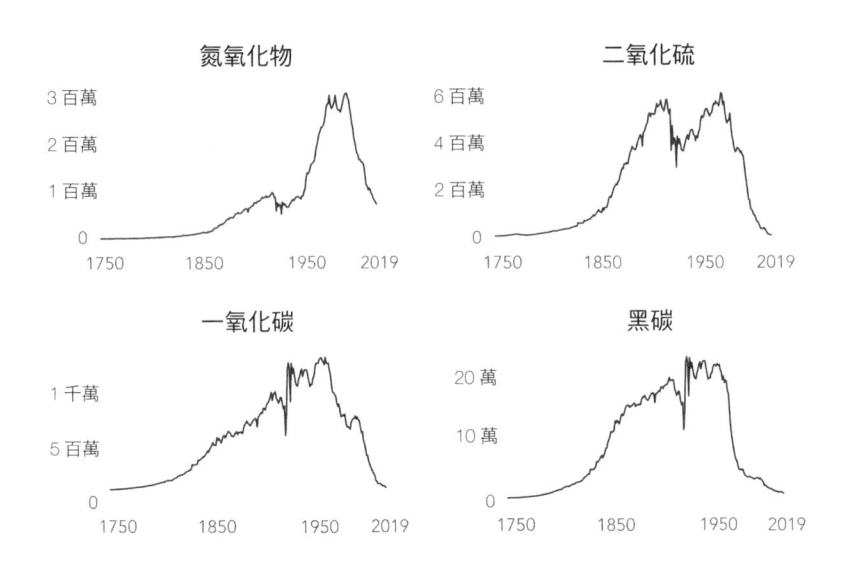

氮氧化物

3 百萬
2 百萬
1 百萬
0
1750　1850　1950　2019

二氧化硫

6 百萬
4 百萬
2 百萬
0
1750　1850　1950　2019

一氧化碳

1 千萬
5 百萬
0
1750　1850　1950　2019

黑碳

20 萬
10 萬
0
1750　1850　1950　2019

氣汙染的程度。空汙曲線達到高峰,然後開始往下降。[26]

　　這段變化的旅程就稱為「環境顧志耐曲線」(Environmental Kuznets Curve, EKC)＊:**以國家財富為橫軸、環境指標為縱軸,會畫出一條倒 U 型曲線**(窮的時候,環境指數很低;中等收入的時候指數往上攀升;等我們更富裕的時候,線型又掉下來)。這也符合空氣汙染的過程,表示我們可以從空氣汙染的程

＊我們在此處著重於「環境顧志耐曲線」,不過先走下坡再上坡的模式不只可適用於環境議題。事實上,原本的顧志耐曲線是在談收入不平等。賽門・顧志耐(Simon Kuznets)的假説中,認為一個國家在工業化的過程中會愈來愈不平等,可是等這個國家有錢了,就會逐漸消弭不平等。

中國已經過了「空汙高峰」

許多收入中上的國家裡，空氣汙染的問題都在迅速改善。排放量的單位為每年多少噸。

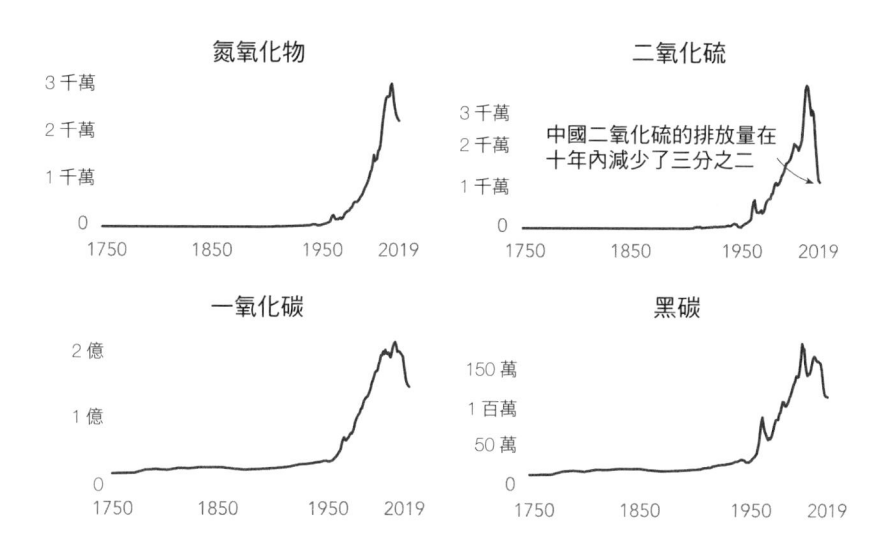

氮氧化物

二氧化硫

中國二氧化硫的排放量在十年內減少了三分之二

一氧化碳

黑碳

度看出一個國家經濟開發的階段。以印度來說，印度就快要接近轉捩點了，即將走到汙染的高峰。如前所述，中國則走得更前面，已經越過高峰了。

英國和美國這樣的國家，花了兩個世紀才度過了空氣汙染的上升到下降。不過，現在才要經歷轉型的國家有了新科技，速度可以快上四倍。更棒的是，有些最窮的國家甚至可以完全跳過這條曲線。

每年有數百萬人死於空氣汙染

空氣汙染的問題或許在很多國家都有改善，但這仍是全世界

第 2 章　空氣汙染

最大的殺手之一。空氣汙染會增加我們呼吸道疾病、中風、心血管疾病和肺癌的風險。

我們看不到的這些小粒子對身體健康的危害特別大。科學家指的就是「PM2.5」——顆粒直徑在2.5微米以下的粒狀物，小到根本看不到。問題就是這些小分子可以深入肺臟和呼吸系統。去海灘走一遭，你就會知道沙子連續好幾天卡在鞋縫裡清都清不掉有多煩人。鞋子裡面沒有藏什麼小石頭，但這些細沙會進到最小最小的縫隙裡。空氣中的粒子也一樣。

2020年，九歲的艾拉・阿杜—季希—戴布拉（Ella Adoo-Kissi-Debrah）是全世界第一個在死亡證明上死因寫為「空氣汙染」的人。她死於氣喘，倫敦法醫判定空氣汙染是主因。這個結果很罕見，空氣汙染害死很多人，但過去從未被列為死因。研究人員透過測量空氣中的汙染源，以及根據我們對於空氣汙染如何增加致死的機率，來推算出有多少人因此提早失去生命。研究人員不認同實際數據，他們認為實際的死亡數量遠高過估計數量——相差數百萬。據世界衛生組織估計，空氣汙染每年造成700萬人死亡：其中戶外空氣汙染占了420萬、室內焚燒木頭和煤炭的空氣汙染占了380萬（編按：世界衛生組織有說明，兩者人數有重複，所以總人數700萬人不是兩者相加）。全球另一個大型衛生組織「健康指標與評估研究所」（Institute for Health Metrics and Evaluation, IHME）也提出了接近的數據：670萬人。有些科學家認為這個數字應該更高：根據最近廣為引用的幾份研究估計，每年至少有900萬人是被自己吸進的空氣害死了。[27,28]

為了讓大家更能理解這些數字，也再提供其他數據進行比

較:每年因為抽煙而死的人數接近800萬人[29];這數字是車禍死亡人數的六至七倍,每年因交通事故死亡的人有130萬;這數字是恐怖主義或戰爭的數百倍。然而,空氣汙染這個沉默殺手還不夠受到新聞注意。空氣汙染不像洪水或颶風,會有震撼的新聞畫面,但死於空汙的人數比每年所有「天然」災害加起來的總數還多了500倍。*

不過,空汙造成的死亡率已在下降

這景象確實令人感到絕望,不過就和書中其他令人絕望的例子一樣,這都不是全貌。空氣汙染造成的死亡人數依然高到恐怖,但數據中仍有希望。我們可能正處於空氣汙染這人為悲劇的巔峰。這是有可能的 —— 事實上非常有可能 —— 我們正在接近「汙染致死的巔峰」。這聽起來很殘酷,但也表示最糟的已經過去了。

為什麼我認為我們在接近巔峰?空氣汙染在全球造成的死亡總人數已經好幾十年來都沒改變。全球人口愈來愈多,但死亡人數沒變。而且,年紀愈大的人,因中風、心血管疾病和癌症死亡的風險愈高。這代表空氣汙染造成的死亡率——或者說空氣汙染對一般人的風險——正在下降,並且不是只下降一點點:根據某些數據顯示,死亡率從1990年開始就已經減半。[30]

---

*全球每年死於天災的人數約1.5萬人。這個數字每年都不一樣,通常要看有沒有劇烈地震,因為地震是現在造成死傷最慘重的災害,很難預測也很難準備。

空汙造成的死亡率正在下降,就連汙染最嚴重的國家也一樣

室內與戶外空汙造成的死亡率,圖中單位為每十萬人因空氣污染而死的人數。

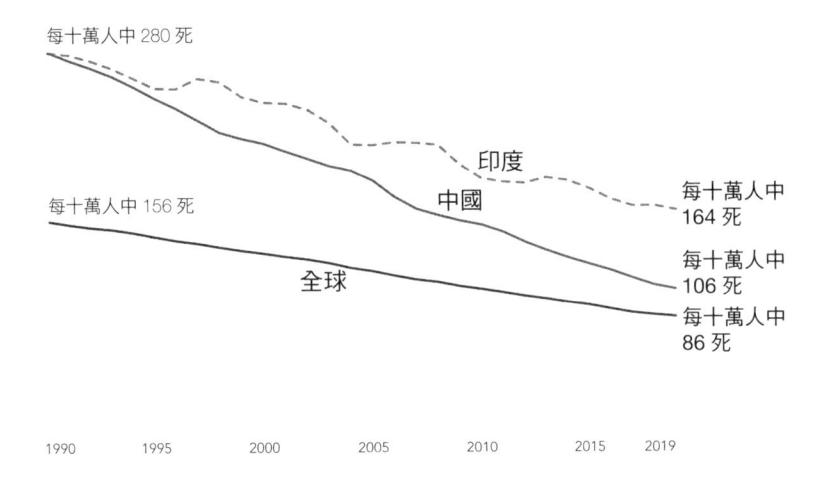

- 每十萬人中 280 死 → 印度 → 每十萬人中 164 死
- 每十萬人中 156 死 → 中國 → 每十萬人中 106 死
- 全球 → 每十萬人中 86 死

(1990 – 2019)

如果全球人口成長趨緩,而空氣汙染的問題逐漸改善,這個世界很快就會越過空汙致死的高峰。下坡會比上坡更陡。各種潔淨科技陸續推出,讓我們在數十年內就看到空汙致死的人數劇烈陡降。

∞ 如何面對空氣汙染

要理解我們該如何停止空氣汙染,我們就要先知道空汙怎麼來的。

印度德里的小粒子平均濃度——顆粒直徑在 2.5 微米以下的粒狀物——超過了世界衛生組織指導方針的 20 倍以上。每到冬天,汙染就更嚴重。風變弱了,汙染就降落在城市裡。在那幾個

月裡，超標100倍以上也很常見。

2016年1月，德里當地政府需要速效的解決辦法，決定禁止一半的汽車上路，採用「單號雙號」的規定。車牌最後一碼若是單號，就只能在單號日行駛；車牌最後一碼若是雙號，則只能在雙號日行駛。如果那天不能開車，就只能搭大眾運輸，或者和別人共乘，違規則會罰款。

你可能以為這會很有效，但研究人員發現2016年的「單號雙號」規定，只讓德里的汙染下降了5%。德里在2019年11月又試辦一次，效果稍微好一點點而已：下降了13%。

這麼大幅度的改變怎麼會只有這麼小幅度的差異？只要我們退一步去看汙染源在哪裡，就會發現答案明顯不是車子的問題。事實上，德里到了冬天，PM2.5汙染源只有23%是來自運輸，其中4%是來自汽車，其他都來自卡車。[31]不過卡車、公車、機車都不受車牌號碼規則的約束。而且，也不是所有汽車都受管制，女性駕駛可以豁免，還有使用乾淨燃料的汽車、計程車，和載著達官顯要像是政府官員、法官、大使館外交人員的車輛，都不受規範。換句話說，這個規定只管制開著私家汽油車或柴油車的男性老百姓。

這項政策還是有好處，首先，塞車的問題緩解了。不過對任何研究數字的人來說，大家都很清楚，這方案沒辦法把德里的汙染降到可控範圍內。若要降下來，要從比車輛更大的汙染源開始，包括冬季焚燒稻稈——農夫會在收割穀物後放火燒掉留下的稻稈，才開始播種。另外，還有市區裡的工業廢棄物、周圍的塵土、柴油發電機以及居家燒木柴與煤炭。[32]

第2章 空氣汙染

全球排放源很多元,最大宗是燃燒木頭或煤炭取得能源,或在田裡燒作物。這是低收入國家最大的汙染源,也是室內與戶外汙染的主因。此外,還有農業的排放量,如糞肥和肥料裡的氨氣和氮氣。以及,為了發電燃燒化石燃料,還有工業排放量──化學工廠、金屬製造廠和紡織廠釋放的廢氣。最後,還有運輸工具──除了我們開的車之外,還有在全世界各地送貨的卡車、船舶和飛機。

要在世界各地把空氣汙染降到幾乎歸零,我們就要一個一個解決這些源頭。

∞ 我們可以從這些小事做起

空氣汙染的解決辦法──如我們前文所見──只有一個簡單的道理:**不要再燒東西了。我們需要找到不燒東西也能產生能源的方式**。或者,繼續燒,但是要把懸浮微粒都安全的抓起來,確保這些東西不會進入大氣中。很多國家都離這步驟不遠了。而全世界的貧窮國家雖然仍落後,可是他們可以燒別的東西來獲得能源,所以也有進步。

(1)幫助每個人取得乾淨燃料

燒不一樣的東西,產生的汙染量不一樣。木頭的汙染量比煤炭多,煤炭的汙染量比煤油多,煤油的汙染量比天然氣多。

這個替換能源型態的做法就是在爬「能源階梯」。世界上最窮的國家仍依賴木柴做為主要的(可能也是唯一的)能量來源,

所以他們在階梯的底端。不過,他們只要稍微富裕一點,就會從燒木炭改為燒煤炭。這些固態燃料的汙染力還是很可怕,而且每天吸入排放物質也很毒。最駭人的是,全球40％的人口——也就是超過30億人——的日常生活就是如此。

　　沒有人應該留在能源階梯的底端,每個人都應該能取用乾淨的燃料來保暖或烹飪。數十億人沒有乾淨燃料可用,但這不代表這是環境行動的首要任務。我們要還原乾淨空氣的第一步已經過千錘百鍊了：**消弭貧窮,確保沒有人繼續使用傳統的燃料。**

能源階梯

按收入等級區分烹飪與保暖的主要能量來源。

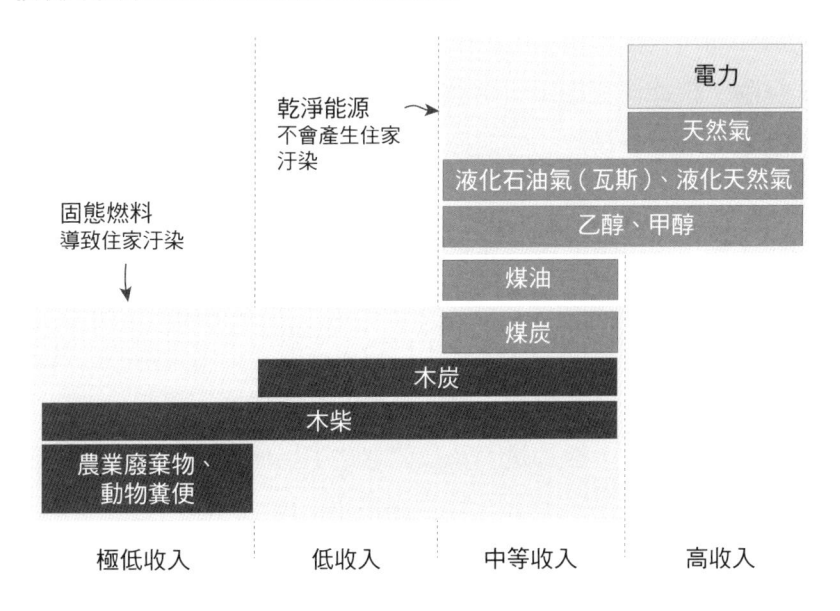

收入等級	燃料
高收入	電力
	天然氣
中等收入	液化石油氣（瓦斯）、液化天然氣
	乙醇、甲醇
	煤油
	煤炭
低收入	木炭
	木柴
極低收入	農業廢棄物、動物糞便

乾淨能源：不會產生住家汙染

固態燃料：導致住家汙染

（2）冬季不再燒穀物

　　印度當地季節性的空氣汙染源就是焚燒稻稈。[33,34]農夫會在 10 月和 11 月收割稻米、準備改種小麥。播種的時間點很短——只有 11 月的前兩週——這代表他們要盡快除掉收割後留下的稻稈，燒掉就是最簡單的處理方法。對農夫來說很簡單，但是對整個國家來說代價高昂。所有的農夫同時間一起燒，周圍的城市都瀰漫著汙染。

　　其實有其他可行的辦法。農業廢棄物可以收集起來當做動物飼料或其他原料。或者政府可以鼓勵農夫輪流栽種不同的作物。除此之外，也有科技的解決辦法。有一種很像拖曳機的工具叫做「快樂播種機」，可以切斷稻稈並鏟起來、種下小麥種子，然後把稻稈鋪回去當有機肥。印度政府曾經支持快樂播種機，補貼農民採購。根據研究顯示，這幾種科技都可以增加農民的收入。[35]問題是，這是筆昂貴的前期投資，而且後續維修保養也要繼續花錢，但一年只用兩週。

　　若要大規模降低燃燒作物的行為，印度政府的補貼就要大手筆。不過，這對經濟和環境都大有助益。我們在考慮採取永續行動的花費時，往往都與什麼都不投資來比較，但這是錯的。**我們往往忘了算進去，不採取行動所產生的社會成本**。我們可能覺得花個幾億元很貴，但那是因為我們忽略了另一面：不去解決問題而產生的成本。

　　空氣汙染會為我們帶來多少金錢損失，沒有單一的估算值；這要看不健康和早死的「標價」怎麼算。但多數研究都提出了接近的結論：每年因為人民身體不健康、請病假、生產力損失、

農損和其他「隱形成本」，約損失數兆美元。[36]世界銀行（World Bank）在2022年的報告指出：這個數字為8.1兆美元，約等於全球GDP的6％。[37]在印度，空氣汙染在2019年的代價估計為3,500億美元；是印度GDP的10％。我們當然可以眼不見為淨，假裝這些社會成本不存在，但在我們解決空汙問題之前，這些帳會繼續累積。

（3）去除化石燃料裡的硫

　　煤炭最終會成為過去的燃料，但目前要完全不用煤炭還需要一點時間。同時，很多人會繼續死於燒煤的汙染，所以我們應該盡量限制。籠罩著德里和孟買的硫霾不必一直飄在那裡。我們已經有解方了：捕捉從火力發電廠散出來的二氧化硫。火力發電廠必須在煙囪裡面加個處理裝置，例如，氣態的二氧化硫遇到石灰石會變成固態，就可以捕捉了。

　　這種處理設備可以去除至少90％的二氧化硫，所以許多國家在過去這50年內的汙染驟降。不過，有這些設備的發電廠成本較高，這就是為什麼富裕國家已配備，貧窮國家尚未普及。但就像我們前面看過中國的例子，每個國家都會逐漸接近轉捩點，到時候解決方案已經準備好在等著──只要把硫去掉了就行。

（4）選擇汙染最少的汽車

　　大多數的人想到市區裡的空氣汙染，就會聯想到車陣中頭尾相連的車輛。關於空氣汙染的新聞報導總是會以汽車排放廢氣的影片呈現。所以，我們多數人都知道汽車排放的汙染，會傷害我

們的健康。

在英國，2015年「柴油門」（或稱「排放門」）事件爆發時，引起大眾的注意。許多國家都設置了嚴格的政策，規定交通工具產生的汙染量，必須符合空氣品質的標準才能上市。2015年，新聞揭發汽車大廠福斯（Volkswagen）一直在作弊。他們改寫程式，讓引擎的汙染控制器只有在檢驗的時候才會發揮功能。在測試的時候，控制器會啟動，車輛就通過了。但這些車子上路的時候，控制器就關了。這些車子的排放量遠高於法規限制。這項醜聞不只在當時重挫福斯商譽，還讓大家都注意到車輛排放廢氣的問題。

有一些政府鼓勵消費者購買柴油車的理由，是柴油車每公里排放的二氧化碳比汽油車少，因此認為把汽油替換成柴油，會對氣候比較好。但事情並未按照計畫進行，很多政府最後在政策上急轉彎。這種改變部分是因為柴油門醜聞，另一部分則是因為後來發現柴油車和汽油車相比，會排放更多廢棄物，而這些廢棄物容易沉積在我們的肺部裡。難就難在要決定究竟哪個比較重要：氣候變遷，或是會傷害健康的空氣汙染。更糟的是，後來研究還發現柴油車排放的二氧化碳其實也沒有比汽油車少。而且，柴油車必須配備減少汙染物排放的設備，這又須付出能源的代價，抵消了很多對氣候的好處。甚至，有些研究認為柴油車對氣候與對當地空氣品質，都比汽油車更不好。[38]

美國的柴油車很少，所以美國消費者逃過了柴油車與汽油車的抉擇問題。但是，對其他地方的消費者來說，哪個決定才對呢？要比較柴油和汽油，差異並不大。事實上，車齡的影響更

大。現代汽油車和柴油車都比以前的款式減少汙染，因為排放標準愈來愈嚴格，過濾的技術也愈來愈好。不過，如我們將在下一章看見，汽油對上柴油的辯論很快就過時了。化石燃料驅動的汽車要被淘汰了。電動車和無車生活正在引領突破。我們應該早點揚棄這些過時的技術，盡快做出轉變，這樣每年都可以拯救數千條人命。

（5）少開車，改騎單車、步行或搭乘大眾運輸

若我們只爭論哪種車產生的汙染最少，就可能錯過能打敗所有車種的解決方案了：不開車。**如果你做得到，就用單車或步行來代替開車，這是一個人能減少空氣汙染（和氣候變遷）最好的方法**。每次看到開車的人被塞在路上，任排氣管噴煙；而騎單車的人順暢的經過，既減少交通壅塞也降低汙染，對城市的益處顯而易見。

這是個人責任也是社會責任。我們都有選擇，如果只是要去步行或單車可達的範圍，可以把車留在家裡。我們有安全的路線可以走，也有健康的身體可以支持。**阻止我們採取行動的，是我們的選擇**。而在步行和單車之後，次佳選項就是大眾運輸。

然而，有些人沒有這個選項。或許工作地點離家太遠，周邊沒有自行車道，也沒有平坦的人行道。又或是大眾運輸系統太舊，公車和火車經常誤點、不可靠，而且幾個小時才來一班（如果會來的話）。缺乏基礎建設逼很多人不得不開車。

我們應該在想像和規劃2040年或2050年的都市、城鎮與運輸系統時，企圖心更強烈一點。未來的市鎮可以圍繞著行人和單

車騎士打造，而不是以汽車為中心規劃。在我夢想的世界裡，大家沒有必要買車，更何況車子一天內有23小時都閒置著。我們可以打造出不需駕駛、低碳的共享汽車網路。如果需要用車，只要在手機應用程式裡按一下，一輛乾淨的自動駕駛車就會繞過來接你。如果政府官員和都市規劃者都能仔細想想這種模式，這甚至可以成為一種公共運輸，對健康和經濟都大有益處。

（6）拋棄化石燃料，改用可再生能源和核能

清理我們的燃煤發電站，並且在所有車輛上加裝過濾設備，讓我們往前一大步，把汙染程度大幅降下來。

但這麼做還不夠。就算是最富裕的國家，也仍然呼吸著會縮短壽命的空氣。當我們的孩子吸到這樣的空氣，也可能影響他們的專注力與學習潛力。雖然現在沒有過去那麼糟，不代表我們就得接受現況。我們值得更好的。如果我們要完全消滅空氣汙染，就不能再燒化石燃料了。

好消息是：如果我們要面對氣候變遷，我們本來就得這麼做。這表示我們可以一次解決兩大問題。事實上，民眾要求政府淨化空氣，或許正是加速氣候行動的關鍵。畢竟當北京和德里一直被霧霾籠罩時，大家不可能裝做沒事吧。

我們不用化石燃料的話，那應該改用什麼能源？在這議題上，我的態度比大家更保留。在環保界，有兩大派吵得很兇：支持核能派和支持可再生能源派。這兩大派爭論激烈，在我看來，他們的對立讓人挫折，而且適得其反。

核能和太陽能、水力、風力等可再生能源都是低碳能源，但

不是「零碳排」能源，因為我們還得先耗費能源和材料去做出太陽能板或風電機扇葉。不過相較於化石燃料，這部分的碳排放量少很多。只要能從化石燃料切換成上述各種能源，對氣候來說都是勝利；讓人不再死於空氣汙染，在健康議題上也是一大勝利。

核能最被人誤解的地方就是「不安全」。事實上，這是最安全的一種能源。過去這60年內，只有兩大核災：1986年的烏克蘭車諾比和2011年的日本福島。很多人想到核能，就馬上聯想到這兩大可怕的事件。我問朋友知不知道這兩大事件造成多少傷亡，大部分的人都猜好幾十萬，但真實數字其實小得多。[39]

我們把車諾比核爆當時直接造成的死亡人數，與後來因為輻射罹癌的潛在死亡人數相加，這場意外約導致400人喪生。[40,41] 每一樁都是悲劇，但人數比想像得少，更何況這還是史上最慘烈的核災，也是最不可能再發生的事故。車諾比反應爐的設計不安全又過時，且蘇聯當時採取祕密處理也表示災後應變過慢。

2011年日本福島的核災，是因為日本歷史上最嚴重的地震引發海嘯所導致。值得注意的是，在這事件中沒有人直接喪生。多年後，政府宣布可能跟當時核災有關的死亡者，只有死於肺癌的一人。整體來說，這還是很了不起：核電廠遭海嘯襲擊，可能只有一人死亡。不過，後來幾年內日本政府認為當時災後疏散的壓力，讓很多人的事業與生活中斷，造成約2700人提早死亡。

把車諾比和福島的死亡人數加起來，歷史上因核能而死的人數僅有數千人。這樣一來，核能比其他能源安全還是危險？核能、太陽能和風力發電的死亡率——每一發電單位造成的死亡人數比例——都很低。[42]而且這幾種能源的差異不大。水力發電也

和化石燃料相比,可再生能源和核能比較安全、對氣候也比較好

化石燃料每年因為空氣汙染造成數百萬人死亡,而且每單位電力的溫室氣體排放量也比較高。

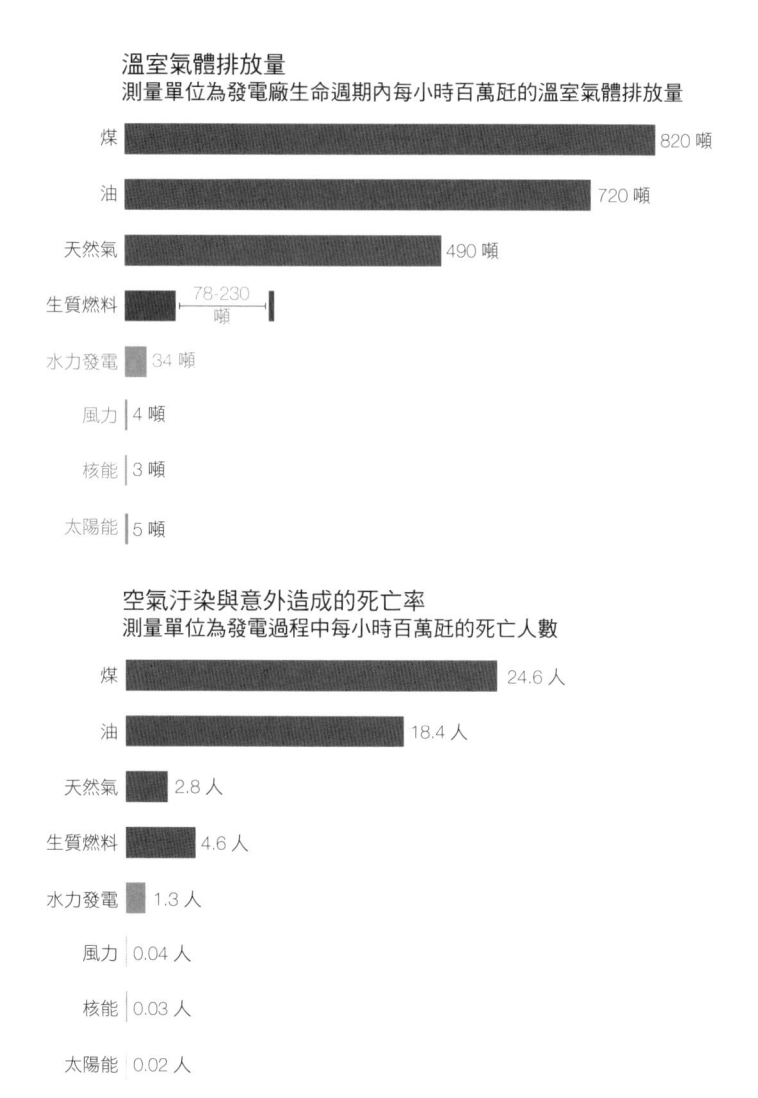

溫室氣體排放量
測量單位為發電廠生命週期內每小時百萬瓩的溫室氣體排放量

- 煤:820 噸
- 油:720 噸
- 天然氣:490 噸
- 生質燃料:78-230 噸
- 水力發電:34 噸
- 風力:4 噸
- 核能:3 噸
- 太陽能:5 噸

空氣汙染與意外造成的死亡率
測量單位為發電過程中每小時百萬瓩的死亡人數

- 煤:24.6 人
- 油:18.4 人
- 天然氣:2.8 人
- 生質燃料:4.6 人
- 水力發電:1.3 人
- 風力:0.04 人
- 核能:0.03 人
- 太陽能:0.02 人

很安全,不過1975年中國的板橋水庫潰壩事件造成17.1萬人喪生,讓死亡率略高一點。

下圖比較了替代能源和化石燃料。來自燃煤的空氣汙染,生產每單位電力所造成的死亡率是其他能源的數千倍。而燃燒石油造成的死亡人數,也比核能和可再生能源多了數千倍。

那些在吵核能死亡率究竟是比太陽能高一點或低一點的人,以及太陽能比風力發電是否更危險的人,真的完全搞錯了重點。這只是在吹毛求疵。真正的重點應該是這些能源造成的死亡人數都遠遠低於化石燃料。每年有數百萬人死於化石燃料,這個估計數字介於360萬至870萬人之間——其中100萬至250萬人是源自電力生產造成的汙染,大部分是因為燃煤。[43]核能和可再生能源的安全性即使沒有高出數千倍,少說也有數百倍。而且,重要的是,替代能源排放的二氧化碳量很少,對氣候更安全。

為了拯救生命,不管我們要轉換成哪一種低碳能源都可以。我們只需要擺脫化石燃料,用什麼方式都行。我們必須讓現有的核電廠繼續運作,在負擔得起核能又有技術專業的國家多蓋幾座。在屋頂鋪太陽能板,在荒廢的土地上架設太陽能板,立起風電機扇葉。

如果我們想要把會產生空氣汙染的源頭都去除,就必須轉而使用低碳能源,改開電動車。以前這種轉型看似不可能,但最近因為電池、太陽能板和電動車降價,一切都變得有可能。趨勢變了,而且變得很快。

∞ 不必過度擔憂的事

我每天都會遇到充滿幹勁而且深思熟慮的人，一心想為環境盡力。他們不管做什麼決定都會考慮到對環境的影響，或者他們把注意力都放在思考哪些事情會產生顯著的差異。讓人傷心的是，這些心思和精力都白費了：他們的努力幾乎不會創造什麼變化，而且有時候還會更糟，這個我們稍後會解釋。

我說過我會清楚點出有哪些事情不需要我們那麼煩惱。但在這一章，我不會列出來。因為我覺得有兩個問題值得大家多費心。空氣汙染是其一（另一個則是生物多樣性浩劫）。我們常擔心氣候變遷，擔心這在未來會讓很多人活不下去。但事實是，空氣汙染每年已經造成數百萬人喪生，而且這狀況持續了很久。減少化石燃料可以立竿見影，可以拯救生命，而且住在印度德里、巴基斯坦拉合爾或孟加拉達卡的人會立刻看到變化。他們又能呼吸了。減少空氣汙染是我們可以挽救生命最有效的方式。這是需要我們多思考的事。

我們每個人除了步行、騎單車、搭乘大眾運輸工具、開電動車之外，還應該多做點什麼？**第一個最明顯的答案就是「發聲」。要求乾淨的空氣，增加政府的重視**。在本章一開頭，我們就看到北京人民發聲的力量。讓中國政府注意到了，被迫採取行動。要減少空氣汙染，我們已經擁有許多工具和知識了。缺少的只是充足資金和政治決心。這就要靠我們的影響力。

第二件我們應該多做的事，是要「拒絕誘惑」，抵擋選擇那些「看似環保，實則不然」的行為。如我所寫，英國又開始流行

開放式壁爐與爐灶。用這種方式取暖,好像對環境很友善——這是我們開始燃燒化石燃料前做的事——感覺很天然、很復古、很原始。但事實上,連全世界最窮的國家都在盡量不燒木柴,這會在室內產生大量空氣汙染,也會加劇室外空汙,比用天然氣或電力更糟。燃燒這些固態燃料,應該是一個以前就已解決的問題,拜託不要走回頭路:這看起來好像是對地球友善的選擇,但根據資料數據顯示,這一點也不環保。

第3章
氣候變遷
調降世界的溫度

> 科學家警告，到了2100年，氣溫會升高6℃，
> 呼籲應在聯合國巴黎會議前就先採取行動。
> ——2015年《獨立報》[1]

這個世界的氣溫若比現在高6℃，那會慘兮兮。請記得，6℃只是平均值。有些地方會更熱，尤其是南北極。農作物將會種不起來，很多人會營養不良。茂密的森林會變成稀樹草原。島國會完全滅頂，許多城市會因為水面上升而消失。氣候難民要四處流離。屆時，地球上很多地方所謂「正常」的溫度，也會讓人待不下去。就連溫帶最富裕的國家，也幾乎每年冬天都會因為洪水變得濕濕爛爛，到了夏天又變得乾乾焦焦。循環升溫的風險很高──融化的冰層讓陽光反射減少，融化的永凍土可能會釋放出海底的甲烷，枯死的森林沒辦法重新生長，所以也不能吸收大氣層裡的碳。全球氣溫上升6℃的狀態不會持續太久──很快就會衝高到8℃、10℃，甚至更高。那會是規模龐大的人道災難。

短短幾年前，我也以為那是未來的方向。但現在別說什麼1.5℃或2℃──我們注定要增加4℃、5℃、6℃，而且我們束手無策。時至今日，可能大多數的人還覺得我們在這條路上。但幸運的是，謝天謝地，情況並非如此。

我在2015年前往巴黎，參加知名的大型氣候會議「聯合國氣候變化大會」（COP21）。各國與會代表和政策制定者齊聚一堂，要擬出最新的氣候協議。之前的國際協議目標是要在新世紀前，把全球平均氣溫增加的幅度控制在2℃以內，所以我不敢相

信有人討論的目標是1.5℃。他們是瘋了嗎?當時我連2℃的目標都要放棄了,那根本遙不可及。我們要盡量讓升溫幅度低於1.5℃,聽起來像是睜眼說瞎話,但這個目標後來放進了最終協議裡。儘管這可能只是「理想目標」,但還是寫入協議中。世界各國承諾:「將全球暖化控制在工業化前上升幅度『低於2℃』的標準,甚至努力爭取將升溫限制在1.5℃」。

我對於1.5℃的觀點到現在都沒變。如果沒有意外的重大科技突破,我們升溫的程度一定會超過。幾乎所有我認識的氣候科學家都同意:他們顯然想要把升溫程度控制在1.5℃內,可是很少人認為做得到。不過,這不能阻止他們繼續努力;他們知道每0.1℃都很重要,每0.1℃都值得爭取。但我對2℃的觀點已經不一樣了。我現在謹慎且樂觀的相信,我們能靠近這個目標。也許升溫程度還是會超過2℃,但或許不會超過很多。而且我們有合理的機會——如果我們能面對挑戰——可以讓升溫程度不要超過2℃。

我之所以改變觀點,不是因為研讀了報紙頭條,而是因為深入研究了實際數據。我沒有把焦點放在現在的處境上,而是著重於這幾年進步的速度,以及這些變化對未來的意義。「氣候行動追蹤組織」(Climate Action Tracker)會追蹤每個國家的氣候政策、行動和目標,整理之後描繪出未來全球氣候的樣貌。我在「數據看世界」中的工作,就是把未來氣候變化的線圖勾勒出來,逐年更新。令人興奮的是,每年這些圖表都愈來愈接近我們「不要超過2℃」的界線。

如果我們堅守各國目前現有的氣候政策,我們升溫的程度大

約會在2.5℃至2.9℃之間。[2]

　　我想說的是：這情況很糟，我們應該避免。幸好，各國都決定要再進一步，他們決心要提出企圖心更強烈的政策。如果每個國家都能貫徹自己的氣候承諾，我們到了2100年，升溫程度就有機會控制在2.1℃內。

　　最讓人抱持希望的是，這些路線都隨著時間持續改進。在沒有氣候政策的世界裡，升溫的程度會是4.5℃至5℃以上。多數人到現在都還覺得我們正走在這條路上。那確實會是個很可怕的世界。幸好，各國陸陸續續實踐了自己的承諾。就像我們之前看過的臭氧層例子一樣，逐漸增加行動的企圖心就可以創造明顯的變化。

　　另一個大幅改變是，大家現在不太會認為低碳永續經濟需要那麼多犧牲了。過去，化石燃料比可再生能源便宜得多，電動車也價格高昂。但現在低碳科技的價格愈來愈有競爭力，能採取對環境友善的財務選擇也愈來愈划算了，各國元首對局勢的變化也愈來愈樂觀。當然，我們距離2℃的目標仍有點距離，需要更努力──而且要加快速度。但阻止全球暖化已愈來愈務實，我很有信心，我們可以更靠近目標。

　　我十幾歲的時候，以為所有人都會死於氣候變遷。我還試圖逼同學也相信這件事。英文課口試的時候，我舉著地圖，指出21世紀前就會沉入海底的城市和海岸線。我給大家看模擬的森林大火衛星圖像，把地球燒得光禿禿。我想點燃大家對環境議題的興趣，卻只為自己的焦慮感添火。

　　等我進入愛丁堡大學，每天都被圖像給淹沒。有些是上課時

這個地球還能多熱？

根據氣候政策的不同情境，預測 2100 年暖化程度比工業時代前增加了多少。

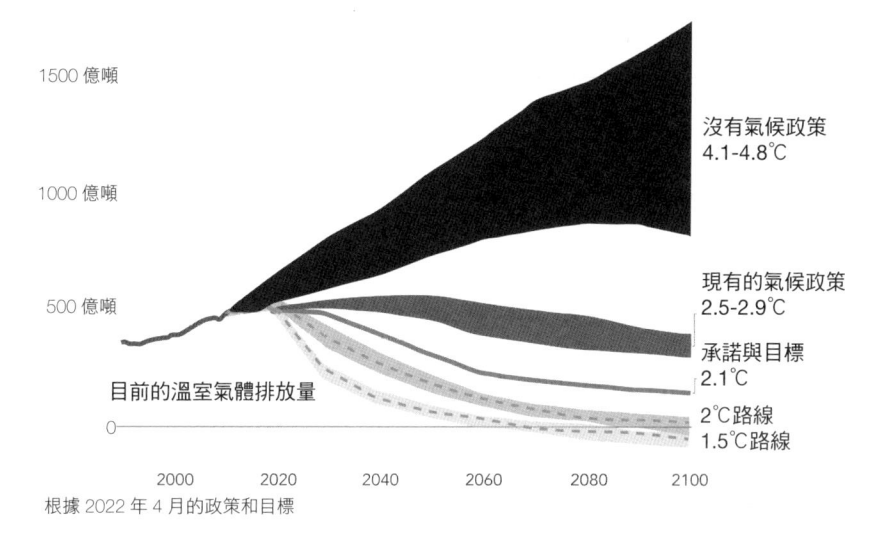

1500 億噸

1000 億噸

500 億噸

沒有氣候政策
4.1-4.8°C

現有的氣候政策
2.5-2.9°C

承諾與目標
2.1°C

2°C路線
1.5°C路線

目前的溫室氣體排放量

0

2000　2020　2040　2060　2080　2100

根據 2022 年 4 月的政策和目標

發的，畢竟我選讀的是地球科學，這也是意料中的事。但是，更重要的是，我對環境科學的執著和新聞報導的頻率同步增加了。我愈想要掌握資訊，這些報導就愈快到我的手中，通常還附上各種錄影畫面。我不必想像受害者的痛苦，而是可以直接看到、直接聽到。做為負責任的公民，我想要掌握時事，掌握最近的災難在哪裡。反之，關掉新聞就好像是背叛了那些無辜喪生的人命。

我每天收到災難報導的速度愈來愈快，感覺一切都愈來愈慘。氣候變遷導致災難的強度增加了，和過去相比，現在的死亡人數更多了。

至少我那時是這樣想的。問題就在於我誤把災難報導增加的頻率，當成災難本身增加的頻率。我誤把自己感受到的「第二手

受難」的強度，視為全球苦難的強度。事實上，我根本不知道發生了什麼事。災難變嚴重了嗎？今年的災難比去年多嗎？現在因災難而死的人數比以前多嗎？

漢斯・羅斯林讓我知道極端貧窮和兒童死亡的現象都在降低，教育程度和平均壽命都在提升，受啟發之後我開始檢視自己還有哪些觀點可能也錯了。我先從「自然」災害的數據開始。那時我相信現在因災難而死亡的人數比一個世紀以前還多，甚至願意為此打賭。結果我大錯特錯。災害造成的死亡率其實從 20 世紀上半葉就開始下降，而且不只降一點點，是降了大約十倍。[3, 4]

在此，我必須特別把一件事情講清楚：以上這些都不代表氣候變遷不會發生。災難致死人數下降不代表災難變弱或變少。否認氣候變遷的人經常挪用數據，降低氣候變遷風險的存在感。但這完全不是數據呈現的真相。

以前，災難每年動輒奪走數百萬條人命。在 1920 年代、1930 年代、1940 年代最慘。中國、日本、巴基斯坦、土耳其和義大利都有造成數萬人死亡的大地震。最嚴重的是 1920 年中國甘肅大地震，據估計共造成 18 萬人死亡。不過最致命的還是旱災和洪災。中國在 1920 年代和 1930 年代經歷了多次大旱大水，往往導致大範圍饑荒，一次就造成數百萬人死亡。

現在每年死亡人數大幅減少，通常在一萬至兩萬人之間。有時候也會有比較慘烈的幾年，死亡人數暴增。以 2010 年為例，因為發生了海地大地震，當年死亡人數超過 30 萬。

當我放大格局看趨勢，我覺得自己很蠢，也覺得自己被騙了。這個教育系統應該要讓我認識世界，我卻被矇騙了。我那麼

勤學，從礦物學、沉積學、太空科學到海洋學等各種學科皆名列前茅，表現得獎無數。我可以畫出複雜的地震斷層圖，也可以背誦好幾種礦物的化學式，但如果你要我畫出這幾年天災造成的死亡人數線條圖，我的走勢會完全上下顛倒。

與過去相比，現在自然災害造成的死亡人數大幅減少

「自然」災害的死亡率：以十年內每十萬人中有多少人死於天災來計算。死亡人數下降了——不是因為天災變少或變得不嚴重，而是因為我們的基礎建設、監控方式和救災紓困系統進步了，讓抵抗災難的韌性變強了。

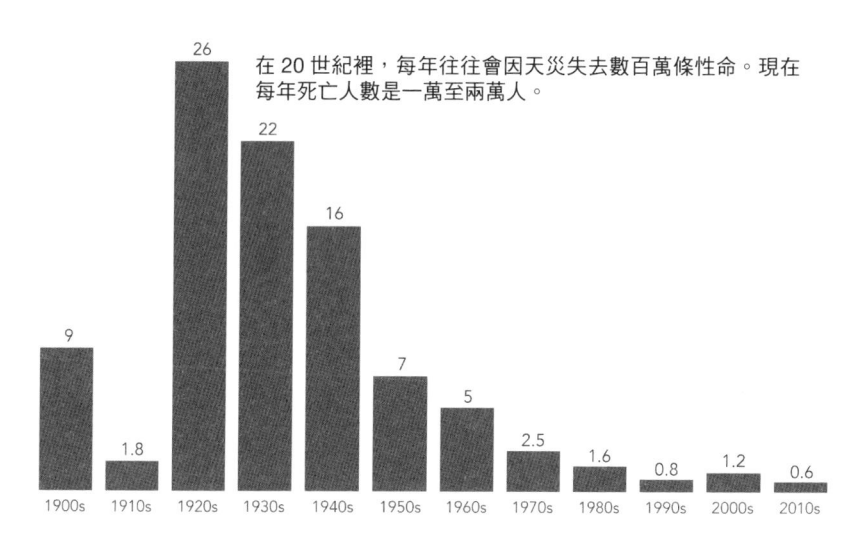

年代	死亡率
1900s	9
1910s	1.8
1920s	26
1930s	22
1940s	16
1950s	7
1960s	5
1970s	2.5
1980s	1.6
1990s	0.8
2000s	1.2
2010s	0.6

在 20 世紀裡，每年往往會因天災失去數百萬條性命。現在每年死亡人數是一萬至兩萬人。

無知的不只我一人。在一份 2017 年蓋普曼德認知測驗研究中，受試者來自 14 個不同的國家，他們被問了 12 個很重要的問題，其中一題是：

過去這一百年內，每年因天災死亡的人數有什麼變化？

第 3 章　氣候變遷　85

A：增加一倍以上。
B：跟之前差不多。
C：減少到原本的一半。

只有十分之一的人答對了：正確答案是C。最多人選的答案是A，有48%的人都選擇這個選項。

我擔心的是，這種不符事實的認知落差到了今天會愈來愈大。氣候變遷獲得愈來愈多的注意和關心，雖然確實需要大家關注，但相關報導的「阻力」愈來愈小，有些媒體甚至把報導頻率當成關鍵績效指標。「《衛報》每三小時發表一篇環境新聞，是拯救地球最具聲量的媒體。」這句話高掛《衛報》網站上。[5] 換句話說，《衛報》會在最短的時間裡連續上傳最多直擊人心的報導，彷彿速度愈快，就愈有誠意要「拯救地球」。然而，這種播報方式只會引發焦慮，而且不免會讓我們做出錯誤結論：認為一切都愈來愈糟、愈來愈慘。

死亡率降低不應該淡化氣候變遷的風險，而是讓我們看到人類有解決問題的能力。一個世紀前，洪水和旱災會導致嚴重的饑荒，帶走數百萬人的生命。[6] 糧食當然還是大問題──我們會在第5章詳談──但嚴重饑荒幾乎已經是過去式。我們的基礎建設現在能承受地震；我們可以預測和追蹤即將成形的颶風；我們可以在災難發生前就撤離民眾，也可以在災難發生時迅速應變。在國內，我們搭建緊急避難所、重建社群；在國外，我們協助建立國際支持網，把全世界最優秀的專家和救災物資送往災區。

提升韌性、預測災害、應變救災都要花錢。我們成功的降低

災難的衝擊,是因為增加了知識和科學理解。氣象學家可以模擬風暴的軌跡;工程師和地震學家一起合作設計出能承受極端力量的建築物;農業創新代表糧食系統能承受衝擊並恢復正常供應。

但我們能成功也是因為我們變得有錢。這些複雜的網絡和基礎建設都要錢。如果沒人能負擔得起抗震建築,那設計抗震結構也沒有用。如果沒有道路,規劃逃生路線也沒有用。如果農夫不能負擔種子和肥料,那設計新的農耕技術也沒用。現在災難造成的死亡人數低,是因為這世界變得富有了。

但不是每個人都變得富有了,這正是氣候變遷最大的風險。而且,災害造成的死亡人數不必然會一直下降,氣候變遷有可能會逆轉這個趨勢。不過,如果我們能讓氣候變遷慢下來或停下來,趨勢就不會逆轉。

現在,讓我們來看可以怎麼面對氣候變遷。為了讓大家好理解,我們要接受兩件事:**氣候變遷是現在式,主因是人類排放溫室氣體**。我不會在這裡爭辯有沒有氣候變遷這回事。**第二,我們沒時間了**。我指的是我們所有人,全體人類。爭辯氣候變遷的時間已經過去,我們必須進展到下個問題:我們該怎麼做。

∞ 問題的來龍去脈:從昔日到今日

從森林到化石燃料

工業革命之後,碳排放量就開始迅速增加。但人類早在數萬年前,就已經開始擾動大氣中氣體的平衡。**我們排放的二氧化碳主要來自兩處:燃燒化石燃料和改變土地的使用**。當我們砍伐樹

木,就會把生物碳釋放到大氣中。我們會在下一章看到,人造毀林的現象不是近代才有的事。人類這數千年來一直在改變地貌,同時也一直在釋放碳。如果我們看一下統計數字,我們過去這一萬年來因為毀林還有把綠地變更為農地,約釋放了1.4兆噸二氧化碳。[7] 早在我們把地底下的化石燃料挖出來用之前,我們的祖先就已經開始慢慢的替千禧世代調整了地球的溫度。

在18世紀之前,人類獲得能源的方式只有三種:牲口、林木、人力。但這些來源沒有經濟規模:我們沒有無窮無盡的森林,人力也有限制。因為能源來源沒有規模化,所以人類發展受到了限制。直到後來,我們發現了煤。

在工業革命發源地英國,煤的消耗量從18世紀到19世紀早期緩慢增加,[8] 接著加速成長。其他歐洲國家和美國也開始工業化。到了20世紀,英國的排放量已經達到每人10噸。[9] 在美國,則是每人14噸。相比之下,中國只有每人5噸,而現在的印度是一人一噸。因此,我們也不難理解為什麼富國要大家停止燒煤的時候,很多成長中國家會生氣。

到了20世紀中期,世界已經解鎖了石油和天然氣的力量。我們不只能發電,還能提高運輸的規模,轉型用更潔淨的方式來維持居家溫度。

全球人口迅速成長,人們也愈來愈富裕。而使用化石燃料正代表著進步。1950年代的人們並沒有抱著「我們就偏要只用煤和石油來產生能源,讓後代遭殃」的心情來惡搞我們。化石燃料是通往進步生活的路徑。

歷史上,你愈富裕,就會排放愈多二氧化碳,現在的二氧化

人均碳排放量和過去的富國相比根本微不足道

人均碳排放量是指每人排放了多少噸的二氧化碳。中國和印度是目前的碳排大國，但人均碳排量和過去的英國與美國相比，只占了一小部分。

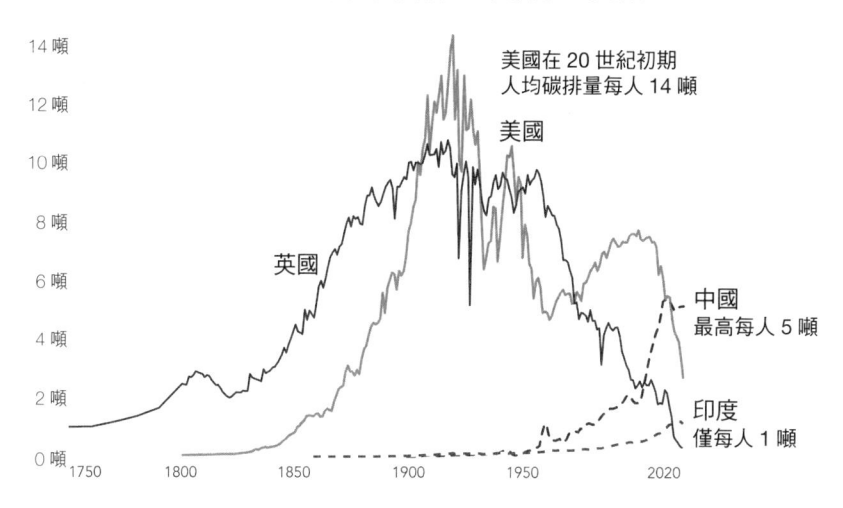

```
14 噸
                         美國在 20 世紀初期
12 噸                    人均碳排量每人 14 噸
                    美國
10 噸

 8 噸
         英國
 6 噸                                        中國
                                             最高每人 5 噸
 4 噸

 2 噸                                        印度
                                             僅每人 1 噸
 0 噸
    1750   1800   1850   1900   1950   2020
```

碳排放量主要是富國要負責。這在 20 世紀下半葉出現變化，許多新興經濟體開始出現。中國、印度、印尼、馬來西亞、泰國和南非的崛起是人類的榮耀，消弭了許多人的貧窮與苦難。但他們經濟起飛的動力來自化石燃料，又在大氣層裡增加了數千億噸的二氧化碳。同時，很多更富裕的國家開始減少排放量，中低收入國家的碳排增加了，但富國的碳排量卻減少了，全球人均碳排放量又開始平衡了。

∞ 今日,世界已經沒那麼糟

人均排放量高峰已過

這個世界已經過了人均排放量的高峰點。高峰是在十年前,多數人都不知道這件事。

全球的人均排放量在 2012 年達到 4.9 噸的高峰。[10] 在那之後,人均排放量就開始慢慢下降。當然,下降的速度不是飛快,但仍持續在下降。這個訊號就表示我們的二氧化碳總排放量(不是人均排放量)將接近高點。當全球總人口在增加的時候,不管

全球人均碳排放量已經達高點;總排放量也很快就會到高點

為化石燃料與工業排放的二氧化碳量,土地使用變更造成的碳排不計入其中。

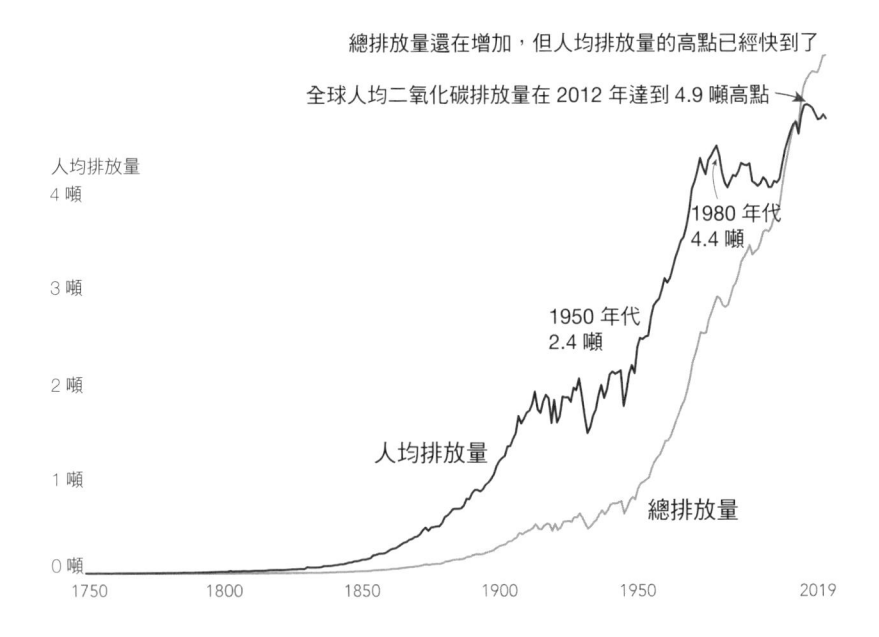

總排放量還在增加,但人均排放量的高點已經快到了

全球人均二氧化碳排放量在 2012 年達到 4.9 噸高點

人均排放量
4 噸

1980 年代
4.4 噸

3 噸

1950 年代
2.4 噸

2 噸

1 噸
人均排放量

總排放量

0 噸
1750   1800   1850   1900   1950   2019

用什麼指標來衡量都會這樣，人均指標會先達到高峰，然後總量下降的速度會比人口增加的速度快。

我們很接近了。排放量在1960與1970年代快速增長，然後是1990年代與2000年代初期又再次飆升，可是近幾年，這個成長趨勢已經大幅趨緩。排放量從2018年和2019年開始幾乎沒什麼增加，甚至在2020年還因為新冠疫情下降。所以，我很樂觀的認為我們可以在2020年代看到全球排放量的高點。

對「排放最多溫室氣體」難有共識

如果我們想達到高點然後減少排放量，我們得知道排放量怎麼來的。誰要負責？看起來好像是個很單純的問題，但卻沒有簡單的答案。問題不在於怎麼加總——我手邊有各種數字。問題在於我們對於「責任」有沒有共識。我們可以用很多指標來比較各國的差異，但哪種指標最好用，大家永遠不會有共識。

我們要討論每個國家每年的排放量或是人均排放量嗎？那歷史責任呢？我們要不要把過去的排放量算進去？還有貿易也很棘手：如果英國買了中國製的產品，那排放量要算中國還是英國的帳？到最後，根本沒有一個「正確」的答案。

我們不妨來看一下這些數字，分別來看看不同國家或區域的狀況。＊中國在排放量排行榜之首並不讓人意外，因為很多人住

＊我們在這裡看的是化石燃料與工業造成的排放量，畢竟這兩種來源占了二氧化碳總排放量的九成以上。土地使用方式變更造成的排放量不計入其中，因為每年的變更很難估量。

關於氣候變遷,哪些國家要負的責任最大?

主要採計化石燃料與工業排放的二氧化碳量,土地使用方式變更造成的碳排不計入其中。

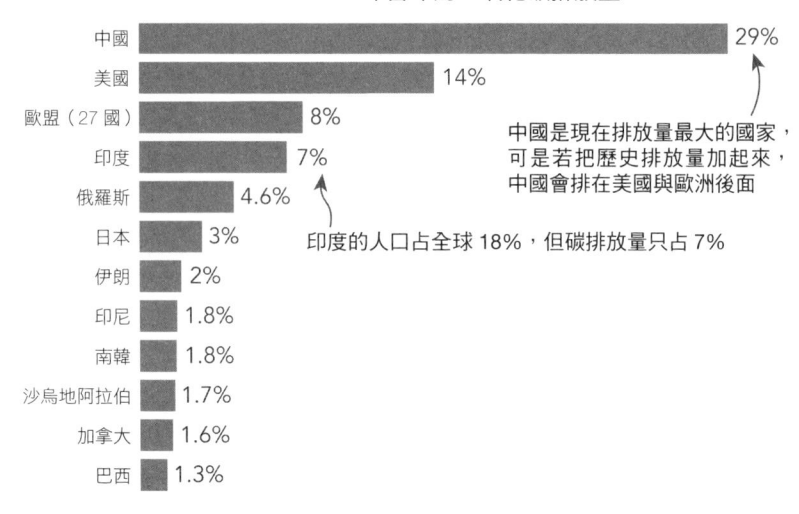

2019年當年的二氧化碳排放量

- 中國　29%
- 美國　14%
- 歐盟(27國)　8%
- 印度　7%
- 俄羅斯　4.6%
- 日本　3%
- 伊朗　2%
- 印尼　1.8%
- 南韓　1.8%
- 沙烏地阿拉伯　1.7%
- 加拿大　1.6%
- 巴西　1.3%

中國是現在排放量最大的國家,可是若把歷史排放量加起來,中國會排在美國與歐洲後面

印度的人口占全球18%,但碳排放量只占7%

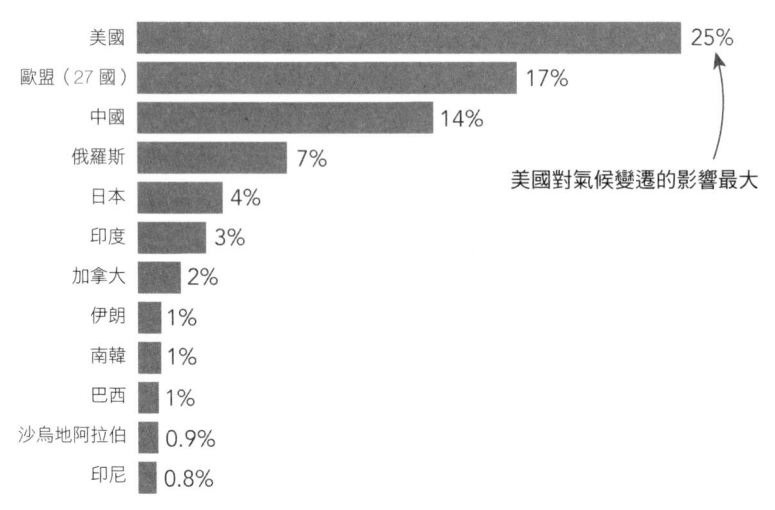

1750至2019年累計的碳排放量

- 美國　25%
- 歐盟(27國)　17%
- 中國　14%
- 俄羅斯　7%
- 日本　4%
- 印度　3%
- 加拿大　2%
- 伊朗　1%
- 南韓　1%
- 巴西　1%
- 沙烏地阿拉伯　0.9%
- 印尼　0.8%

美國對氣候變遷的影響最大

在那裡。中國的排放量占全球的29%，第二名美國占14%，歐盟（歐洲國家通常在氣候談判裡都集體參與）是第三名占8%，接下來是7%的印度和5%的俄羅斯。

我們已經可以看出不公平了。印度人口占全球18%，但碳排放量只有7%。美國人口只有全球的4%，碳排放量卻有14%。這和整個非洲大陸完全相反，那裡的人口占全球17%，但碳排放量只有4%。如果我們單看個別國家，比較人均排放量，那麼差距會更極端。

若我們查看各國的歷史責任，那畫面會更扭曲。當我們把各國從1750年至今的碳排放量加來，美國會遙遙領先，歷年總排放量占全球的25%；歐盟是第二名占17%；中國跌到第三名，歷年總排放量只有美國的一半；印度在更後面，只占3%。

這些資料都很有用，但是當我們把氣候變遷弄成一個找戰犯的遊戲，那絕對沒完沒了。大家其實不是在爭數字。他們在爭辯的是要用什麼數字來討論。如果他們沒辦法達成共識，爭辯一點用也沒有——但往往各國之間都沒有共識。這場架已經拖垮國際氣候協議幾十年了。美國和歐洲責怪中國和印度，而中印兩國又會拿出另一套（很合理的）數據來反擊。

有錢人不一定碳排放量就多

有些撒哈拉沙漠以南的非洲國家，碳排放量在全球總量中幾乎微不足道。查德的人均排放量只有每年0.06噸。查德人一整年排放的二氧化碳大概是美國人1.5天的量。如果你沒有石油、電力可用，沒有車輛、沒有工業，那你的碳足跡一定低到不行。

富國之間的排放量也差距很大

主要採計化石燃料與工業排放的二氧化碳量,土地使用方式變更造成的碳排不計入其中。

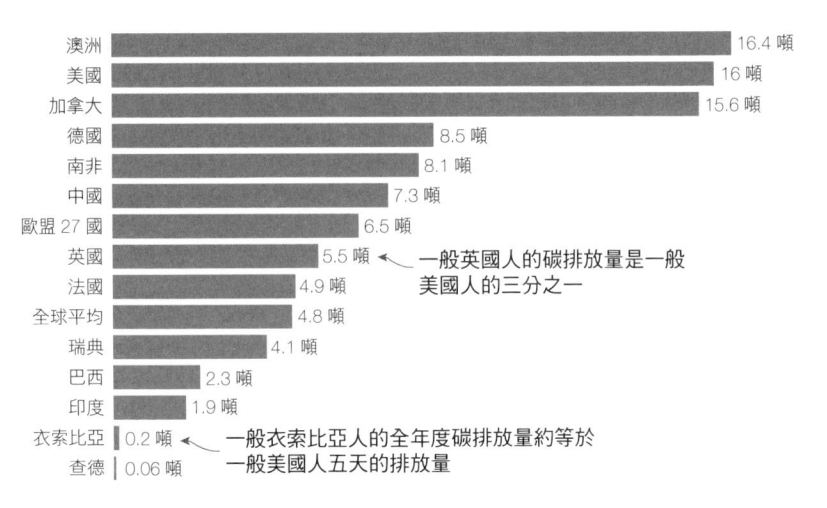

澳洲	16.4 噸
美國	16 噸
加拿大	15.6 噸
德國	8.5 噸
南非	8.1 噸
中國	7.3 噸
歐盟 27 國	6.5 噸
英國	5.5 噸
法國	4.9 噸
全球平均	4.8 噸
瑞典	4.1 噸
巴西	2.3 噸
印度	1.9 噸
衣索比亞	0.2 噸
查德	0.06 噸

一般英國人的碳排放量是一般美國人的三分之一

一般衣索比亞人的全年度碳排放量約等於一般美國人五天的排放量

我們愈來愈富裕,我們就能使用到這些東西,碳排放量就會增加,但這不是事實全貌。我們可以看到富國之間的排放量也差距很大。文化、運輸基礎建設與能源選擇都會造成差異。瑞典的生活條件和美國一樣好,或可能更好,不過一般瑞典人的平均排放量只有一般美國人的四分之一,或只有一般德國人的二分之一。而中國和南非這樣的中等收入國家,人均碳排放量已經超過許多富有的歐洲國家了。這不是因為富國把排放量外銷出去。

瑞典和法國有多座核能發電場和水力發電場,也有低碳電網。他們的交通排放量沒有美國那麼大。也就是說,生活品質好不一定要氣候付出高昂的代價。

經濟成長和減緩碳排放可以並行

有很多小事都可以讓我感覺到幸福，像是收到我祖母的電子郵件。我祖母已經 80 幾歲了，而且還會用平板。我說的「會用」是指她會看照片、發電子郵件等基本功能。她沒有智慧型手機、筆記型電腦或智慧手錶。我祖父拒絕所有的現代科技，只接受電視，他們的生活還是很接近幾十年前的樣子。

這也導致不同世代間對於氣候變遷有不同的看法。很多人覺得是年輕人的生活方式有問題，因為我們整天在用這些耗電的裝置；我們湧入人口稠密的市區，沒有花園或綠地；我們買很多東西，壞了就丟懶得修；我們不會分配食物，而且浪費過多食物。

可是我祖父母在我這年紀的時候，他們的碳足跡比我現在還多。我祖父母 20 幾歲的時候，平均每個英國人的每年排放 11 噸的二氧化碳。相比之下，我們現在每個英國人每年排放量只有不到五噸。我父母和我的差異也一樣大，從 1950 年代到 1990 年代，英國的排放量都沒什麼變動。直到我這一代開始，排放量才急遽下降。

這好像很難相信。我今天的生活方式比 1950 年代的時候更永續？我沒辦法假裝跟我祖父母一樣節省。我比較浪費，常常打開暖氣，每天花好幾個小時使用需要電力的裝置。不過，我用的能源比較省，排放的碳比較少。

這一切都歸功於科技。1900 年代，幾乎英國所有的能源都來自於煤，到了 1950 年代，煤供應的能源還是超過九成。現在由煤供應的電力已經不到 2%，政府計畫在 2025 年之前完全淘汰火力發電。煤炭現在幾乎淘汰，逐漸被其他能源替代：從天然氣

到後來的核能，現在又有風力、太陽能和其他可再生能源。

這表示我們所消耗的每單位能源，都會排放出更少的二氧化碳。不只如此，還有其他改變，我們整體所使用的能源也減少了。人均能源用量從1960年代以來已經減少約25%。年復一年，效能更高的裝置不斷進入我們的生命中。首先，大型家用電器的節能程度提高了，接著大家逐漸淘汰浪費電的燈泡，後來又有雙層氣密窗和絕緣建材可以避免暖氣外洩。而在我小時候，我們家的電視——當時「只有」一台——就是個大箱子，看起來好像有兩公尺深，螢幕很小，你得坐很前面才能看清楚；我們的車也很吃油，還不是像現在的休旅車那種吃油法。我父母絕對永遠不會讓我買那種車。不，我們家的是二手車，而且很吵，超不節能，你可以聽到引擎轟隆隆的聲音，感覺到車子過熱，而且每公升的油跑不了幾公里，慘不忍睹。

科技往前邁出超一大步，代表我們的能源用量比過去少很多，儘管我們看起來好像過著比較能源密集的奢華生活。有人以為我們要省一點才能過低碳生活，那種想法錯了。我們現在在英國的碳排放量跟1850年代的人差不多。我的碳排放量和我曾曾曾曾祖父母一樣，但我的生活條件高太多太多了。

多數富國的碳排放量和英國一樣都在快速下降。美國和德國的人均排放量從1970年代以來已經少了三分之一；法國少了超過一半；瑞典少了接近三分之二。

但是知道碳排放量在下降的人卻非常稀少。我的氣候科學家同事強納森・佛利（Jonathan Foley）最近在推特（現X）上問他的粉絲[11]：

過去這15年,美國的碳排放量是:

A. 增加20%以上。

B. 增加10%以上。

C. 維持一樣。

D. 減少20%。

有數千人來留言,三分之二的人選擇A或B。只有19%的人選到正確答案D。難怪大家覺得我們完蛋了。

事實上,很多國家的經濟往上成長,碳排放量往下降低——而且沒有把碳排量外包到其他國家。

當我說富國的排放量在下降,通常得到的回應都是:「他們沒有真的在降低排放量,他們只是把排放量弄到國外去了。」因為二氧化碳排放量通常是根據製造地來計算,或許有些富裕的國家會用迂迴的計算方式讓自己的數字好看一點。如果他們讓中國、印度、印尼或孟加拉來替他們製造產品,他們就不必把這些碳排放量算入報告中,這樣會讓富國的數據更好看,但其實對氣候一點幫助也沒有。氣候才不管二氧化碳是由英國還是中國排放的,氣候只在乎總量。

碳排量「外包」是很重要的考量,但幸好,這不是事實全貌。研究人員可以用全球進出口貿易數據來調整碳排放量。[12, 13] 他們計算貿易商品的時候,是用「消費導向排放量」:對英國來說,這不只反應了英國國界以內製造的碳排放量,還有海外進口商品所製造的碳排放量。

英國的人均GDP從1990年以來增加了約50%,而碳排放量

我的碳足跡是我祖父母的一半

英國的人均二氧化碳排放量以每人平均多少噸計算。

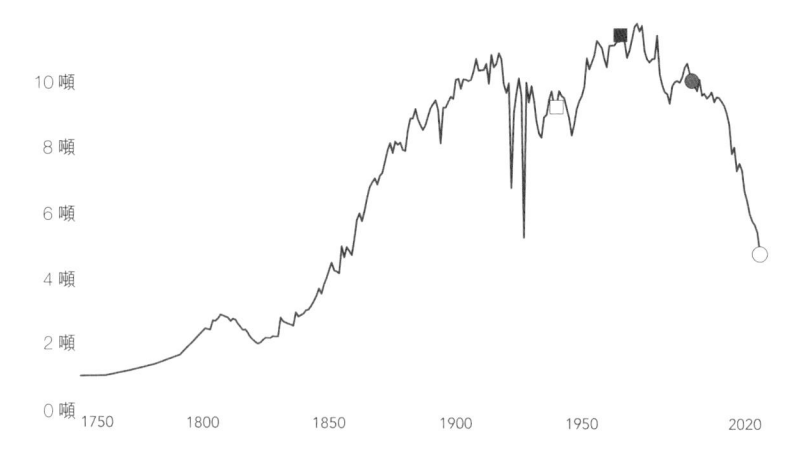

□ 1938 年：在我祖父母出生的年分，排放量每人 9.3 噸。
■ 1965 年：在我父母出生的年分，我祖父母當時年紀和我現在一樣，排放量每人 11.5 噸。
● 1993 年：在我出生的年分，我父母當時和我現在的年紀一樣，排放量每人 10 噸。
○ 2019 年：回到 1859 年的狀態，排放量和我曾曾曾祖父母一樣，排放量每人 5.5 噸。

則已經減半了。*以消費為基礎的排放量——根據「外包」調整過的算法——已經減少了三分之一。英國並沒有把排放量都遷到海外，那種說法並不符合事實。國內和國際的排放量都真的降低了。多數富裕的國家都一樣。在德國，國內排放量和消費基礎排放量都降低了三分之一，人均 GDP 則增加了 50%；在法國，消費基礎排放量已經降低了四分之一，人均 GDP 增加三分之一；在美國，從 2005 年至今，國內排放量和外包回歸的排放量都減

＊這個數字經過通膨調整。

少了四分之一。

這種論述很難寫成新聞頭條。經濟成長和碳排減量往往刻意被描繪成魚與熊掌，但很多國家都在證明其實可以兩者兼得。這不表示富國碳排放減量的程度已經足夠，或速度已經夠快了。事實上他們有能力也有責任再更快一點。但這個圖表可以讓我們知道碳排放減量不只有可能，而且還不會讓經濟躺平。

許多國家的經濟成長都已和二氧化碳排放量脫鉤

下圖顯示出1990至2019年間的人均國內生產毛額（GDP）和二氧化碳排放量。二氧化碳排放量有兩條線，一條是以生產為基礎的排放量，另一條是根據國際貿易和外包製造調整過的排放量。

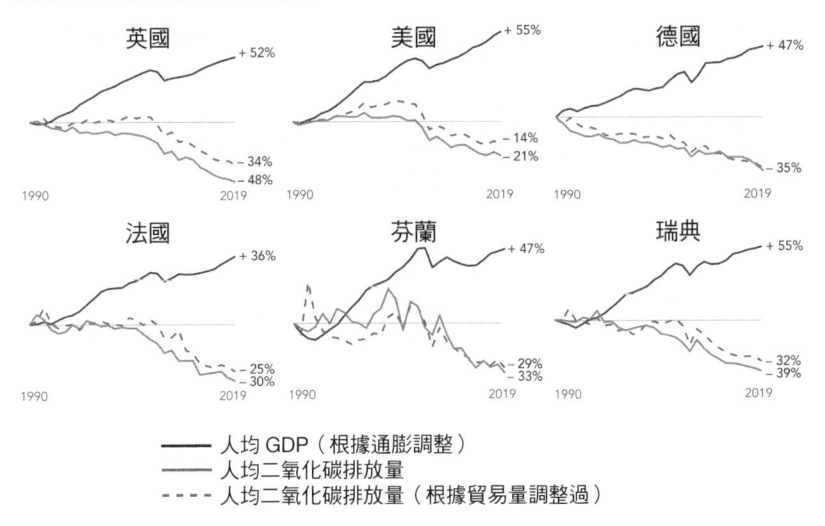

英國 +52% / −34% / −48%	美國 +55% / −14% / −21%	德國 +47% / −35%
法國 +36% / −25% / −30%	芬蘭 +47% / −29% / −33%	瑞典 +55% / −32% / −39%

—— 人均GDP（根據通膨調整）
—— 人均二氧化碳排放量
- - - 人均二氧化碳排放量（根據貿易量調整過）

低碳科技愈來愈便宜

我總會低估改變的速度。我們多數人以前對可再生能源都太悲觀了，專家也一樣。以前我之所以認為氣溫降2℃太牽強，有

一部分是因為我沒辦法預測低碳能源成長的速度。歷史上，能源轉型都很慢。科學家瓦茲拉夫・史密爾（Vaclav Smil）在他的著作裡驗證了很多遍。[14-16] 要重建能源系統，從一種能源轉換成另一種能源，不管是從木炭、煤炭到石油都要好幾十年或更長的時間。而煤炭、石油和天然氣比太陽能和風力便宜太多了，除此之外，化石燃料還有鉅額補貼。

讓我們回到 2009 年，假設你是低收入國家的首相，你想要建一座新的發電廠。國內有四分之一的人完全無電可用，很多人只能付得起小額電費，數億人生活在能源貧窮的狀態裡。你做為一國元首的責任就是要改善國民的生活。

你要蓋哪一種發電廠？顯然，成本是關鍵因素。我們要用「均化發電成本」（levelized costs of energy, LCOE）為指標，來比較不同能源。你可以把這個指標當做答案：發電廠若要在退役之前收支平衡，我國要支付的最低電價是多少？這包括建造發電廠本身的成本，以及燃料和運營的日常費用。

你的選項有這些，每單位電力的成本也列出來了：[17,18]

A. 太陽能光電：359 美元。
B. 集熱式太陽能：168 美元。
C. 陸域風場：135 美元。
D. 核電：123 美元。
E. 燃煤式火力發電：111 美元。
F. 燃氣式火力發電：83 美元。

你要挑哪一種？如果你在意氣候變遷，就會選太陽能、風能或核能。但太陽能比燃煤貴三倍以上，若預算一樣，能供應的電力就少了三倍。當國內四分之一的人無電可用，且許多人只能負擔一點點費用，選太陽能就是不給大家平價的電力。大眾絕對不會喜歡。這也就是多數國家所面對的困境，不意外，他們最後選擇燃煤或燃氣。難怪，要各國採取氣候行動那麼難。

然而，僅僅十年內這已經徹底改觀了。如果是在2019年，當你要做出同樣的決定，現在價目表是這樣：

A. 核電：155美元。
B. 集熱式太陽能：141美元。
C. 燃煤式火力發電：109美元。
D. 燃氣式火力發電：56美元。
E. 陸域風場：41美元。
F. 太陽能光電：40美元。

才僅僅十年，太陽能光電和風電已經從最貴變成最便宜。太陽能發電的電價下降了89%，陸域風電的電價下降了70%。他們現在都比燃煤便宜。國家元首不用在氣候行動和平價電力之間糾結了，低碳的選擇忽然變成經濟的選擇。誰也沒料到這變化發生得那麼快。

為什麼太陽能和風電的成本會下降得那麼快？因為化石燃料和核能的價格，被燃料的價格牽制了——煤炭、石油、天然氣和鈾——還有發電廠本身的營運成本。而可再生能源不一樣，

陽光和風都是免費的,成本就是科技——電子元件和太陽能模組。在1960年代,太陽能絕對不可能成為主流。我的同事麥克斯・羅瑟推估,在1956年一片太陽能板要價現在的596,800美元。儘管價格太狂,太陽能板也沒死,因為我們在外太空需要。在1950年代,那是人造衛星的電力來源。隨著一年一年過去,科技持續發展,到了1970年代,這項科技從外太空降落到地表上,但因為沒有電網可以銜接所以價格還是昂貴,當時的用途多是:燈塔、偏遠的國界還有疫苗冷藏。

這幾十年來,太陽能(和風電)的價格愈用愈便宜,這就是「學習曲線」。當科技在部署和規模化的時候,我們會學著怎麼更有效率的使用。科技可以進入正向循環:安裝愈多太陽能板、價格下降、需求增加、再安裝更多、價格再下降、需求再增加、持續下去。太陽能板的「學習曲線」是20%(科技和價格下跌的關係常稱為「摩爾定律」。我們在很多科技的發展過程中都見過):這代表太陽能光電產能只要增加一倍,價格就會下降20%。陸域風電和離岸風電的曲線也很相似。

不只是可再生能源如此,太陽會下山、風也會停,要管理斷斷續續的可再生能源並解鎖電動車等科技,我們就需要電池,尤其是又大又便宜的電池。我們在這裡也看到一模一樣的發展。在過去的30年內,鋰離子電池的價格跌超過98%。[19, 20] 這幾年更終於能讓電動車略微負擔得起這種儲電方式。稍後我們會詳談。

沒有按照學習曲線前進的是化石燃料,如煤炭。火力發電廠很難再更有效率了。一塊煤炭能產生的能源和消耗掉的能源都很難改變。火力發電的價格又會受燃料價格影響。成本高高低低,

但是開挖煤礦的固定成本很高昂。換句話說，新的低碳科技會愈來愈便宜，化石燃料不會。

這些近期的發展都很關鍵。他們開創了平價的低碳新做法讓各國可以實踐。這表示比較貧窮的國家不需要採取過去富國的舊路線，經歷高度依賴化石燃料且不永續的方式。他們可以快轉數百年，直接跳到現在的階段。他們也不需要犧牲人類的幸福就能取得能源。事實上，他們採用這些科技就能保證讓更多人都付得起電力。

∞ 我們可以從這些小事做起

提到氣候行動，很多事情都在朝對的方向移動。我們已經鋪好了基石，讓需要改變的事情可以好好發展。我們現在需要開始在上面建設，而且要快。

目前共有127個國家承諾要達到淨零排放。*這可不是容易的事。這逼得我們需要重新設計、重新塑造能源系統，改變我們的飲食、改變我們的生活、改變我們的交通、改變我們的建設。但這些改變一定要往前進，不能倒退。

把能源用量降到很低的做法並不好。大家需要能源才能過上健康的好日子。醫療保健、教育、強力洗衣機和廚房家電都需要用電，這樣大家才有時間工作、遊戲和學習。我們也需要電力才

---

*「淨零追蹤」的網站上記錄了各國的承諾：https://zerotracker.net/。

能適應氣候變遷。

所以問題來了。我們必須怎麼做才能降低排放量？我們要怎麼做到淨零？可惜的是，這件事沒有萬靈丹。要想知道這些挑戰有多龐大，得看排放量來自何處。如果我們把排放量分為兩大類，我們就可以看到能源系統和工業得為四分之三的溫室氣體排放量負責。我們的糧食系統則要為剩下的四分之一負責。[21-23]

進一步放大個別產業來看，就會發現製造業商品所需要的能源要為四分之一的碳排放量負責，[24, 25] 人和商品的交通運輸則占了六分之一，我們在家裡和辦公室裡所消耗的能源也大致一樣，此外還有一些工業的排放量很難處理，例如水泥和化工等打造我們周圍一切的基礎。

我們不能單獨從任何一塊去下手解決氣候變遷的問題，那我們該怎麼做？

能源：快速轉型到乾淨能源

如我們所見，我們必須擺脫化石燃料，可再生能源和核能都是很好的選擇，他們產生的二氧化碳或空氣汙染不多，而且安全性高了許多。該吵的架應該是在低碳能源和化石燃料中如何選擇，而不是在核能和可再生能源選擇中爭辯。我們吵核能就是在浪費能量。

我們已經看到，煤炭時代在英國已經終結，在其他國家也一樣。30年前，英國有接近三分之二的電力來自煤炭，現在則不到2%。美國以前有 55%的電力來自煤炭，現在不到 20%。丹麥原本接近90%，現在只有10%。全球能源系統都變了。

溫室氣體排放量來自何處

全球排放量中,大約四分之一來自食物系統,四分之三來自能源與工業。

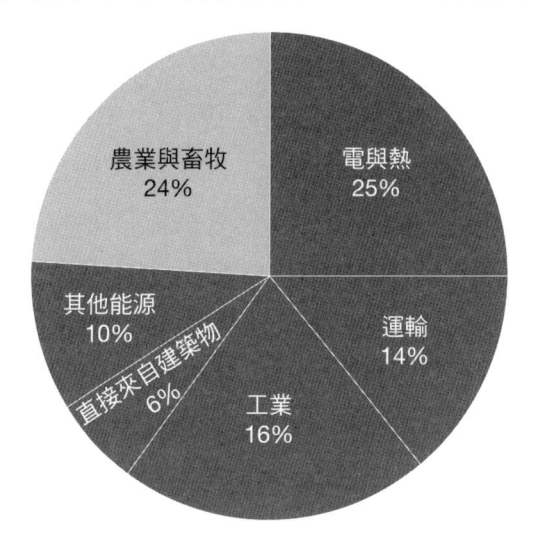

- 電與熱 25%
- 農業與畜牧 24%
- 運輸 14%
- 工業 16%
- 直接來自建築物 6%
- 其他能源 10%

可再生能源取代了煤炭,並以驚人的速度成長,而且不只是在有錢的國家成長而已,有些我們沒料到的國家也表現得很好。烏拉圭的風電在2014年只有5%,現在接近50%;智利本來沒有太陽能,現在太陽能發電量占13%,還有更多國家在追隨他們的步伐。可再生能源科技和電池的價格持續雪崩式下跌,會讓這些選擇成為必然的決定。

轉向使用這些能源,再加上電池和儲電方式的改良,讓我們替電力系統減碳。但我們也需要替其他用電系統減碳,如運輸、空調和工業。這就更難了。因為目前尚未有一種永續液態燃料可以取代石油或柴油,所以要解決這些能源問題,咒語就是「通通用電」。如果我們的車輛、工業和空調系統都改用電,我們只需

煤炭時代在全球凋零

各國煤炭發電的比例。

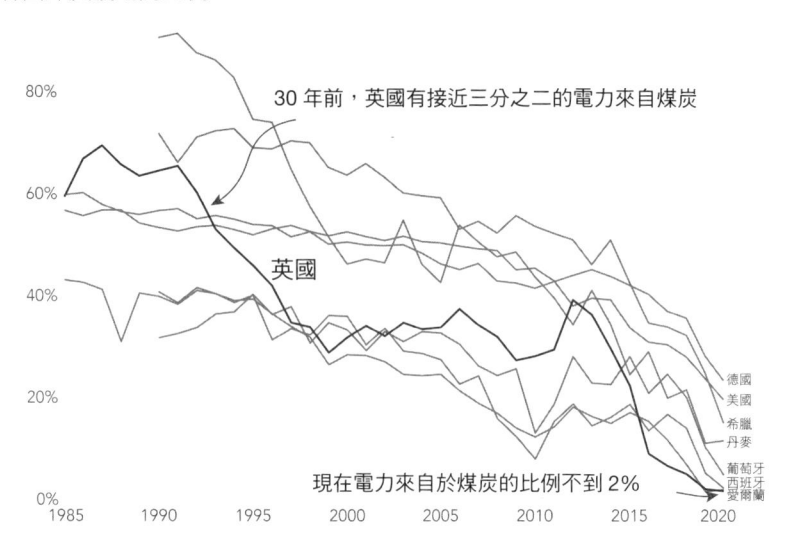

30 年前，英國有接近三分之二的電力來自煤炭

英國

德國
美國
希臘
丹麥
葡萄牙
西班牙
愛爾蘭

現在電力來自於煤炭的比例不到 2%

要更多核能和可再生能源就好了。

這聽起來很簡單：只要打造很多太陽能、風能和其他可再生能源發電廠就好啦。可是我們沒有其他要顧慮的事情嗎？我們有足夠的土地嗎？我們有足夠的礦產材料來建廠嗎？

氣候變遷懷疑論者很喜歡說：「這會使我們的大地遍布太陽能板。」他們用這種說法來「證明」我們所謂的綠色科技，是多麼耗費土地面積又不永續。可是當我們細究數據就會發現驚人的結果：**轉移到可再生能源（尤其是核能）不代表要用掉更多土地，事實上，我們會用得更少。**

我們在比較不同能源的土地使用面積時，要考慮到的不只是發電廠空間——像是火力發電廠或太陽能板實際上占用的面積。

我們也需要把礦場、燃料提煉廠和廢棄物處理場的面積算進去。聯合國歐洲經濟委員會（United Nations Economic Commission for Europe）的重量級評估報告，比較了不同能源每一發電單位所需要的土地面積，計算過程中就把供應鏈的每一部分都納入。[26]

最省土地的其實是核能：每個發電單位所需要的土地利用面積比煤炭少了50倍、比地面的太陽能光電系統少18至27倍。[27]太陽能則是第二節省土地的能源。

太陽能的土地利用面積要看我們使用哪一種礦物材料而有差異。如果以安裝在地面的太陽能板來說，若其材質是矽做的，所需土地面積就會比煤炭略高一些；但若採用鎘做成的太陽能板，需要的土地則會比煤炭少。當然，這不是太陽能光電系統唯一的選擇，我們也可以把太陽能板放在屋頂上，那麼就只剩下生產原料的時候會用到土地了。這樣一來，太陽能光電的土地利用效率就幾乎和天然氣一樣好，也比煤炭好得多。

我們也可以在現有的地面設施上結合太陽能和風能，例如農田。「農電共生」系統就是共享土地的絕佳案例。近期研究指出，在某些狀況下，農電共生的農作物產量甚至比傳統農田還多，因為太陽能板對水土平衡更好，減少土壤水分蒸散並降低溫度。風電也是，許多農夫的收入都增加了，因為他們同意在農田裡面架設風車，而且這種做法對農田的影響很小。

結論就是，轉移到乾淨能源科技和我們現在使用化石燃料相比，並不會需要更多土地。如果我們用部分核能、善用屋頂加裝太陽能板、共享已經開發的土地，那麼需要用的土地會更少。

除了不同能源使用土地的效率，我們也可以再思考土地使用

面積多寡的重要性。我們在討論的是5%、10%、還是超過50%的土地？根據我的推算，地球表面目前沒有被冰覆蓋的土地，我們約只使用了0.2%來發電——大多數是用來探勘化石燃料（這數字很小，畢竟沒有被冰覆蓋的土地有50%用來農耕）。在低碳電力的世界裡，我們可以繼續降低這個數字。如果全世界都百分之百使用核能，我們發電用的土地只會占地球0.01%。如果我們把太陽能板裝在屋頂上，那會比例是0.02%至0.06%。

很快的，這個世界會需要更多電：我們希望收入較低的國家也能使用更多電，電動車和空調系統也需要電。這對土地使用來說也不是大問題。上面的土地面積再增加一、兩倍也還是很少，還是不到全球土地的1%。

我們最後的考量是：我們有沒有足夠的礦物來打造我們需要的太陽能板、風電扇葉和電池。這些科技需要各種不同的礦物：鋰、鉻、銅、銀、鎳——我們經常聽到有人說開採量很大，甚至已瀕臨枯竭。

那些說低碳能源會使用太多礦物的人，應該看看我們為了化石燃料挖了多少礦。全世界每年開採的煤炭、石油和天然氣共計150億噸。國際能源總署（The International Energy Agency）預測，全世界在2040年達到能源轉型高點時，為了低碳科技會需要2800萬至4000萬噸礦物。[28] 這比化石燃料少了100至1000倍。當然，石頭不是純礦物；礦物質通常含量很低，所以石頭總量還會更高。但道理還是一樣：要採出150億噸的煤炭化石燃料，我們要從地底下挖更多出來。簡單來說：轉移到低碳科技，就代表採礦量會變少，而不是變多。

研究也指出我們仍有足夠的鋰、鎳和其他礦物。[29]我們不會採光。如果我們把回收量也考慮進來就更是如此：太陽能板、風電扇葉和電池所需要的礦物都可以重新整理成新產品。這樣一來，我們就建立了循環經濟，可以持續重複使用這些礦物，不必增加開採量。

關於礦物從哪裡採來、如何精製，我們確實需要謹慎一點。有些礦藏在地底下，而地表是我們想要保護的生態區，或可能和原住民保留區重疊。我們必須確定自己所用的礦藏產地，是在公平、安全的工作環境下開採和精製。化石燃料的年代也是剝削人力和地球的年代。我們一起來確保低碳世界不會這樣。

運輸：改用電力與突破現有硬體

能在幾小時之內橫越一個國家，是現代才有的奢侈體驗；能在幾小時之內橫越地球，也是現代才有的奇蹟。

接下來的數十年之內，將有幾十億人可以進入精彩的旅遊世界。很多人最近才終於能取得基本的能源服務——有電力和潔淨燃料可以烹飪。能源旅程的下一步，就是可以負擔得起機車，或甚至汽車，然後第一次搭上飛機。在富有的國家，我們厭惡運輸的副作用：排碳、空汙、塞車。但雖然有這些麻煩，運輸卻有潛力能啟動數億人的聯繫、體驗和新視野。而這正是我們要努力取得的平衡。

全球約六分之一的溫室氣體排放量來自運輸。在世界穿梭的人更富有了，運輸系統的排放量也更大了。那我們要怎麼打造未來，才能繼續開著旅遊的大門，同時降低排放量？

最大宗的運輸排放量來自路面交通。道路交通工具要為全球74%的運輸排放量負責。[30,31]

跟1975年的一般車輛相比,現在一般車輛的節碳程度高達兩倍以上。[32]這些改良很厲害也很重要,協助我們的碳排放量不會超標。不過,運輸的碳排放總量還是在上升,因為我們現在旅行的範圍擴大了,但使用化石燃料的車輛卻無法再更節能。使用石油或柴油的運輸系統已「無法減碳」。

有些人建議改用生質燃料,但這同樣無法降低碳排量。研究顯示生質燃料有時候排放的二氧化碳甚至比柴油還多,尤其是把土地使用面積考慮進去的時候。[33,34]接下來的章節還可以看到,把吃的穀物拿去「餵車子」也不算是好的解決方案。如果我們要認真降低道路運輸的排放量,就不能用油或食物,而是要用電。

汽車、飛機和火車:運輸類的二氧化碳排放量來自何處?

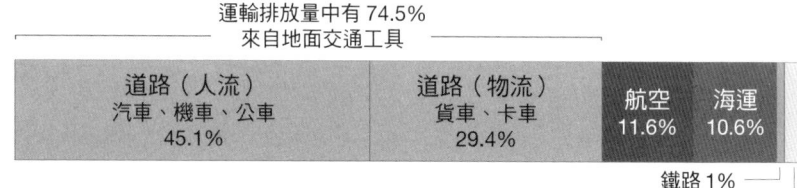

運輸排放量中有74.5%來自地面交通工具

道路(人流)汽車、機車、公車 45.1%	道路(物流)貨車、卡車 29.4%	航空 11.6%	海運 10.6%

鐵路1%
其他2.2%

換成電動車──真的對環境比較友善

我兄弟是全家最不在乎環境的人,他卻是第一個買電動車的人。他在乎的不是低碳足跡,而是因為開電動車很拉風。這很重要:如果我們要大家都參與,一起改變生活方式,我們得讓低碳

生活「很潮」。大家必須感覺低碳生活讓他們的人生更美好。

但這個決定真的對環境比較好嗎？電動車會不會是另一樁綠色詐騙？很多人認為電動車和汽油車排放的二氧化碳一樣多，甚至搞不好還更多，因為我們得把製造電池的過程還有充電的過程算進去。讓我們來看看數字怎麼說。

我兄弟當時在全新電動車和全新汽油車之間抉擇。他剛買下電動車的時候，碳排量確實比較高，因為電池製造過程比引擎製造過程更耗能，所以電動車製造過程確實會比汽油車排放更多碳。但我們一但開始駕駛，數據就逆轉了。

駕駛電動車排放的碳比汽油或柴油車少得多。至於差距幅度，就要看電力有多乾淨。在英國，超過一半的電力來自低碳能源，而且我們現在基本上是無碳國家了（就算英國再開一個新的礦場也還是無碳國家，因為這些煤礦不會用來發電）。如果你在法國、瑞典或巴西開電動車，效益會更大；而若在中國或印度等煤炭大國開電動車，效益則會少一點。但就算是在這些國家，電動車還是比汽油車好。

開電動車的碳排放量低，使得電動車的碳債很快就能「還完」。在英國，還本時間約低於兩年。[35] 所以兩年內你的電動車就已經對環境更好了。十年內，電動車的碳排量就只剩汽油車的三分之一。

而且，這還是很悲觀的看法：電動車的碳排量其實可以降得更低。這是一種很新的科技，所以有足夠的進步空間。我們也知道電網——電動車的電力來源——會愈來愈乾淨。

那麼，與我父母決定繼續開汽油車相比，我兄弟新買的電動

第 3 章　氣候變遷

車是否對環境更友善呢？結果，在過了四年後，繼續開汽油車的碳排放量升高了，所以是我兄弟獲勝。

在2022年，全球售出的汽車裡有14%是電動車。[36]這比例看起來好像很小，但長尾效應驚人。兩年前只有4%是電動車，2019年更是只有2%。電動車的銷售量在爆發，現在已經在某些國家的汽車市場中稱霸了。在挪威，2022年賣出的車輛中有88%是電動車；瑞典是54%；英國是23%；美國遠遠落後，只有8%是電動車（不過拜登提出的《新氣候約定》可能很快會改變這局面），中國有接近三分之一（29%）的新車是電動車。這和2020年的6%相比已經是大躍進了。

鋰離子電池的價格在過去這30年內下跌超過98%，為電動運輸打開新世界。你在特斯拉汽車裡面找到的電池，目前成本約12,000美元。日產聆風（Nissan Leaf）的電池約6,000美元。但回到1990年代，這些電池的成本大概要50萬至100萬美元。[37]也因此，當時才難有「負擔得起」的電動車。

電動車的成長表示這個世界已經過了汽油車的高峰期。新型汽油車銷售量在2017年達到高點，[38]而通常新車會開十年，所以汽油車使用量還有幾年才會達到巔峰——他們是經歷過高峰期的車隊——但登頂之後就開始走下坡。

「買不買得起」是運輸革命裡的重要驅動力。但要達成我們的氣候目標，這些科技的成本可能降得不夠快。我們應該要結合政治行動。很多國家已經開始限制新型汽油車和柴油車的銷售了，英國也預計從2030年開始。愈來愈多國家都決心要在2030年左右，或最晚在2040年前淘汰油車。中國和美國的期限

電動車對氣候比較好

以英國一般車輛為基礎,製造電動車雖排放較多溫室氣體,但兩年後就打平了。

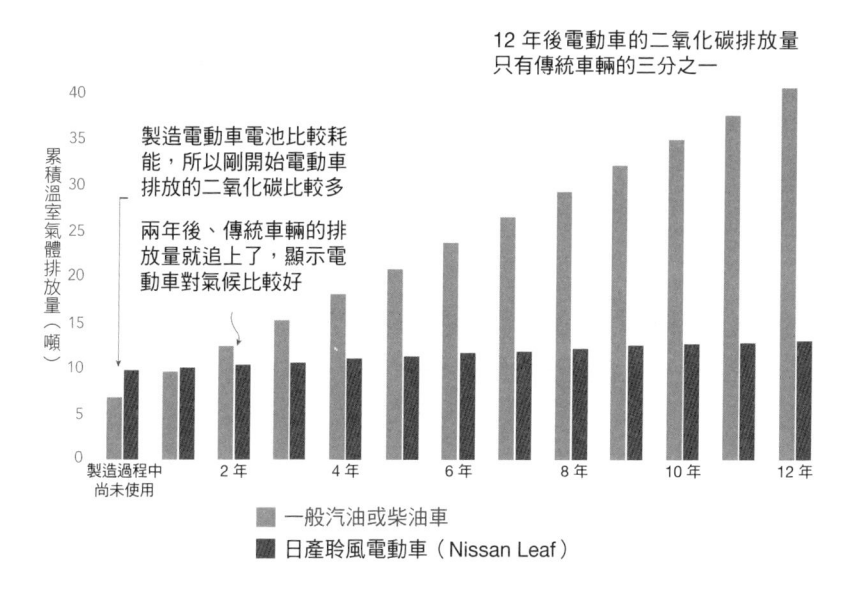

12 年後電動車的二氧化碳排放量只有傳統車輛的三分之一

製造電動車電池比較耗能,所以剛開始電動車排放的二氧化碳比較多

兩年後、傳統車輛的排放量就追上了,顯示電動車對氣候比較好

累積溫室氣體排放量(噸)

■ 一般汽油或柴油車
■ 日產聆風電動車(Nissan Leaf)

是 2035 年;收入較低的國家也態度強硬,迦納和肯亞決心要在 2040 年前做到。價格下跌加上政治行動可以讓我們走得很遠。汽油車消失的速度會比我們想像得更快。

不過若要降低運輸碳排量,還有一件事情可以大勝電動車,那就是完全無車。我住在倫敦,有車反而麻煩,而且根本不值得。當我跳上地鐵,穿越城市的時間比卡在車流裡還要短,碳排放也很少。

但我的其他家人做不到:他們住在小鎮裡,大眾運輸沒那麼完善。住在鄉下村莊裡的遠房親戚就更難了,最近的商店離家好幾哩。很多人都會把對環境友善的生活想得很樸素。住在鄉間農

新車是電動車的比例

新型內燃引擎車輛的銷售量在 2017 年達到高峰。

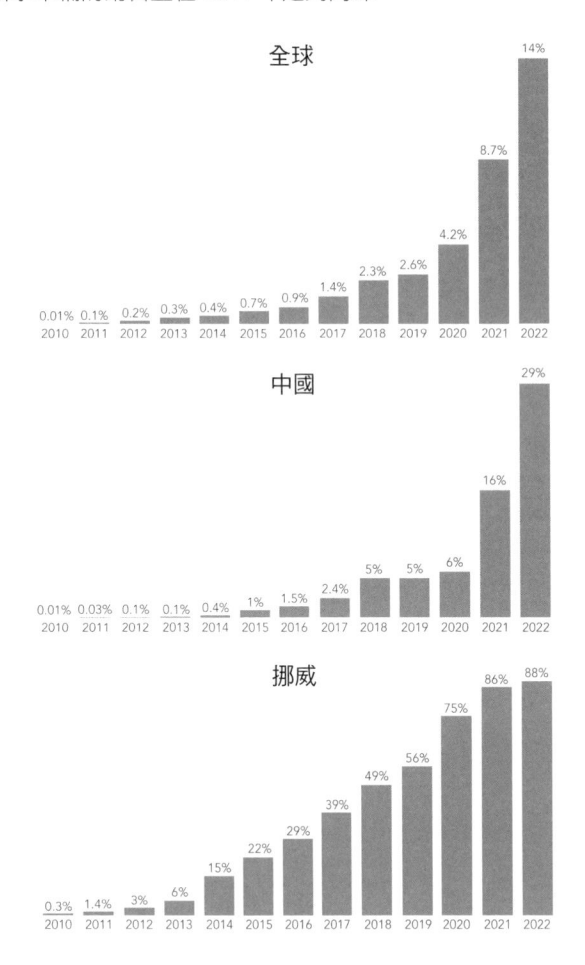

全球

年份	比例
2010	0.01%
2011	0.1%
2012	0.2%
2013	0.3%
2014	0.4%
2015	0.7%
2016	0.9%
2017	1.4%
2018	2.3%
2019	2.6%
2020	4.2%
2021	8.7%
2022	14%

中國

年份	比例
2010	0.01%
2011	0.03%
2012	0.1%
2013	0.1%
2014	0.4%
2015	1%
2016	1.5%
2017	2.4%
2018	5%
2019	5%
2020	6%
2021	16%
2022	29%

挪威

年份	比例
2010	0.3%
2011	1.4%
2012	3%
2013	6%
2014	15%
2015	22%
2016	29%
2017	39%
2018	49%
2019	56%
2020	75%
2021	86%
2022	88%

莊好像很環保,而生活在擁擠又耗能的城市才會毀了地球,但這和事實完全相反。城市絕對也有環保益處:我們可以建造更節能、更互通的運輸網。[39] 當我們比較城市與鄉鎮的人流排放量,

會發現一個顯著的模式：**人口稠密的城市裡，每個人的排放量比較少。**[40]

要把運輸排放量降下來，就需要重新思考生活空間。許多歐洲城市都很進步，汽車不再是主角，新的主角是行人和單車騎士。城市不但變得更冷靜，生活起來汙染更少，市區功能也更有效率。畢竟當路上一輛輛汽車頭尾相連，可是一點都沒有效率。設計完善的規劃會結合單車道、人行道和高速公共運輸，可以改變城市給人的感覺和效率。如此一來，不但大砍排放量，還能給我們更乾淨的空氣。

2000年代和2010年代的選擇，是要買柴油車還是汽油車；2020年代的選擇，則是要買電動車還是不買車。

長途運輸需要創新

當我們談到卡車、貨車和長程旅行，就變得比較棘手了。問題在於電池很重，而當交通工具愈重，就愈需要儲備電池，結果會就變得更重。汽車還可以取得平衡，但卡車和飛機就實在難以負荷了。

電動運輸和電池科技的持續進步，讓我們有可能找到解決方案。短程貨運已經有些進展了。[41]我們也成功讓電動飛機升空了，但這些飛機很小，離載客環遊世界的巨無霸噴射機還差得遠。這些解決方案能不能達到我們需要的規模——進展的速度夠不夠快——還是沒有答案。

同時，我們需要嘗試其他選項。太陽能發電的飛機可能就是一種進步，透過在飛行過程中汲取太陽能量，就不需要全靠電池的能量。另一項開發中的科技是氫能。氫燃料是把水分

子分解成氫氣和氧氣（要達到平衡，實際上的化學反應式是：$2H_2O + energy = 2H_2 + O_2$）。氫用氣態來儲存很理想，燃燒的時候可以提供能量，就和汽油與柴油一樣，而且氫氣比石油更好，因為每單位可釋放的能量是石油的三倍。

氫氣可能會扭轉全局，只是，最大的缺點在於分解水分子也需要能量。如果我們用低碳能源來分解水供電，那就是低碳燃料。如果我們依賴化石燃料來分解水，對氣候就又是另一項成本。氫氣要成為未來燃料，就需要提升效能，但我們也得增加低碳電力的規模。

你可能會很納悶，為什麼我不考慮禁止搭飛機。「飛航羞恥」（flight shame，瑞典文為Flygskam）是瑞典在2018年誕生的環境運動。但自我有記憶以來，就有人在提倡少搭飛機。這立場很合理：世界上多數人都沒搭過飛機，那是少數人的奢侈體驗。有些人很習慣跳上飛機去參加個一小時的會議。如果說新冠肺炎疫情教了我們什麼，那肯定就是多數會議都可以在線上舉行。那些飛來飛去的人確實可以減少飛行次數。但航空業對這世界的貢獻太大了，沒辦法完全割捨。飛航讓大家可以和家人團聚，也提供了工作機會，驅動新科技創新。飛航讓我們的社會更多元與文化融合，讓我們能體驗其他國家的美。我希望世界上的每個人都有機會獲得這些體驗。

是的，我們現在不需要搭飛機橫跨地球才能和別人聯繫。我們可以找到其他旅行的方式，像是靠線上聯繫。但如果讓搭飛機變成很丟臉的事，反而是種倒退。如果我們希望大家偶爾才搭飛機，那就必須讓這件事成為大家能體諒、能欣賞的事，而不是整

年耿耿於懷必須要彌補的過錯。

糧食：吃對食物、吃得剛好

任何人若相信網飛紀錄片《畜牧業的陰謀》(Cowspiracy)，就會認為不吃肉就可以阻止氣候危機。這部紀錄片認為全世界過半的溫室氣體排放量都來自畜牧業。這根本是無稽之談，實際數字不到五分之一。[42]

改變飲食內容無法解決氣候變遷的問題。我們要的是停止燃燒化石燃料。但若只修理能源系統，而忽略了糧食議題，我們同樣無法達成目標。研究人員進行預估，如果我們繼續照現在的模式吃下去，未來幾十年內食物系統排放溫室氣體的量，前景並不理想。這使我們升溫的程度會超過碳排理想上限 1.5℃ 或 2℃ 的限溫目標。

在 2020 年至 2100 年之間，食物生產會排放 1.36 兆噸溫室氣體。[43] 若要把全球升溫的程度控制在 1.5℃ 以下，我們只能排放約 5000 億噸的溫室氣體。[44] 這是總量，所以除了糧食產業還要把發電、運輸、工業和所有活動都算進去。糧食這個類別的排放量就已經是總量的三倍了，照這個發展，升溫肯定會突破 2℃。數據清楚顯示：要有機會對抗氣候變遷，我們就不能忽略糧食。

幸好，我們可以辦得到。我們的選擇有很多，多數都取決於我們吃什麼（和不吃什麼），還有我們製作食品的產能有多高。接下來的兩章會更詳細探討糧食。

現在，我們來看看我們必須怎麼做，才能降低食物對氣候的衝擊。每天，媒體上都會出現新的「邪惡食物」：不要吃這個、

不要吃那個;如果你吃了那樣東西,就該良心不安。如果我們把每種新聞頭條說不能吃的東西都排除掉,就沒剩下什麼能吃的。所幸,真正有影響的食物不多。以下是需要注意的五大類。

(1) **少吃肉品和乳品,尤其牛肉**

這影響最大。你若要減少碳足跡,這是最有效的做法之一。我們在檢視不同食物的氣候衝擊時,發現一個碳排階級。牛肉在階級的最上層,凌駕一切。牛肉每產生100克蛋白質,會排放約50公斤的二氧化碳當量;[45] 接下來是羊肉,約20公斤;再來是乳製品、豬肉和雞肉。你會發現肉類有清楚的等級:最大的動物(牛)到最小的動物(雞再來是魚)。原因會在第五章告訴你。

多數植物做成的食物——大豆、綠豆、青豆、扁豆、穀物、堅果——就在這階級底層。他們的碳足跡比肉品少很多。因此結論很簡單:如果我們想降低碳足跡,我們應該多吃以植物為基礎的餐飲。但這不代表我們就需要吃素。對於那些一年只能吃上少少幾公斤肉類的人,也無需再做犧牲。這項研究僅代表,我們這些每年吃超過50公斤肉品的人,只要少吃一點就能有很大的影響。就連把牛肉替換成雞肉——用香雞堡代替牛肉漢堡——都有長遠的效果。

根據研究人員估計,如果每個人都能多吃點植物,糧食生產過程中的碳排量就可以減半。多吃植物性餐飲不是要我們完全放棄肉品和乳品。[46] 根據估算,一天的攝取量可以包含一片培根、四片薄雞肉和一杯牛奶,或其他可替換的食材。你也可以每隔幾天吃顆蛋或魚排。這個肉品攝取量比富國裡多數的人要少,但比窮國裡的人要多。

植物性飲食對氣候比較好

每 100 克蛋白質會產生多少公斤的二氧化碳當量。

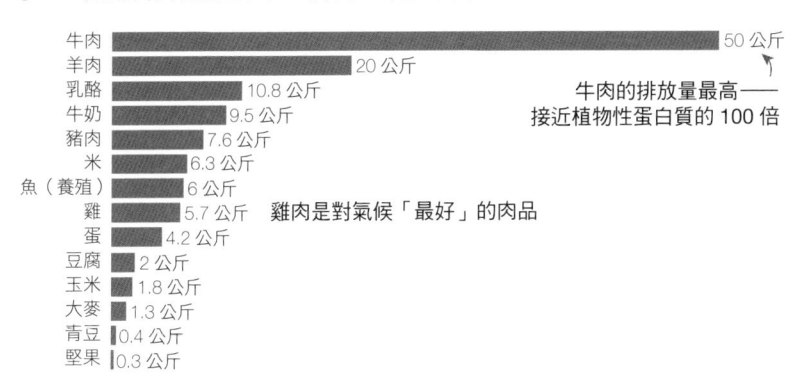

牛肉	50 公斤
羊肉	20 公斤
乳酪	10.8 公斤
牛奶	9.5 公斤
豬肉	7.6 公斤
米	6.3 公斤
魚（養殖）	6 公斤
雞	5.7 公斤
蛋	4.2 公斤
豆腐	2 公斤
玉米	1.8 公斤
大麥	1.3 公斤
青豆	0.4 公斤
堅果	0.3 公斤

牛肉的排放量最高——接近植物性蛋白質的 100 倍

雞肉是對氣候「最好」的肉品

（2）採用最好且有效的養殖方式

後方的數字是全球數千座農場的平均值。但農耕方式差異很大。紐西蘭或美國有效率的牛牧場或許碳足跡較低，而巴西的牛牧場若砍伐了亞馬遜雨林，碳足跡就會相對較高。

我每次說少吃肉，尤其是少吃牛肉最能有效降低碳足跡，就會聽到這種論點。大家會說他們吃的牛來自英國在地的牧場，碳足跡比全球平均值低得多。事實上，或許排放量比較少，但絕對遠高於植物。

當我們不看全球平均值，而是觀察各種食物運送過程中的碳足跡——從最永續的農場到最不永續的農場——整體訊息仍沒有改變。植物型餐飲中碳足跡最高的，還是遠低於碳足跡最低的牛肉或羊肉。少吃牛肉和羊肉仍是最有效降低碳足跡的方式，但不同的畜牧法還是有差別。所以，在大家還是會繼續食用牛肉、羊肉、乳品和豬肉的前提下，我們應選擇最高效、最減碳的牧場。

最低碳的肉類碳排量比最高碳的植物性蛋白質還多

排放量為每 100 克蛋白質會產生多少公斤的二氧化碳當量。這是根據 119 個國家裡 39000 座商用農場和牧場的數據。

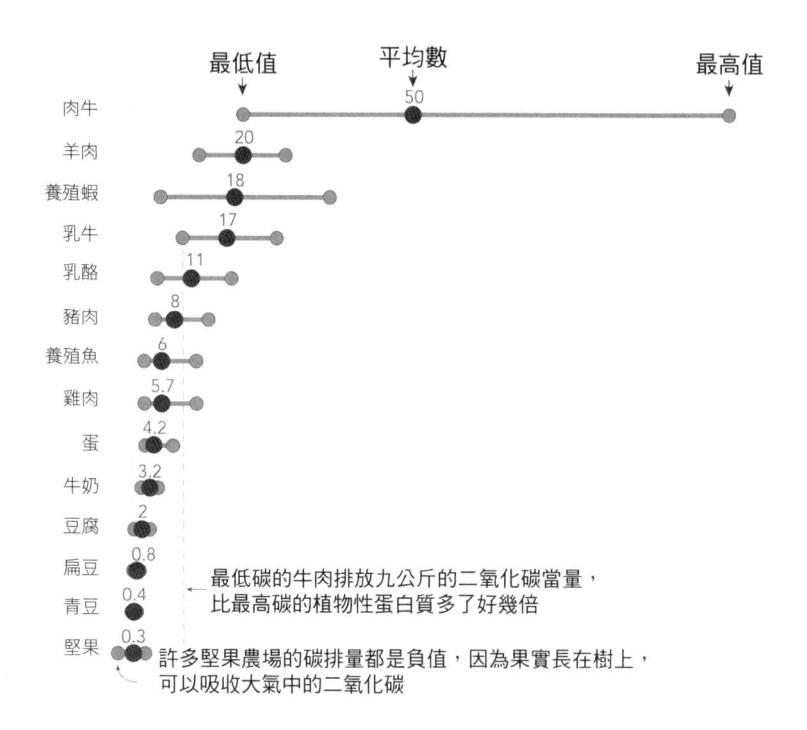

	最低值	平均數	最高值
肉牛		50	
羊肉		20	
養殖蝦		18	
乳牛		17	
乳酪		11	
豬肉		8	
養殖魚		6	
雞肉		5.7	
蛋		4.2	
牛奶		3.2	
豆腐		2	
扁豆		0.8	
青豆		0.4	
堅果		0.3	

最低碳的牛肉排放九公斤的二氧化碳當量，比最高碳的植物性蛋白質多了好幾倍

許多堅果農場的碳排量都是負值，因為果實長在樹上，可以吸收大氣中的二氧化碳

（3）減少過度消耗

目前生產的糧食已經足夠餵飽全世界的人口了，人口再增加一倍也能吃飽。我們在第 5 章會談更多。但遺憾的是，這世界存在著極端的不平等。每十人中就有一人熱量攝取不足。每十人中有四人熱量攝取過多且過重。這是我們不好意思開啟的對話，但顯然我們如果要減少過度消耗食物，我們要先減少生產量。

（4）避免食物浪費

我們要阻止食物從農場到商店的運送過程中爛掉，也要避免食物在還沒被買走之前就先進了垃圾桶。我們或許不需要徹底消滅這種現象，但我們可以將食物浪費的量減少一半以上。

（5）縮短全球的產量差距

上個世紀裡，全球完成了一個看似不可能的任務：農作物產量大幅增加。很多國家的產量激增三倍、四倍或更多。這表示我們不需要開墾更多農地，也不需要砍伐森林就能種出更多食物。但有些國家落後了。如果我們能縮小產量差距，我們就可以拯救更多林地。

這裡列出的這五件事只要做到了，我們就能打造低碳的食物系統。我們可以從表中看到這五種行為的深遠影響。如果我們能全部都辦到，就可以把糧食造成的碳排放量降到零。這不是說我們完全不會排碳——我們還是會因為施肥產生部分碳排放，還有畜牧也會產生少量——但可以被我們釋放出來的土地、重新造林和綠地復育給抵銷掉。就算我們每一件事都只能完成一半（例如食物浪費的量不是減半，而只有減四分之一，或過度消耗的現象仍存在但減少一半），我們的碳排放量還是可以降低三分之二。這可以挪出很多碳排的空間，讓我們爭取時間，把能源和其他產業的排放量歸零。

提到食物，有一些介入的方式其實沒有我們以為的那麼重要。吃當地生產的食物對碳排沒什麼差別；吃有機食物也沒差。事實上，在這兩種情況裡，這些選擇還可能增加排放量，因為有些食物在特定氣候區或特定條件下種植比較適合。食物的塑膠包

我們要如何減少糧食產生的溫室氣體排放量？

下圖列出 2020 年至 2100 年若維持現在的模式，屆時糧食系統的排放量，以及五種降低排放量的選擇。

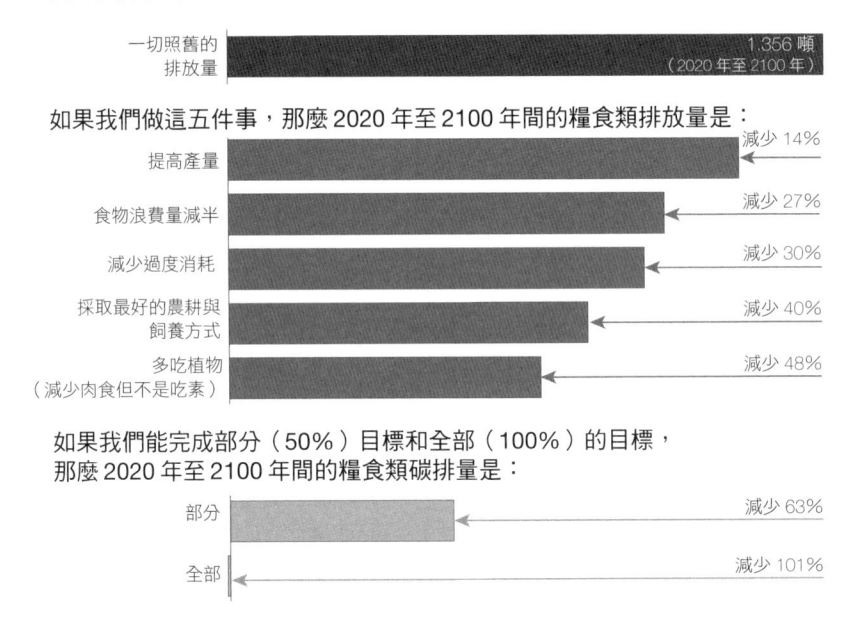

一切照舊的排放量　1,356 噸（2020 年至 2100 年）

如果我們做這五件事，那麼 2020 年至 2100 年間的糧食類排放量是：

- 提高產量　減少 14%
- 食物浪費量減半　減少 27%
- 減少過度消耗　減少 30%
- 採取最好的農耕與飼養方式　減少 40%
- 多吃植物（減少肉食但不是吃素）　減少 48%

如果我們能完成部分（50%）目標和全部（100%）的目標，那麼 2020 年至 2100 年間的糧食類碳排量是：

- 部分　減少 63%
- 全部　減少 101%

裝對碳足跡的影響也不大。我會在第 5 章澄清這些誤會。

建築：用更永續的建材

在我小時候，我爸會去中國出差。那是 2000 年代初期，他最近又去了一趟——一別超過十年——他驚訝的發現那裡變了這麼多。每一排房子後面都蓋了一排新房子。開發的節奏快得嚇人。這種轉變會需要很多建材，水泥、鋼鐵等。很多人常常說中國這三年用掉的水泥比美國在整個 20 世紀裡用掉的量還多。這是真的，我知道，因為我自己最近才重新計算過。

發展迅速的國家不只有中國。很多人都在快速的從鄉區移動到市區。這對人類發展來說是很正面的一步，但這過程也挑戰著我們去用更永續的方式打造城市。化石燃料和工業產生的二氧化碳排放量中有5%來自製造水泥，這看起來可能沒有很多，但未來十年內，會有數十億人遷移到市鎮裡，所以這數字還會成長。

　　講到能源，我們已經有很多我們需要的解決方案了。營建業要除碳比較棘手。製造水泥需要電力，難的不是這個：如果我們能從低碳能源獲得電力，那就沒有問題。真正的問題是製造水泥的化工過程也會產生二氧化碳。*調整製程或許能稍微降低排放量，但沒有辦法讓我們做出零碳水泥。[47]

　　我們要做的就是捕捉二氧化碳，做點處理。[48]我們可以把二氧化碳儲存在地底下，確保不逸散到大氣中，又或許我們可以把二氧化碳「注」回去，使二氧化碳成為成分之一，做成永遠「鎖住」二氧化碳的水泥。目前有很多公司在著手解決這個麻煩的問題，解決方案看起來都大有可為。

　　為什麼我們不直接放棄水泥，用別的材料蓋房子？第一個問題是成本和規模。發展中的經濟體成長得很快，需要充足的供應便宜建材。對中國這樣的國家來說，水泥很完美。木材很難快速、大量取得，而且又貴。如果要用木頭蓋房子，一定又會改變我們使用土地的方式。很多國家都必須砍伐天然原始林地，改為木材種植園。長期下來，可能反覆種植樹林、砍伐樹木又重新種

---

*要製作出對水泥最關鍵的「熟料」，需要將石灰石（$CaCO_3$）加熱到900℃，在這過程中，我們獲得石灰（CaO）以及二氧化碳，真不巧。

植,雖然可以減一些碳,但是對生物多樣性的代價太高了。我們在下一章會說明,木材種植園是全球人為毀林的罪魁禍首。對當地來說,永續方案或許辦得到,但以我們需要建材的規模和速度來說,這不是全球解決方案。

事實是,我們需要用低碳的方式創新水泥和鋼材等建材,既然全世界的都市都在增加,我們愈快創新愈好。

替碳標價:用費用影響行動選擇

我們的終極目標是要替整個經濟體除碳,不是只有幫一個產業除碳。除碳是支撐一切的措施。

我請教過很多經濟學家,想知道我們該怎麼面對氣候變遷。每一位的回覆都一樣:替碳標價。或許,這是經濟學家之間唯一的共識。

替碳標價是什麼意思?這表示在一切消費之上,需根據每件商品的製造過程排放了多少二氧化碳來課徵碳稅。使用二氧化碳密集的燃料如煤炭、石油、天然氣,就要付較高的碳稅。使用低碳燃料如核能、太陽能、風能,需要付的稅額就很低,這樣成品的價格也會低很多。

碳稅的主張,在於我們目前付出的商品價格並沒有正確反映出實際成本。我們燃燒化石燃料的價格沒有被反映在市場裡:其中有氣候變遷的代價(我們和未來世代都要償還),還有其他影響,像是每年造成數百萬人喪命的空氣汙染。**碳稅的用意是要弭平差距,重新平衡市場,把該付的付清**。[49]

碳稅會改變消費者的決定。耗能的休旅車會比潔淨的電動日

產聆風貴很多。植物性的「未來漢堡」會比旁邊的牛肉便宜而且更受歡迎。碳稅會讓每個人都做出低碳選擇，也會誘使企業改變製程。高碳商品會因為價格而離開市場。企業之間會競相開發出更平價的商品。要降低售價，他們就要降低碳足跡。

碳價會非常有效。就連打死不相信氣候變遷論的人，也必須做出更永續的選擇。他們不是為了地球，而是為了荷包。就連川普這樣的元首也會選擇太陽能和風能，不再用煤炭。經濟除碳的關鍵就是要盡量無痛，過程要簡單、產品要便宜。

我有個顧慮——很多人也有一樣的顧慮——就是我們擔心替碳標價，會讓貧窮的人最受衝擊。如果明天汽油就漲價一倍，擁有五輛藍寶堅尼的有錢人可能皺個眉頭，但不礙事。他或許會賣掉其中一輛，或是不搭私人飛機改搭一般客機頭等艙，仍過得去。但對排隊等食物救濟的家長，不僅買不起電動車，甚至連家中暖氣和接送小孩的油錢都快付不出來了。碳價政策需要把清寒家庭補助納入規劃，才能補貼能源上漲的費用。政府可以把碳稅收益導入清寒家庭。將收益用在正面的用途上：投資低碳科技、創新潔淨能源與肉品、打造永續城市、停止毀林、復育森林。

任何碳價方案都應該要設計成讓最有錢的人、排放最多碳的人付最多。

∞ 如何應對氣候變遷

全世界最貧窮的國家幾乎沒有造成氣候問題，排放量甚至不到全球的 0.01%，但他們卻要用最殘酷的方式體驗氣候變遷，且

沒有太多資源可以因應。當你可以全天候開啟空調系統，承受住難以忍受的高溫；當你能負擔得起灌溉系統，農作物還是可以繼續生產；若你可以投資基礎建設，在洪水退卻之後進行災後復原，那洪水也不可怕。但是，當你已經有一餐沒一餐，歉收的季節就可能是你和家人的末日。這就是氣候變遷殘酷之處。

我們需要找到方法來適應目前和未來的變化。有些人會說「著重於適應」會讓我們分心，無法集中注意力在降低碳排。這種說法不正確。無庸置疑，我們必須盡快降低全球的溫室氣體排放量，但不管多快，氣候變遷還是不可避免。如果我們奇蹟般的把升溫程度控制在 1.5℃ 以內，我們仍是需要適應一個比現在更熱的地球。對許多人來說，無視這個事實，根本不是選項。

聯合國政府間氣候變化專門委員會（Intergovernmental Panel on Climate Change）研究氣候變遷的衝擊與適應，而近期的報告篇幅就長達 3675 頁。[50] 儘管我們無法深入細究每個國家必須怎麼做才能適應氣候變遷，但有些基礎原則是全球都適用的。

（1）讓人民脫離貧窮

如果我們要適應氣候變遷，這是最重要的事。貧窮讓人脆弱得無法面對氣候變遷的衝擊。當你的生活很接近貧窮線，只要一次打擊就可以讓你跌落貧窮線。如果你本來就生活在貧窮線上，那你一直和長期壓力共存，再小的打擊都可能是最後的稻草。這種處境真的很恐怖，但這是數十億人的真實現況。

儘管天災致死率已經在 20 世紀內降低近 90%，我們仍認為氣候變遷會讓災害的頻率和強度都變得更糟。如我們所見，死於天災的人數減少了，因為我們已經知道怎麼保護大家。這種韌性

主要來自脫貧。我們現在可以提早預測極端天氣變化,但那是因為有良好的網路連結,可以馬上散播訊息到全國各處,讓大家做準備,此外,我們還有能抵擋風災與水災的房子和基礎建設。

(2) 增加農作物抵擋氣候災難的韌性

對我來說,氣候變遷最讓人擔心的地方在於衝擊糧食安全。農作物通常要在特定氣候條件下生長。這些條件一改變,農作物的反應也會改變;可能收成會更多,也可能更少;某些情況下可能完全無法收成。我們有很多潛力可以開發出適應力更強或者更適合未來氣候的農作物。我們知道辦得到,因為我們過去就成功過。我們可以利用營養劑、殺蟲劑和灌溉系統提高收成量,也可以開發出能抗災抗蟲的種苗。

基因育種在環境圈的名聲很糟,但是對全球增加農作物產量很關鍵,如果我們要在氣候變化過程中發展農業,那基因育種可以發揮更大的作用,不但可以讓農民穩定豐收,甚至還表示我們可以少用點肥料和殺蟲劑。反對基因工程的言論讓人最氣餒的,仍舊是最窮的人會受到最多衝擊。他們最無法承受農作物產量與糧食供應暴減。阻擋這種能夠消弭傷害的解決方案,實在是不公不義。

(3) 調整生活條件,適應悶熱高溫

極端氣溫會愈來愈常出現。我們還需要不同的方法,像是最基礎的公共衛教,讓大家知道如何保持涼爽,和增加醫療院所的病患容量。我在這裡還是得重申消弭貧窮的第一點:那些最無法承受氣候變遷的人負擔不了避難所或空調,也沒辦法在極端高溫下工作。21世紀裡,每個人都應該在需要的時候,有空調可

用。在環境討論中,這個主張頗受爭議,因為空調需要電。但我支持這個主張。我們想要替每個人打造舒適的未來,在極端高溫下烘烤絕不屬於這個未來。

國際氣候協議膠著不前的最大原因,就是經費要從哪裡來。最沒有導致氣候變遷的國家資源最少,卻要適應得最辛苦。富國應該要在財務上做出貢獻,協助適應。他們也承諾要這麼做,但執行力沒跟上。這也得改,而且要快。

∞ 不必過度擔憂的事

我擺脫不掉氣候數據專員的名聲。在聚會上,很多人都會問醫生一些疾病的問題。我被問到的都是「這真的對環境很糟嗎?」或「哪個比較糟?這個還是那個?」,這些問題通常都真的問很深——像是哪些行為會排放多少克的二氧化碳。

我很樂意回答,不只是因為我是相關數據的狂熱者,麥可・伯納斯—李(Mike Berners-Lee)所著的《別讓地球碳氣:從一根香蕉學會減碳生活》(*How Bad are Bananas? The Carbon Footprint of Everything*)更是我隨身攜帶的聖經。[51] 我熱切的想理解並樂觀的看待每個碳足跡的小細節。我想知道我該用烘手機還是擦手紙?(答案是如果你只抽一張,那擦手紙比較節碳,但如果你都抽兩張,那烘手機比較節碳。)讀書和看電視比,哪個對氣候比較友善?(絕對是讀書。)我應該用洗碗機還用手洗?(除非你手洗時使用冷水或偶爾才用熱水,否則洗碗機勝。)

這些比較給書呆子很多樂趣。但有時候弊大於利。我花很多

時間做這種比較還情有可原,因為這是我的工作,但一般人不應該為了每個小決定費神。這會讓人喘不過氣。面對氣候變遷感覺好像要讓生活犧牲很多。如果這些舉動都有影響,那也就算了,但很多行為其實沒有太多影響。[52] 只是讓人白費力氣和心神,有時候甚至還會讓人忽略了真正有影響的行為。有個觀念叫做「道德許可」(moral licensing),可以解釋我們對自己施展的心理把戲,有時候我們會將行為合理化,因為我們在別的地方做了犧牲,像是煎牛排的時候會因為自己有回收塑膠容器而心安理得,或者我們選擇開車而不是騎單車,因為家中的洗衣機設定了「環境友善」模式。

當我們問大家,哪些日常生活行為可以最有效的降低碳足跡,他們說的往往都是影響最小的。回收、使用節能燈具、人不在家的時候不要開著電視、用晾衣服的方式曬乾衣物。他們卻忽略那些影響更大的:少吃肉、改開電動車、少搭飛機、使用絕緣建材、投資低碳能源。[53]

這就是為什麼理解數字很重要。不是要瞎操心,擔心自己追劇會產生多少二氧化碳,而是要讓大家理解有很多行為是真的能創造改變。

那麼,關於氣候變遷,有哪些事情不需要我們瞎操心?

以下沒有特定順序,我列出了一些大家誤認為會很有影響,但其實對碳足跡影響有限的做法。當然,如果你願意的話,你可以繼續做下去(我就有),但不要太過焦慮,也不要用這些行為來取代真正有效的做法。

• 回收塑膠瓶(詳見第7章)。

第 3 章　氣候變遷　129

我們自認為能有效降低碳足跡的做法通常沒那麼有效

不要開車、多吃植物性飲食、減少飛行次數或改開電動車是降低個人碳足跡最有效的方式。但調查了 30 個國家共 21000 位成人之後，我們發現大家認為回收和升級燈泡是最有效的前三名。

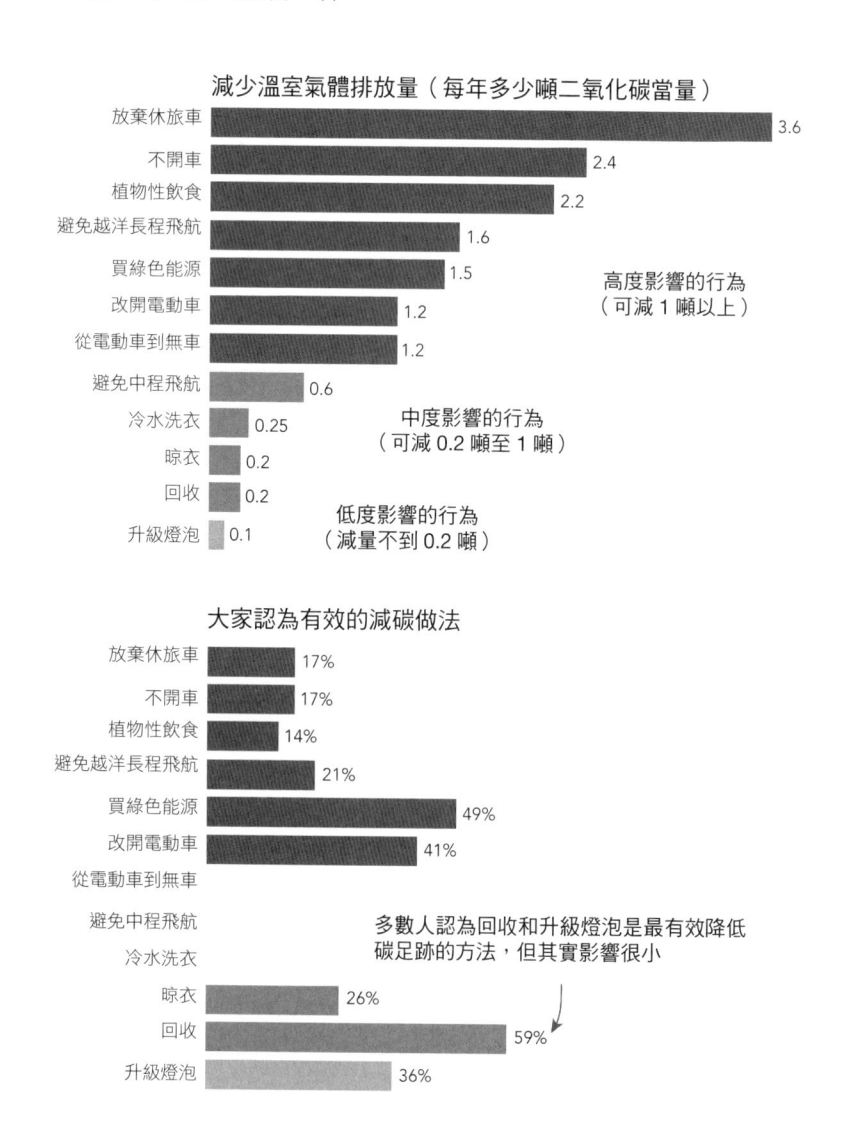

減少溫室氣體排放量（每年多少噸二氧化碳當量）

放棄休旅車	3.6
不開車	2.4
植物性飲食	2.2
避免越洋長程飛航	1.6
買綠色能源	1.5
改開電動車	1.2
從電動車到無車	1.2
避免中程飛航	0.6
冷水洗衣	0.25
晾衣	0.2
回收	0.2
升級燈泡	0.1

高度影響的行為（可減 1 噸以上）
中度影響的行為（可減 0.2 噸至 1 噸）
低度影響的行為（減量不到 0.2 噸）

大家認為有效的減碳做法

行為	百分比
放棄休旅車	17%
不開車	17%
植物性飲食	14%
避免越洋長程飛航	21%
買綠色能源	49%
改開電動車	41%
從電動車到無車	
避免中程飛航	
冷水洗衣	
晾衣	26%
回收	59%
升級燈泡	36%

多數人認為回收和升級燈泡是最有效降低碳足跡的方法，但其實影響很小

- 用節能燈泡替換舊燈泡。
- 你不用停止看電視、追劇或上網。
- 閱讀的方式：不管是電子書、紙本書或有聲書，都沒差。
- 碗用手洗或機器洗沒差。
- 吃當地食材（詳見第5章）。
- 吃有機食物（搞不好對碳足跡來說更糟，詳見第5章）。
- 讓電視或電腦待機，沒差很多。
- 手機充電器一直沒拔，沒差很多。
- 塑膠袋或紙袋——塑膠袋可能碳足跡更低但沒差很多。*

---

*前面的圖表結合了2017年溫斯（Wynes）和尼可拉斯（Nicholas）的減排估算，以及益普索（Ipsos）2021年的調查數據。除了以植物性飲食外，所有關於碳排減量的數據都來自溫斯和尼可拉斯。部分數據已更新為普爾（Poore）和尼梅切克（Nemecek）2018年的研究成果——其中包括飲食改變帶來的減碳效果，以及農業用地減少而實現的碳封存（即土地的碳機會成本）。

有一種行動——少生幾個孩子——沒有被包含在這圖表中。因為相關數據並未考慮到人們的碳足跡隨時間的變化。我們可以合理的假設，孩子的碳足跡不會和我們一樣：隨著我們在未來幾十年內加速除碳，每個「人」的碳排放量將有望顯著下降，最終接近於零。

第 4 章
人為毀林
看見林木，理解森林

> 亞馬遜雨林是地球之肺，為地球供應20%的氧氣，
> 但亞馬遜雨林著火了。
> ——出自2019年法國總統馬克宏[1]

亞馬遜雨林通常被稱為「地球之肺」。法國總統伊曼紐‧馬克宏（Emmanuel Macron）不是唯一號稱亞馬遜雨林為地球製造了20%氧氣的人。李奧納多‧狄卡皮歐（Leonardo DiCaprio）、賀錦麗（Kamala Harris）、C羅（Cristiano Ronaldo）和很多人都說過類似的話[2,3]。前美國太空總署太空人史考特‧凱利（Scott Kelly）甚至把這個數據寫在推特上，他的前一句話是：「我需要氧氣才能呼吸！」[4]

他們要暗示大家：亞馬遜雨林消失的話，會威脅到地球上的氧氣供應量。我們都聽說過亞馬遜雨林在縮小，所以這種主張很嚇人。《紐約時報》（New York Times）的文章說：「如果雨林消失而且無法復原，這個區域會變成稀樹草原，存不了太多碳，表示地球的『肺活量』降低了。」[5] 好，亞馬遜雨林的「轉捩點」確實需要關注，但重點不在於氧氣。亞馬遜雨林並沒有為地球提供20%的氧氣。事實上，在加加減減過後，亞馬遜雨林的氧氣貢獻量幾乎為零。

亞馬遜雨林確實製造了大量的氧。在光合作用中，這片雨林會吸入二氧化碳，排放氧氣。不過20%的估值太高了，實際數據只接近6%至9%。[6,7] 更重要的是，這些數字都不是重點：亞馬遜雨林製造很多氧，但同時也消耗很多。到了晚上，沒有陽光

可以進行光合作用，樹木把醣轉化為能量，這過程就需要氧氣。林地植披上的細菌也會消耗氧氣，因為他們在分解從樹蔭落到地上的有機物質。因此，亞馬遜雨林氧氣的消耗量和製造量幾乎一樣多，抵消掉了，並沒有釋放多餘的氧氣到大氣中。

不只亞馬遜雨林這樣。世界上的森林和植披都沒有供應太多氧氣。地質學家沙南・彼得斯（Shanan Peters）計算過：「如果除了人類之外的所有生物都被燒毀，大氣中的氧氣濃度將從20.9%下降到20.4%。[8]要明顯耗掉地球的供氧量需要數百萬年的時間。大氣層裡的氧氣來自數百萬年前大海中的浮游植物。在那之前，地球大氣裡沒有氧氣；微生物以無氧方式生存（也就是不需要氧氣）；或者是『極端環境生物』（extremophiles），依賴硫等元素在極端環境中生存。地球大約在2.5億年前經歷了『大氧化事件』（Great Oxidation Event），第一批能進行光合作用的生物『藍菌』開始將二氧化碳轉化為氧氣。大氣中的大部分氧氣都來自這個事件，現在要顯著改變這種平衡很難。」

這不表示我們就要放棄行動。亞馬遜雨林——和其他熱帶雨林——是地球上最多元的生態系統，現在卻面臨威脅。人造毀林對氣候來說也很糟糕，因為我們把樹砍下來，就會釋放出鎖了好幾百年或好幾千年的碳。這個真相已足夠糟糕，讓我們有充分的動機去行動。我們不需要靠危言聳聽的頭條來攫取注意力，因為大家若被誤導習慣，等看到真相的時候，就會對科學家失去信任，也不會相信我們要為環境盡心。

事實上，我們可以終結人為毀林，也有很多理由來保持謹慎樂觀。當新聞說亞馬遜雨林製造了「地球上20%的氧」，往往也

會說亞馬遜毀林的現象突破歷史紀錄。這也不是事實：亞馬遜人為毀林的速度在1990年代末期達到高峰，接著就下降了。

∞ 問題的來龍去脈：從昔日到今日

國家發展影響林地面積

雨林消失的危機對很多國家來說都是事實。1000年前，法國境內有一半是森林，到了19世紀，森林面積只剩下13%。11至14世紀，法國人口從800萬人倍增到1600萬人，那是沒有戰爭的和平時期，所以人口可以在沒有干擾的情況下持續增加。一個國家裡面，人多了就需要更多食物、更多能源、更多建材。這就表示要砍下樹木，家裡才有柴火，農田才有耕地。這個時代被很多人稱為「法國鄉間大冒險」，國內一半的森林都被砍伐。

後來，歐洲遇到黑死病，這場瘟疫是由跳蚤身上的細菌傳播，且會透過飛沫人傳人，致死性極高。歐洲大陸上有一半的人死去，法國疫情慘重，人口從1600萬降到1000萬。人變少了，表示法國不需要那麼多食物、能源和資源，農田廢耕後森林再度回來。森林覆蓋率在14、15世紀幾乎增加一倍，整個歐洲在黑死病後的自然景觀都重新生長了。研究人員觀察復育林地與草地的花粉樣本後，可以看到穀類數量大減，其他植物起死回生。[9]

但林地復育只是暫時，幾個世紀後，法國人口又回到疫情前，甚至更多。法國成為全球大國，對土地、能源和木材的需求暴增，遠征探險對需要船艦替法國建立霸權。此時，缺乏木材就是個大問題。1600年代，路易十四曾哭喊著說：「法國會因為

缺少木材而亡！」

民以食為天。當時的農作物產量遠不及今日，要種更多糧食，唯一的辦法就是把林地變成農地。政府當時十分鼓勵：在1700年代，開墾林地之後可以免稅15年。最後，對木柴的需求跟著提升。法國到處都有新城區。人民需要木柴來保暖，工業也需要木柴來發電。一公頃又一公頃的林地就陸續消失了。

英吉利海峽的另一邊也有同樣現象。1000年前，蘇格蘭有20%是森林，英格蘭有15%。[10, 11]到了19世紀，兩個區域的林地都剩不到5%。[12, 13]大西洋的另一端也在砍伐林木。美國在17世紀有接近一半是森林，但200年後林地面積減少到約30%。[14]

富裕國家的林地消長

各國林地面積比例。

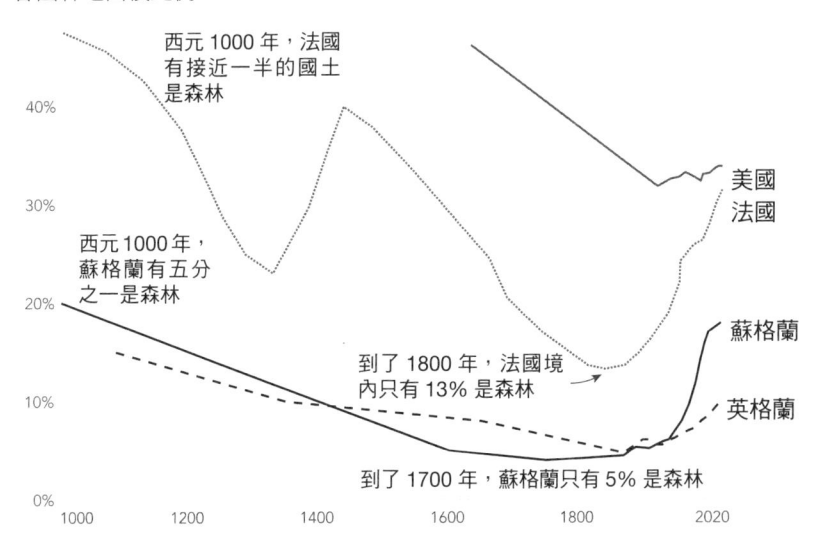

西元1000年，法國有接近一半的國土是森林

西元1000年，蘇格蘭有五分之一是森林

到了1800年，法國境內只有13%是森林

到了1700年，蘇格蘭只有5%是森林

美國
法國
蘇格蘭
英格蘭

第4章 人為毀林

如果你生活在18世紀的法國或英國，就可能認為林地會繼續變少。不過，當森林好像要完全消失的時候，這些國家逆轉了趨勢。

這次逆轉不像黑死病那樣突然，而是在人口增加的同時復育森林。這有很多原因，其中一點是當時開始轉型為生產性農耕。農業密集開發表示農作物產量開始增加（儘管很慢），這些國家選擇產量較大的穀物來耕種——法國放棄黑麥，改種馬鈴薯，每公頃的產量可以餵飽更多人。政策也變了，政府不再獎勵大家砍樹，而是推出禁止毀林的嚴格政策，說服鄉間人口放棄產量不佳的農地。

最後，開始燃煤了。巴黎在1815年的時候，每個人一年平均要用掉1.8立方公尺的木柴。到了1860年，這個數字降到0.45立方公尺，到了1900年只剩下0.2立方公尺，柴火逐漸淘汰，燃煤成為新風潮。

這些改變代表富國可以將人口成長、經濟成長與毀林脫鉤。這個發展軌跡我們現在還可以在全世界各地看到，這是一個國家從較不工業化走向工業化的過程。**國家很窮的時候，人為毀林與土地開發會緊扣在一起，但當國家富裕的時候，這關係就會結束，森林也會復育。**

農業是開墾森林的主因

我們也不要美化現實。或許現在很多國家都有改善，但全球人為毀林的代價仍然很高。從上次冰河期在一萬年前結束至今，我們已經失去了三分之一的森林。[15, 16] 這個面積相當於美國國土

的兩倍,且其中有一半都是在1900年前喪失的。這些在上個世紀失去的大片林地,幾乎都是為了拓展農業。農場和牧場的面積幾乎增加一倍,而且我們現在用於農業的土地面積遠超過剩下的森林面積。

農業長期以來都是人為毀林的驅動力,直到現在還是。這個模式在巴西最明顯。

巴西前任總統博索納羅(Jair Bolsonaro)經常放煙霧彈,承諾要解決人為毀林的問題。2021年國際氣候會議COP 26在蘇格蘭格拉斯哥召開時,博索納羅政府承諾要在2028年之前終結非法毀林,比之前同意的期限又提早了兩年。

其他國家簽署協議的時候,全球都歡欣鼓舞。巴西是全球損失最多森林的地方。只要巴西不砍伐森林,全球毀林的程度都能

人類砍下全球三分之一的森林開墾為農用

農業一直都是人為毀林的最大原因,時至今日依然如此。

一萬年前,地球71%的陸地面積都是森林、灌木林和野生草地。剩下的29%被沙漠、冰河、岩石和荒地覆蓋

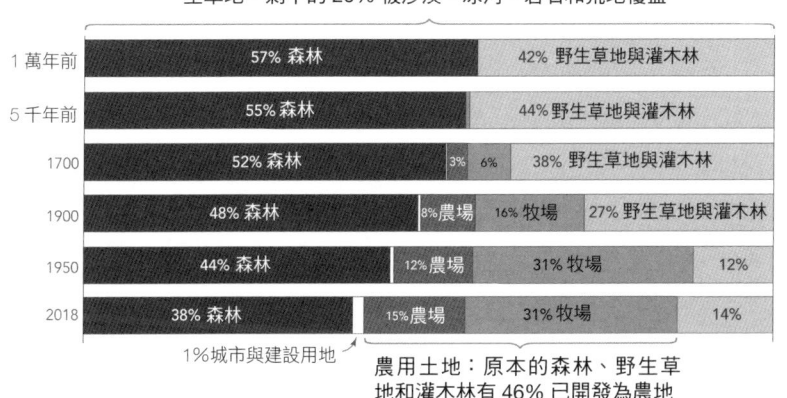

1萬年前	57% 森林		42% 野生草地與灌木林	
5千年前	55% 森林		44% 野生草地與灌木林	
1700	52% 森林	3% 6%	38% 野生草地與灌木林	
1900	48% 森林	8%農場 16% 牧場	27% 野生草地與灌木林	
1950	44% 森林	12%農場	31% 牧場	12%
2018	38% 森林	15%農場	31% 牧場	14%

1%城市與建設用地

農用土地:原本的森林、野生草地和灌木林有46%已開發為農地

第 4 章 人為毀林

緩解。在講台上，博索納羅聽起來好像決心滿滿，要終結亞馬遜雨林的毀林行為。但僅僅幾個月後，事實就顯示，全世界不應該被這樣的承諾所蒙騙。巴西太空總署INPE發布最新的毀林成果：2021年毀林的速度是15年來最高。[17]這個糟糕的重要數據重擊新聞頭條，甚至在2022年又破紀錄。我們不難想像全球毀林的速度節節攀升，一年比一年嚴重。

但當我們調整視角看向整體，會發現這並非事實全貌。無庸質疑，全世界已經砍掉很多森林，且森林流失的速度快得驚人。

根據2020年聯合國森林報告的估計，從2010至2020年的十年間，全球共砍伐1.1億公頃的森林，面積相當於兩個西班牙的大小。同時，全球也重新種植了約5000萬公頃的森林，因此森林的淨損失約為砍伐量的一半。

這個數據顯示：全球毀林的行為在1980年代達到顛峰之後就已經在走下坡。

聯合國持續評估全球森林的狀況已經超過半個世紀。2020年的統計顯示，自1990年代以來，森林砍伐率已下降約26%。相比之下，早期的報告顯示，1980年代的砍伐率更高。

然而，有關森林砍伐的數據並非沒有爭議。研究人員甚至對很多基本問題都無法達成共識，例如「森林」的定義。測量森林砍伐的方法有多種，但沒有一種是完美的。其中一種較新的方法是利用遙感探測和衛星技術。2022年，聯合國使用遙感探測科技進行全面評估，結果與先前報告中提到的全球森林砍伐率下降的趨勢一致。

不同估算方法的差異主要在於，衛星技術通常測量的是「樹

木覆蓋面積的損失」，這與「毀林」不完全相同。毀林的定義是將森林永久轉換為其他土地用途，例如：牧場、農田、城市或道路。而樹木覆蓋損失則包括森林砍伐，但也涵蓋了因野火、農林業活動或週期性伐木種植園收割而暫時失去的樹木。由於這些樹木會重新生長，因此不符合聯合國對「毀林」的定義。雖然目前缺乏關於樹木覆蓋損失的長期一致數據，但最新數據顯示，損失率仍然非常高，並且在某些地區還在上升。

整體來說，我們可以從數據看出毀林的速度還是高得讓人擔憂。幾乎所有損失的林地都在熱帶地區、生物多樣性最高的地方，簡直悲劇。但全球毀林的高峰或許在數十年前就過了，而且還有很多例子——我們稍後會一一見到——可以看到各國只要有合適的工具和政策，就可以大幅阻止毀林的現象。

∞ 今日，世界已經沒那麼糟

試著跳過「森林轉型」中間階段

回顧人為毀林的歷史——這段歷史很漫長——可以讓我們覺察已經失去了多少森林，以及為何這些國家當初會砍伐森林。我們必須要終止毀林，而且要快。失去熱帶的森林，在溫帶國家復育並不夠。我們砍伐森林的時候，失去的不只是碳而已。我們砍下一片熱帶雨林時，失去的是累積數百年或數千年的平衡。熱帶森林擁有豐富獨特的原始生態；要重建這些生態系統很需要時間，而且生態還不一定能恢復原狀。比起重新種下一公頃的森林，一開始就不要毀掉一公頃的熱帶林地更好。這不是暑假機

票，還可以退或補。

當我們觀察哪些國家的林地愈來愈小、哪些國家的林地愈來愈大時，會發現其中有一條明確的分野。富國比較願意把森林種回來，而中低收入國家的森林正在縮小。這不是巧合，森林覆蓋率和國家發展的經典 U 型曲線一致，在毀林的領域裡，我們稱為「森林轉型」模型。[18–20]

這條曲線有四個階段，主要由兩個變因來定義：一個國家有多少森林、森林面積逐年的變化。

第一階段是「轉型前」：一個國家有大量林地，而且林地面積沒有隨著時間變化而減少。或許有砍伐林木的行為，但毀林程度很低。

第二階段是「轉型初期」：這些國家開始快速失去林地。森林覆蓋率快速下降，每年喪失大面積的林地。

第三階段是「轉型末期」：毀林的速度開始減慢。在這個階段的國家還是在失去林地，但速度比之前慢。在這個階段的尾聲，各國逐漸接近「轉型點」。

第四階段是「轉型後」：過了轉型點的國家，從失去林地開始增加林地。森林開始自然的長回來了，或是國家有意識的重新植林。在這個階段開始的時候，各國境內可能沒剩下多少林地，但是將起死回生。希望到了第四階段的尾聲，這些國家不但重建部分林地，還能逐漸回到過去的森林覆蓋率。這可能是全新的階段：第五階段。

從英國、法國到美國、南韓，各國都隨著這個很好預測的 U 型曲線發展，但為什麼這會和經濟發展有關呢？讓我們回想一下

人類當初為什麼要伐木。一定是因為需要材料——做為能源、蓋房子、造船或造紙——或是需要土地來耕種食物。只要一個國家突破人口或經濟成長的僵局，這兩種需求都會增加。我們需要更多木柴來做飯、需要更多木材來建房子，也需要更多食物來填飽肚子。這時候就會從第一階段移動到第二階段。他們開始砍伐林木，隨著需求持續上升，伐木的速度也愈來愈快。

但是當國家富裕起來，這個需求就會慢下來。大家不再燒木柴，改成用化石燃料（或如現在能改用可再生能源和核能）。農作物產量增加，所以農業不再需要用那麼大片土地。這時候就會前進到第三階段——毀林的速度大幅降低。最後，這個國家可以不再毀林。農業的產量很高、人口成長趨緩、沒有人需要燒木頭當燃料、我們找到其他建材。當這個國家抵達第四階段，森林就會長回來了。

多數中低收入國家都在熱帶和亞熱帶，所以全世界毀林的現象有95%都發生在熱帶地區。[21]這是壞消息。熱帶森林擁有地球上最豐富、最多元的生態系，全球一半以上的物種都住在熱帶森林裡。[22]這些森林也儲存了很多碳；砍伐森林對氣候變遷帶來劣勢影響。[23]

顯然，我們必須要阻止熱帶森林被毀。既然森林的面積消長和國家的發展路徑一致，如果我們靜候佳音，森林搞不好也能長回來。這些國家遲早會富裕起來，抵達第四階段，但這太花時間了。我們將無法及時阻止氣候變遷，在這過程中也會失去過多野生動植物。如果讓中低收入國家也隨著工業化國家的進程，那會是一場悲劇。

好消息是,他們不必走這條路。他們跟英國兩百年前的處境不一樣。我們有科技可以增加農業產量;我們有機構可以執行政策和法令;我們有衛星可以追蹤和監控全世界毀林的行為;我們有其他選項,不必靠燃燒木柴來獲得能源;而且,我們有彼此:一個分享知識的國際協作網。

我們必須支持低收入國家快速轉型,或者,更好的作法是,協助他們完全跳過第二和第三階段。我們有工具可以辦得到,問題在於我們有沒有足夠的動力來使用這些工具。

亞馬遜雨林消失速度漸緩

亞馬遜雨林只占全球森林面積的14%,但在全球話題裡占了更大的比例。大家看著亞馬遜雨林的現況,就做出很多推論。

有這麼多新聞頭條在報導,很難真的看清楚實際上發生了什麼事。究竟亞馬遜雨林被砍下多少?我們還剩多少?毀林的速度真的是史上最高嗎?

亞馬遜盆地的面積是700萬平方公里——跟澳洲一樣大。實際上的雨林面積是550萬平方公里——英國的23倍。這片雨林約有60%面積是在巴西境內,其他則橫跨數個南美洲國家。

毀林的行為多集中在巴西,尤其是在20世紀的最後30年,所以我們可以拿1970年當做人為毀林的起點。在1970年之前,巴西境內的亞馬遜雨林占地410萬平方公里;現在的面積是330萬平方公里。這表示巴西境內的亞馬遜雨林面積約減少20%。周圍國家的毀林速度則略低一點,所以整個亞馬遜雨林的林地面積約少了11%。[24]

好,那我們來想想現在仍持續減少的森林面積有多大。全球毀林速度的高峰在1980年代,但在亞馬遜地區,這個速度在1990年代和2000年代初仍持續上升,僅十年內,損失面積就從一年15000平方公里激增到接近30000平方公里。盧拉・達席爾瓦(Lula da Silva)在2003年就任巴西總統時,承諾要逆轉趨勢,他也辦到了。直到2010年他的任期結束時,已經把毀林速度降低80%,毀林面積也從25000平方公里減少到5000平方公里。在那之後,毀林的速度趨穩,後來又升高,但就算再升高也始終沒有回到21世紀初的程度。

今天,亞馬遜雨林被毀的速度不到2000年代初期的一半,但是和低點相比仍有一倍。這讓我們釐清幾件事。**首先,我們已經過了亞馬遜毀林高點**。頭條說現在是史上最高,這寫錯了。儘

巴西境內亞馬遜毀林的高峰是在2000年代初期

以平方公里為單位衡量毀林的速度。

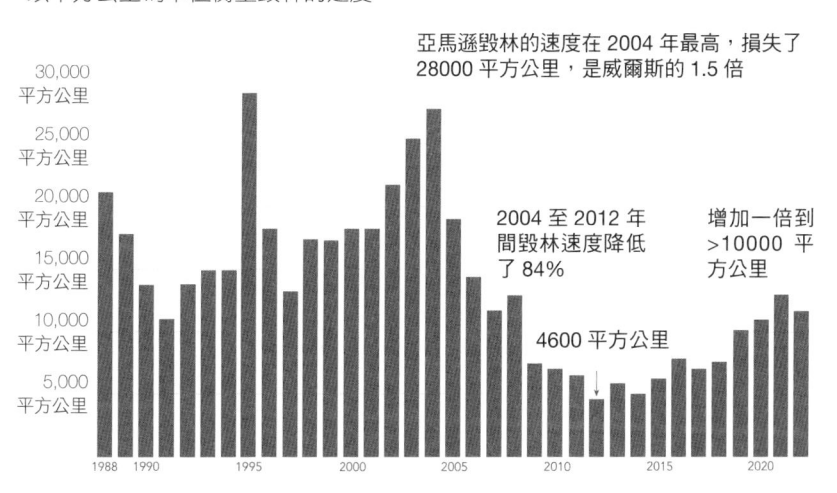

亞馬遜毀林的速度在2004年最高,損失了28000平方公里,是威爾斯的1.5倍

2004至2012年間毀林速度降低了84%

增加一倍到>10000 平方公里

4600 平方公里

第 4 章　人為毀林　　145

管這幾年毀林的速度有回漲一些,但現在亞馬遜雨林被砍伐的面積已經比過去減少很多。**其次,進展速度很快**。巴西在盧拉・達席爾瓦任期內,僅用短短七年就把毀林的速度降低80%。他在2022年10月又再度當選成為巴西領袖,這應該能帶給我們希望。那些說2030年之前不可能終結毀林的人都沒看到改變的速度有多快。**第三,這種改變不會自己發生,如果我們因此自滿,故態復萌的速度也很快**。

毀林的驅動力──農墾

「班傑利的冰淇淋不含棕櫚油。」這間冰淇淋公司的網站最上方這樣寫著。[25] 該公司在2017年擺脫了最後幾口含棕櫚油的冰淇淋,然後因為對永續的承諾受到眾人讚揚。曾經因棕櫚油抵制班傑利的消費者,再度補貨塞爆冷凍庫。不管這是不是公關策略,顯然他們都想要宣稱自己沒用棕櫚油。因為大家都恨棕櫚油,棕櫚油是食品產業的毒藥。

幾年前,我也很恨棕櫚油。在2018年英國電視廣告一年一度聖誕節競賽中,哪個大品牌可以讓全國感動落淚、贏得大獎呢?那年,英國超市連鎖品牌「冰島」的廣告由綠色和平組織監製,在這個卡通廣告裡,有隻紅毛猩猩在小女孩的臥室裡盪來盪去搗蛋,亂扔巧克力、還對著洗髮精落淚。知名女演員艾瑪・湯普遜(Emma Thompson)唸出旁白:「房間裡有隻紅毛猩猩,我不想要牠在我房裡。所以我叫調皮的猩猩出去。」

場景切換到雨林。紅毛猩猩對小女孩說:「有個人類在我的森林裡,我不知道該怎麼辦。你們毀了我們所有的樹,拿去做食

物和洗髮精⋯⋯他抓走我媽媽,我怕他也會把我抓走。有一群人類在我的森林裡,我不知道該怎麼辦。他們燒了林子取棕櫚油,所以我想和妳在一起。」冰島超市接著在影片最後宣布自有品牌商品都不含棕櫚油。

這支廣告從來沒出現在電視螢幕上。監管人員認為政治性太強烈而禁了這支廣告。真棒!這張禁令正好可以讓廣告在網路上瘋傳。還有什麼比不能播的政治訴求更能鼓譟大家的怒意?我就很憤怒。我堅持這個立場多年,當別人問我永續生活的建議,我一定會提到停用棕櫚油。全世界我最支持班傑利。

後來,我到「數據看世界」工作。面對毀林的大專案,我們要提出完整的全球現況全貌:有多少林地被砍伐、在哪裡、為什麼、我們能怎麼做。我知道棕櫚油一定重要,我甚至猜想,當代毀林現況的報告會不會就是圍繞著棕櫚油這個主題。於是,我開始深入研究。

我讀了許多的科學報告和政策文件。我以為專家的訊息會很明確:棕櫚油是毀林的主因,我們得阻止。我原本也預期專家會建議我們抵制棕櫚油。結果都沒有。事實上,專家認為抵制棕櫚油是個爛主意,只會讓熱帶毀林的狀況更糟,不會更好。

我讀愈多資料就愈謙卑,我之前都搞錯了。棕櫚油、人為毀林和食物都是複雜的問題,簡化過的訊息成功的操縱了我的情緒。面對這種問題,我們總忍不住想找戰犯、找壞人:「問題就是你惹出來的,只要我們除掉你,一切都可以解決。」棕櫚油超適合這個角色。

讓我們回來看棕櫚油這個複雜又引發各種情緒的主題。紅毛

猩猩真的是因為棕櫚油所以才失去森林的嗎？冰島超市的廣告是事實嗎？答案是：是，也不是。

全世界的棕櫚油有85%產自印尼和馬來西亞。這兩個國家確實砍伐了森林，騰出空間種植棕櫚樹，這點無法否認。但究竟砍伐多少面積，卻不那麼明確。國際自然保育聯盟（International Union for Conservation of Nature, IUCN）成立專案小組來評估棕櫚油對環境和生物多樣性的衝擊，以及可以採取的行動。[26] 據他們估計，全球樹林損失的各種原因中，棕櫚油的影響為0.2%至2%。若我們只看全球原始森林——近期內未曾遭砍伐的古老多元林地——影響範圍是6%至10%。

這表示砍伐面積很大，其中有很多是紅毛猩猩的家。但在全球的規模裡，棕櫚油和其他伐木的原因相比並沒有更嚴重。那只看印尼和馬來西亞呢？在21世紀的前十年，棕櫚油是印尼毀林的主因，有四分之一的林地是為了棕櫚油而被砍伐。[27] 但這比例在下降，最近這幾年，棕櫚油已經不是伐木的主要動機了。

我們很難用具體數字來呈現棕櫚油造成的毀林現象，是因為我們要先決定怎麼計算，是只計算為了種植棕櫚樹而砍伐的原有森林，還是計算那些早已為了製木和製紙後來改建為棕櫚園的森林。《自然》期刊裡有篇文章提到，研究人員用衛星圖像來評估馬來西亞與印尼婆羅洲被棕櫚園取代的土地類型時，[28] 發現有四分之三的棕櫚園是建在1970年代原本的森林上。但1973年之後，棕櫚油種植園中有四分之三是種植在已被紙漿和造紙業砍伐的土地上，只有四分之一的棕櫚油種植園是取代了原始森林。

所以我們不太確定究竟有多少林地是因為棕櫚油才被毀。絕

對有,但破壞性跟牛肉等其他產品比起來相對少。不過,棕櫚油確實要為林地損失的悲劇負責,我們也應該採取行動。面對這樣的問題,我們的直覺就是完全抵制產品。班傑利就是這麼做。多數消費者也希望其他品牌能跟進,但這解決不了問題。事實上,還可能讓問題更嚴重。抵制棕櫚油之後,廠商會用其他油來替代。然而,其他替代選項並沒有比較好。

在我們討論棕櫚油等食品的環境永續性之前,我應該先讓大家理解這些食品對人體健康的影響。近期很多人在排斥「種籽油」,包括精煉過的植物油如大豆油、菜籽油、玉米油、葵花油和棕櫚油。批評者認為這些油品對健康不好,會導致糖尿病、心臟病和其他疾病,認為應該用椰子油、酪梨油或橄欖油取代。

我至今沒有看到有利的證據來支持這個說法。種籽油有害的基本論述是由於這些油品的 Omega-6 含量較高,較容易造成身體發炎。*

很多研究的結論剛好相反:攝取較多 Omega-6 能降低這些疾病的風險。哈佛大學研究人員曾大聲駁斥種籽油有害論。[29] 一項

＊事實上,所有的油都包含一定比例的多元不飽和脂肪、單元不飽和脂肪和飽和脂肪。有些人之所以認為種籽油對我們不好,是因為種籽油含較多 Omega-6,這是一種多元不飽和脂肪。當中有一種 Omega-6 叫做「亞油酸」,有些人說會導致慢性長期發炎。但其實不是亞油酸引起發炎,是人體會把亞油酸轉化為「花生四烯酸」,而那是一種發炎化合物的基礎材料。不過人類體內不太可能有這種效果。只有很小量的亞油酸——0.2%——會轉變為花生四烯酸,而且不是所有的花生四烯酸都會引起發炎。花生四烯酸是一種複雜的化合物,其實也有抗發炎效果。有些動物研究發現對老鼠來說亞油酸會導致發炎,但在人體的效果相反:亞油酸可以降低發炎反應,預防疾病。亞油酸是一種人體無法自行合成的必需脂肪酸,我們得靠飲食攝取。亞油酸在許多方面都很重要,例如細胞膜生成及皮膚健康。因此,目前的證據並不支持完全從飲食中去除種籽油或亞油酸的觀點。

第 4 章 人為毀林

涵蓋30份研究的綜合分析發現Omega-6降低了心臟病的風險：血管裡面Omega-6較多的人，心臟病發生率低了7%。[30]另一項研究追蹤平均年齡22歲的2500位男性，發現血液中Omega-6濃度較高的人死於任何疾病的風險都較低。研究指出，他們的膽固醇和血糖值較低。[31]美國心臟協會（American Heart Foundation）發現若你所攝取的熱量中有5%至10%來自Omega-6，也可降低心臟病的風險。[32]這不是說我們就該過量攝取種籽油，也不是說如橄欖油等的替代產品沒有太多健康益處。我想說的是，我並不擔心食用種籽油會有健康問題。

好，回到環境議題。棕櫚油的產量驚人，這也是為什麼這個產業如此成功。棕櫚樹的收成量很大──比其他替代選擇產品的產量都高。一公頃的棕櫚園可以產出2.8噸的油；同樣的面積，橄欖只能產出0.3噸、椰子則是0.26噸──少了十倍；花生更是只能產出0.18噸。*

大家想想這是什麼意思。如果我們抵制棕櫚油，用其他油品代替，我們會需要更多農地。如果每間公司都效法班傑利，用椰子油或大豆油取代棕櫚油，製油所需要的土地面積得增加五至十倍。這些土地要從哪來？椰子是熱帶作物。要多種椰子肯定就要犧牲熱帶棲息地，這聽起來可不像是永續的解決方案，比較像是

＊這是根據聯合國糧食及農業組織的油脂生產和土地使用數據得出的結果，這些數據會受到農作物用途比例影響，例如種子或椰子不見得都拿去製油。我也曾看到一些其他估算數據，例如棕櫚油的產量超過每公頃3.5噸，而椰子的產量約為每公頃0.7噸。因此，如果這些作物主要用於生產油脂，其產量可能會更高，但即便如此，仍比不上棕櫚油的產量。

一場災難。

我們來做個思想實驗,把重點刻進腦子裡:如果所有的植物油都改成以下作物,那全世界會需要多少農地。我們目前用了3.22億公頃來種植油料作物,這和印度一樣大。如果全部改種棕櫚樹,那我們只需要7700萬公頃——少了四倍,可以釋放出大片土地。另一方面,如果全部改種大豆,我們會需要更多土地:共4.9億公頃。如果全部改種橄欖,我們需要再增加一倍——約6.6億公頃,也就是兩個印度。同樣的,如果所有這些作物都專門用於生產油品,我們可能可以減少一些土地的使用,但仍然需要遠多於棕櫚油所需的土地。

英國有份大規模消費者調查指出,棕櫚油在大家眼中是對環境最不友善的植物油。[33] 41%的人認為棕櫚油「對環境不友善」,相比之下,認為大豆油對環境不友善的人只有15%、芥花

棕櫚油比其他油料作物的產量更龐大

每一公頃可得的植物油。

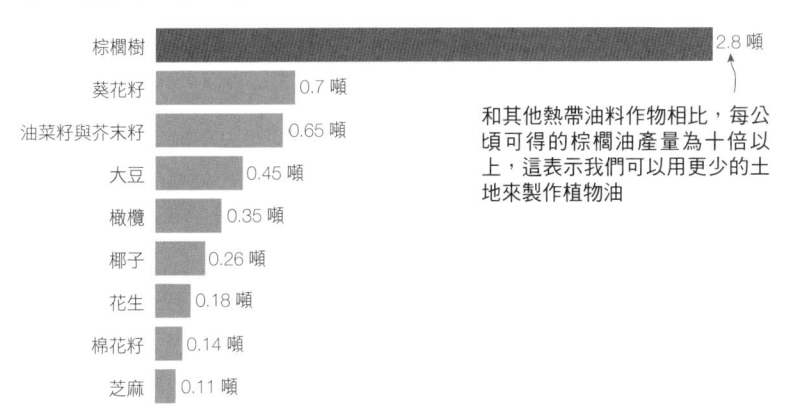

棕櫚樹	2.8 噸
葵花籽	0.7 噸
油菜籽與芥末籽	0.65 噸
大豆	0.45 噸
橄欖	0.35 噸
椰子	0.26 噸
花生	0.18 噸
棉花籽	0.14 噸
芝麻	0.11 噸

和其他熱帶油料作物相比,每公頃可得的棕櫚油產量為十倍以上,這表示我們可以用更少的土地來製作植物油

第 4 章 人為毀林　151

油9%、葵花油5%、橄欖油2%。不過，棕櫚油儘管有缺點，在這個對植物油需求量巨大的世界裡，棕櫚油實際上是一種「節約土地」的作物。名聲很臭，但無疑是在這些眾多選擇當中最不壞的一個。

毀林幾乎完全和農墾有關：接近四分之三的森林被毀，都是為了把原始林地改為農用或造紙和紙漿。目前最大的驅動力來自牛肉。[34]全球毀林的行為中有40%是為了開墾林地騰出空間讓牛能吃草。[35]南美尤甚。事實上，全球四分之一的毀林可以算在巴西牛肉的帳上。

下一個大類別是油品，這涵蓋了很多種作物，但主要是以下兩種：大豆油和棕櫚油。不過，這兩種作物毀林的速度在過去十年內也大幅下降了，這可能表示各國的政策開始見效。[36,37]

紙張和紙漿產業的擴張也是另一個熱帶毀林的主因。樹木種植園擴展得很快，尤其在亞洲和南美。在英國，我們種很多樹，然後砍下來製材或製紙。不過，這些樹木通常都種在非森林土地上，或者說，這片土地數百年前是森林，但近期不是。在某種意義上，這些種植園算是永續，種植期間從大氣中吸收碳，砍伐的時候減少吸收量，但重新種植的時候又能再度吸收碳。但印尼的情況有所不同，那裡為了建設種植園而砍伐古老的原始雨林，這不僅釋放更多的碳，還摧毀經過數百年甚至更長時間形成的生態系統。

最後，還有其他不同的作物也會造成毀林，只是影響不如前面幾項因素，如穀物、咖啡、可可和橡膠等。其中許多作物——如玉米或小麥——是各國賴以維生的主食。然而，許多低收入國

熱帶毀林的主因是什麼？

全球毀林的現象多集中在熱帶地區，以下列出 2005 年至 2013 年間原始森林被破壞的主因。

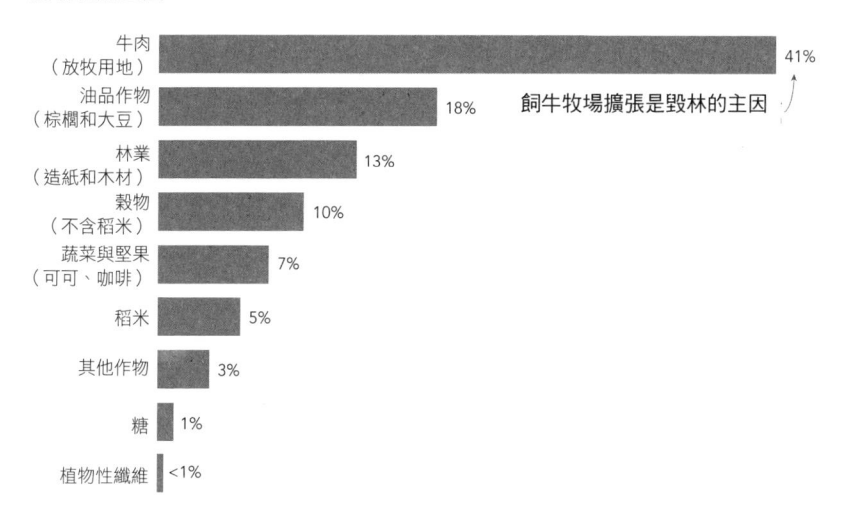

類別	比例
牛肉（放牧用地）	41%
油品作物（棕櫚和大豆）	18%
林業（造紙和木材）	13%
穀物（不含稻米）	10%
蔬菜與堅果（可可、咖啡）	7%
稻米	5%
其他作物	3%
糖	1%
植物性纖維	<1%

飼牛牧場擴張是毀林的主因

家，特別是撒哈拉沙漠以南的非洲地區，面臨的挑戰是作物產量非常低。因此，**提高作物產量對地球和人類來說都至關重要。**

貿易進口也要為毀林負責

如果中低收入國家在砍伐森林，而富國重新植林，這樣可以放過有錢人了嗎？沒那麼快。毀林影響的不只是國內林地。各國從較窮的國家進口食物也得負責。

這接近上一章「排放量外包」的概念。很多研究調查了有多少毀林的現象是和一個國家進口的食品有關。[38] 但如果沒有仔細追蹤食品在供應鏈裡的流向（企業應該多做），很難完成這項分析。我們掌握到的數據很驚人，顯示出全球毀林的現象主要是來

自國內市場的需求,接近71%。牛肉(又來了)是罪魁禍首,因為通常是在本地消費。而大豆、棕櫚、可可和咖啡的國際銷量大多了。整體來說,全球只有接近三分之一(29%)的林地被毀是因為國際貿易商品。這讓我意外:我原本以為全球貿易的影響會更大。

會進口食品的不只是富國,但富裕的國家要為40%的貿易毀林負責。如果我們把數字加一加,會發現有12%的林地被毀是因為富國的貿易和消費行為。*

富有的消費者若改變購買習慣,絕對能幫上忙,但這無法終結全球毀林。這和平常媒體描繪的訊息不一致。「如果富國的糧食能在國內自產自銷,就沒問題了。」要是有那麼簡單就好了。

∞ 我們可以從這些小事做起

不抵制,而是選用永續認證產品

抵制棕櫚油的不只有班傑利而已,很多國家和消費者都在抵制棕櫚油。但專家的訊息很明確:完全抵制棕櫚油會是個嚴重的錯誤。如我們先前所見,如果我們用其他油品來取代棕櫚油,我們會需要更多土地,毀林的潛在風險也會更高。但我們也不應該接受為了棕櫚油就必然得毀林的說法。我們可以一邊利用棕櫚油高產量的優點,同時保護紅毛猩猩的棲息地。抵制產品無法讓我

---

*我們可以把29%(林地被毀是為了國際貿易的產品)乘以40%(富國的貿易),得到12%。

們達成目的。那我們可以怎麼做？

專家最大的建議是：確保我們採購的棕櫚油都經過永續認證，就算這代表我們買到的價格會稍微貴一點。最知名的認證方案是棕櫚油永續發展標準（Roundtable on Sustainable Palm Oil, RSPO）。經過認證的供應商要評估衝擊與影響、管理與保護生物多樣性高價值區域、不開發原始森林、避免用火焚燒林木開墾土地。只有不破壞原始林地或富含生物多樣性的區域，供應商的種植園才能獲得認證。

研究指出RSPO認證方案成功的減少了印尼毀林的現象。[39]但是要完全消弭，我們還有很長遠的路要走。目前棕櫚油的產量中，只有19%取得了RSPO認證。若要有真正永久的影響，就必須讓更大量的種植者都取得認證。這也就是為什麼消費者——也就是你和我——都必須爭取永續棕櫚油。這樣食品和化妝品公司才會有壓力。這個訴求可以獎勵最永續的種植者，並提供誘因讓其他廠商也願意改變，取得認證。而我們施加的壓力不會停在這裡，RSPO的標準雖然勝過完全沒有標準，卻也不夠完美。有很多案例，可以看出RSPO的標準太鬆，所以如果我們想要完全消弭毀林的現象，我們不只需要讓所有的農作物都取得認證，我們還需要讓規範再更嚴格。

棕櫚油對我們採購的食品來說是個不錯的選擇，但在其他領域應該排除使用。工業應用裡洗髮精和化妝品也有用到棕櫚油，可以被替換成合成油——在實驗室裡製造的油——這樣一來我們可以滿足需求，又能降低環境衝擊。

棕櫚油也用在運輸的生物燃料裡。這個部分我們應該完全棄

絕。以全球來說,只有很少量的棕櫚油拿來做為生物能源,僅產量的5%。但是對部分國家來說——往往是最富有的國家——生物能源是棕櫚油的最大用途。德國就是個例子:德國進口的棕櫚油有41%都用做生物能源,比食品用的進口量還大。這實在蠢爆了,而且對環境糟糕透頂。讓我再說得更清楚:德國拿毀林風險極高的進口熱帶棕櫚油,加進車子裡。更侮辱人的是,德國還把這個算進「可再生能源」的目標裡。事實上,棕櫚油製成的生質柴油比石油和柴油排放的碳都多。[40] 抵制這種作法才合理。

最後,或許最簡單的是,我們都可以少吃點油:這不但能降低我們對棕櫚油的需求,也可以帶領我們改用比較不需要大量耕地的替代產品。

少吃肉——尤其牛肉

如果你很熱愛起司漢堡,那很遺憾,在這本書裡牛肉的評價很差。這是因為牛肉的影響很大,而且還牽涉到很多環環相扣的問題。牛肉是全球林地遭毀最主要的原因,所以要減少毀林最顯著的方式就是少吃牛肉。

養牛是一種資源密集的食物供應法。牛隻需要大量的食物、水,而且會排放許多溫室氣體,還需要大片土地。當我們在計算每一公斤的食物需要多大片的土地時,牛肉和羊肉的土地需求量遠超過其他種食物。我們根據蛋白質含量或熱量來比較食物的時候也一樣。要從牛肉中獲得100克的蛋白質,我們需要164平方公尺的農地。這比其他種肉品的需求還要大。豬肉只需要11平方公尺——少了15倍。雞肉只要7平方公尺。與豆腐或豆類等

植物性蛋白質相比,牛肉的土地需求多了將近100倍。

每次當我跟別人說少吃點牛肉可以減少林地被毀,就會聽到兩種反駁的論點。第一種論點是:飼養牛隻的土地裡有三分之二是不適合栽種穀物的,所以他們說用這種土地來飼養牲口會比拿來耕種作物更好。但這不是我們唯一的選擇:我們也可以讓這片土地復育為森林、草地或荒野。

從全球的角度來看,我們不需要拿這片土地製作食物。我會在下一章呈現給大家看,透過少吃點肉類,這個世界所需要的耕地面積會比現在還要少,因為我們用大量的農作物餵養動物。所以透過我們減少肉類消費,就可以利用這些土地為人類種植穀物,並讓更多土地回歸自然。

第二種反駁的論點是:不是所有的牛都用同樣的方式飼養。很多人說他們鄰近當地取得的牛肉比一般的牛肉好,因為是來自

每100公克蛋白質所需要的土地面積

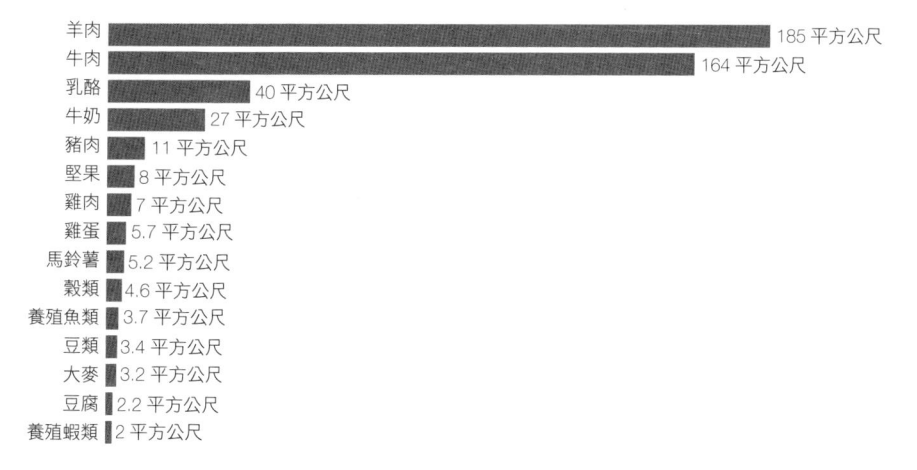

羊肉	185 平方公尺
牛肉	164 平方公尺
乳酪	40 平方公尺
牛奶	27 平方公尺
豬肉	11 平方公尺
堅果	8 平方公尺
雞肉	7 平方公尺
雞蛋	5.7 平方公尺
馬鈴薯	5.2 平方公尺
穀類	4.6 平方公尺
養殖魚類	3.7 平方公尺
豆類	3.4 平方公尺
大麥	3.2 平方公尺
豆腐	2.2 平方公尺
養殖蝦類	2 平方公尺

第4章 人為毀林

於廣闊的牧場草飼牛。這當然沒錯：有些牛肉需要的土地面積比全球平均值更高，而有些低於平均值。例如南美洲生產的牛肉就需要很大片的土地。[41, 42] 更糟的是，要取得這些土地必須砍伐亞馬遜雨林。但是對氣候來說，最好的選擇，往往與大家的想像相反：單純飼養在草地上的牛（相較於吃穀類飼料的牛）所需要的土地面積是全球平均值的兩到三倍。這就會對氣候造成負擔。

這樣一來，很多危險因子就會互相堆疊在一起。牛肉需要大片土地；吃草的牛又比吃穀類飼料的牛需要更多土地。也就是說，養在大片草地上的低密度草飼牛會提高毀林的風險。

關於這些論點，有三個解決方案。**首先，我們大家都可以試著少吃點牛肉**。這個改變可以帶來最深刻的影響。而且大家少吃點牛肉並不是不可能的任務，我們沒有要所有的人全都立刻停止吃牛肉。既然還可以繼續吃牛肉，我們就需要一些更好的做法。

第二個解決方案可能很多人不喜歡：用穀類飼料牛取代草飼牛。這樣土地消耗量比較少，這也是在毀林議題中我們最在乎的。[43] 這時候就會有一個很重要的衝突浮現出來——稍後提到其他種肉品的時候也會遇到——動物福利和環境衝擊的目標並不一致。很可惜，對環境友善或「有效率」的選項，通常對動物比較不好，如何在這些重要議題中取得平衡，取決於每個人的選擇。

第三個選項是在產牛最有效的區域裡，優化牛肉生產的方式。「最糟糕」（我們定義的「最糟糕」是指土地用量最大）的那25%牛肉製造商用掉了整個產業60%的土地。如果全世界的人可以將牛肉使用量減少25%，而且完全抵制最糟糕的牛肉供應商，那麼牛肉所需要的土地面積可以大幅減少60%。

當我們提到解決方案，我們通常都是看到極端值。很多人會說，我們必須在一夜之間改吃全素；或者我們需要把所有問題食物全都剔除──肉品、大豆、棕櫚油、酪梨──到最後什麼都不能吃了。**其實，如果我們選擇真正有效的解決方案，要做出的改變通常沒有想像中誇張。**

提高作物產量──尤其撒哈拉沙漠以南的非洲

這一百年來，對抗毀林最大的武器就是大幅提升農作物產量。如果一片土地上能栽種更多食物，那我們就不需要砍伐森林了。歐洲、美洲、亞洲都成功過，但有一個區域落後了：撒哈拉沙漠以南的非洲。

不是說那裡的農作物產量從來沒有增加過，而是說那裡的產量一直沒有跟上其他地方的進度。我們來比較這個區域和南亞。這兩個地方從1980年之後穀物產量都增加了，但實踐的方式完全不同：非洲是用了更多土地，亞洲則是增加單位面積產量。南亞所用的土地面積和1980年的時候一樣，但是產量增加近150%，從每公頃1.4噸成長到3.4噸。在非洲，產量進步的幅度很小──只增加了30%（從每公頃1.1噸到1.5噸）。為補足產量，就需要更多農地。穀類需要的土地面積增加了一倍以上。而且這都是新開墾的農地，往往來自原始的森林。如果我們看向未來的數十年，人口成長和經濟成長代表撒哈拉沙漠以南的非洲地區會需要更多食物。如果不能提高農作物產量，那就要把更多美麗的森林砍下來，傷害生物多樣性。當然，不是非得這麼做不可。研究顯示，如果非洲撒哈拉沙漠以南的國家可以縮小農作物

第 4 章　人為毀林

產量差距,就能在完全不增加農地的情況下產出更多食物。[44]

下一節會說明每個國家都做得到——不只是撒哈拉沙漠以南的非洲國家,而是全世界的國家。

「付錢」教貧窮國家保住森林

幾個世紀前,我的祖先在英國砍伐森林時,當時並沒有「碳預算」或「碳排放目標」這樣的概念,也沒有人會關心狼群或鹿群是否減少。當時也沒有國際會議,讓各國領袖相互指責,說彼此對地球的貢獻還不夠。如果想砍樹,那就砍吧。

富有的國家在破壞環境的過程中毫無愧疚感,最後繁榮了。他們開墾大量土地,種植食物、獲取木材、提供能源,打造船艦、武器及基礎設施,並在世界各地殖民。這與化石燃料的歷程非常相似。19世紀與20世紀初,富有的國家毫無顧忌的燃燒煤炭。現在,中低收入國家希望能複製這些富國數百年前的行為,但卻因此遭到責難——我們要他們停下來,不能再這樣繼續下去,否則全世界的氣候目標將無法實現。

這樣的處境很不公平,也很殘酷。對開發中國家來說,不砍伐森林會有機會成本;我們若假裝開發中國家不需要付出機會成本,那就是在自欺欺人。確實,可再生能源的成本正逐漸下降,我們希望在不久的將來能夠在取得能源的同時,避免繼續挖掘地底的化石燃料。然而,毀林的成本卻並未改變。若希望農民能維護森林而不進行開墾,他們就必須放棄金錢和食物。對於國家而言,保護森林帶來的是長期的生態效益——森林提供了寶貴的生態功能;但從短期來看,不砍伐森林就代表著會付出明顯的機會

成本。但我的祖先當時並不需要考慮這些機會成本。

因此，付錢讓這些國家保護森林，其實是極為合理的。至少，這些國家主動放棄了砍伐森林後能創造的收入，他們理應獲得某種形式的補償。然而，這項提議充滿爭議。該給這些開發中國家多少資金？這些資金應該分配給誰？如何確保這些國家真的會履行承諾？

其中有些問題比較容易回答。我們知道森林遭砍伐的時間點和面積。我們和當地組織合作，可以經常追溯到該負責的人。開發出系統來稽核補償金的發放好像也辦得到。有個方式是計算出放棄一公頃林地的機會成本。農作物生產的模式很好預測，有些地區種大豆，有些地區種玉米，有些地區種香蕉。我們可以假設那一公頃的林地若開墾為農地會種什麼，然後計算出這些香蕉或大豆在市場上的金額。

如果沒有補償機制，這些國家實際上會砍伐多少森林，這是目前比較沒有共識的地方，也是比較棘手的問題，因為一旦有補償金，就會有誘因讓這些國家在毀林的數字上誇大或灌水。我們可以看過去毀林的模式。如果一個國家持續穩定以每年100萬公頃的速度開發森林，卻忽然聲稱他們會砍伐1000萬公頃，我們就可以確定他們是在灌水。

有一些比較小型的補貼計畫已經成功了。根據《聯合國氣候變化綱要公約》成立的「減少毀林及森林退化造成的溫室氣體排放」（REDD+, Reduction in Emission from Deforestation and Forest Degradation）最為知名。這個專案讓富有的國家轉帳給較貧窮的國家，而且已證實這些金錢可以成功減少毀林面積、降低

碳排放量。[45]不過，大部分的資金只來自幾個國家，用手就可以數出來——挪威領先，接著是美國、德國、英國和日本。[46]而且這筆資金完全比不上終結熱帶毀林所需要的金額。

這裡最明顯的問題是：富有的國家能得到什麼？嗯，首先，如果各國元首真的就像在國際會議演說裡講的一樣，那麼在乎氣候變遷和生物多樣性的話，這根本就不是一個需要多想的問題。如果他們真心認為終結全球毀林是我們目前最急迫的挑戰之一，顯然就該支持這些做法。不提道德感，用經濟立論的話：要停止碳排放，終結毀林其實是個平價的做法。比起要大家不吃牛肉或減少航空旅行的碳排放量，這個做法便宜得多也簡單多了。

這和國家之間互相支持無關。企業和民間都可以參與。很多企業已經用其他方式出錢出力，植樹來抵消碳排放。若能在林木被砍伐下來之前，就先拿錢出來預防，影響會更深遠。如果我們想要花錢來將氣候與生物多樣性的影響放到最大，那麼阻止森林砍伐絕對是一個明智的選擇。

∞ 不必過度擔憂的事

城市與都會區不會犧牲森林

很多人都以為都市的興起，是犧牲了全世界的森林。這些水泥叢林好像在和綠地作對。或許從都會區搬到郊區，離開人口稠密區會對環境有幫助？

這想法很浪漫，但實在太偏離真相了。我們的都會和城市只占用全世界可棲息區域的1%，農業則占50%。全球土地最大的

碳足跡不是我們用掉的,也不是住宅用地;是耕種食物用掉的。這是毀林最大的驅動力,都會化不是。

事實上,人口從郊區遷移到市區幾乎是最能保護森林的方式了。當然,原住民對於保護當地森林和生態系統很重要,他們的生活方式能維持環境平衡,但這個規模很小。對大多數人口來說,遷移到市區和密集耕種才能釋放出農地,回歸為林地。如果數十億人都要在郊區生活,那對森林來說會是一場災難。

豆腐、豆漿和素漢堡不會傷害雨林

巴西種很多大豆。巴西是亞馬遜的家。亞馬遜雨林正在被砍伐。把這三句話連在一起,會使很多人認為豆腐、豆漿、素漢堡就是砍伐雨林的元兇。大家面對一個兩難的困境,想要少攝取一點肉和乳製品,可是又擔心替代商品也一樣糟糕。這不是事實。

巴西生產了全球接近三分之一的大豆,阿根廷生產了另外11%。在過去——尤其是1990年代和2000年代初期——大豆確實要為直接和間接毀林負責,但問題不出在你的豆腐或豆漿上。大約四分之三的全球大豆都拿去做動物飼料了:主要是養雞或養豬,同時也有拿去養牛和養魚。[47]五分之一會直接做成人類的食品,而且大多數是做成植物油。只有7%會拿去做成常見的「素食」產品像是豆腐、素料和植物奶。巴西產的大豆都是這樣用的。幾乎所有的大豆——97%——都是基因改造品種,這些大豆更可能用於動物飼料而非供人類食用。事實上,在歐盟等市場中,基因改造大豆是禁止直接用於人類食用的食品中。

你的豆腐不太可能傷害亞馬遜雨林。從肉品和乳製品切換成這些替代產品，比較可能會拯救森林，而不是摧毀森林。

全球大豆有四分之三是拿去餵動物

我們通常認為豆類是要取代肉品，但其實只有少部分直接做為人類的食物。

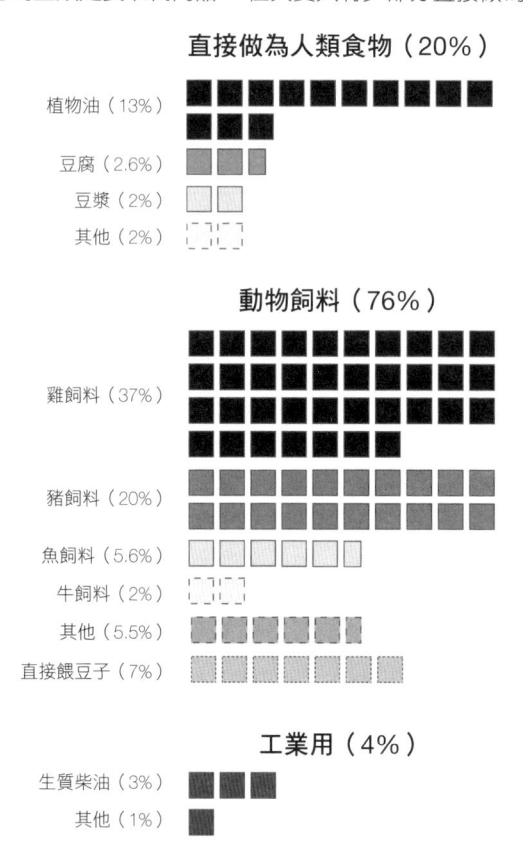

直接做為人類食物（20%）

- 植物油（13%）
- 豆腐（2.6%）
- 豆漿（2%）
- 其他（2%）

動物飼料（76%）

- 雞飼料（37%）
- 豬飼料（20%）
- 魚飼料（5.6%）
- 牛飼料（2%）
- 其他（5.5%）
- 直接餵豆子（7%）

工業用（4%）

- 生質柴油（3%）
- 其他（1%）

第 5 章

糧食與農業
如何不「吃垮」地球

> 若土壤繼續退化,農耕時間恐只剩60年。
> ——2014年《科學人》雜誌[1]

關於環境有多糟,最駭人聽聞的主張就是:這世界只剩下「60次收成」了,因為地球上的土壤退化得很快,到了2074年就不能用了。這說法若是真的,照這樣嚴峻的數據來看,本書所寫的一切都沒有意義了。如果這還不夠可怕,英國環境部部長麥克‧葛夫(Michael Gove)在2017年更是曾發出警告:英國只剩下30次收成了。

只要去搜尋引擎上打「還能收成幾次?」,你會找到數十萬筆結果。這些主張都曾經多次登上《獨立報》和《衛報》頭版,也被知名的環境行動人士反覆提及多次。他們所引用的數據有時候少則30年,有的時候較「寬容」到100年,而共同點就是:都沒有根據。

「60次收成」的論述似乎出自聯合國糧農組織在2014年開會時,某個人在農業會議中的言論。他們是怎麼算出60次的?沒人曉得。糧農組織從來沒有提供任何數字來支持這個主張,而說出這番話的人也從來沒有在檯面上解釋過。總之,聽起來像瞎掰的。

那其他預言呢?「還剩下100年收成」的數據,據說來自2014年的一份研究,當時比較了英國萊斯特(Leicester)都市社區菜園的有機物質與周圍農田的差異。[2]首先,我不確定一份英國都市社區菜園的研究可以提供多少關於全球土壤的資訊。別說

全球了，連全英國土壤的狀態都不行吧。

第二，更讓人擔心的是，這份研究沒有提到「還能收成幾次」，當然也沒有提到「100」這個數字。英國植物學家詹姆斯・翁（James Wong）曾經想要追蹤這份資料的來源，結果失敗了。[3] 我也找不到資料出處。又一次，這個數字顯然是瞎編的。至於麥克・葛夫部長的「30年」之說也無人知曉從何而來。

具體數字其實不重要，因為根本沒有這個數字。只要去問土壤科學家，這個地球還收成幾年，他們一定會笑死。這個概念沒有任何科學意義。全世界的土壤非常多元，而且土質各異：有些在退化、有些在改善，有些很穩定。全世界各地的土壤會在某一個時間點全部同時一起壞死——這個觀念實在太瞎了。

當土壤科學家研究全球土壤的「壽命」時，他們發現可分為五個程度。[4,5] 土壤愈來愈薄會有問題；厚實的土壤比較優質。有些土壤正在迅速變薄，可能在未來百年內會面臨問題。有些土壤雖在退化，但「壽命」長達數千年甚至數萬年。還有一些土壤根本沒有退化，反而在變厚。

土壤流失當然是個問題。所以，我們需要找到可以重建土壤，而不會流失土壤的耕種方式。但我們只剩下30次、60次或100次收成的想法是錯的。這些殭屍假數據讓人沮喪，但是，還是有一點可取之處：這種數據讓我們知道，行動分子和記者對頭條的興趣大過於認識真相。如果有人做這麼狂的主張，卻懶得查核事實，那就是個危險訊號。

這種類似全球飢餓的頭條，也很可能會讓你覺得我們快要沒有糧食了。但退後一步看看數據，你就會發現那也是錯的。

第 5 章　糧食與農業

「我們今天要來談談怎麼樣讓每個人人都吃得飽,又不會同時毀滅地球。」觀眾很安靜,而我很感激。我當時才21歲,第一次對英國愛丁堡大學的大學生演講,我緊張得要命。我對於這堂課只有兩個目標:盡量讓大家都醒著,而且讓他們離開的時候能帶走一些原本不知道的知識。

「一般人每天需要2000至2500大卡的熱量。如果我們能把全世界的食物平均分配給每個人,那每個人可以獲得多少大卡?」

如果你想試著回答,那就猜一猜吧。

「如果你覺得我們全部都至少能獲得1000大卡,就舉起手。」每個人都舉起手。好險,他們還算配合。

「如果你覺得我們至少都能獲得1500大卡,就不要把手放下來。」大概有10%到20%的人把手放了下來,其他人還繼續舉著手。

「那2000大卡呢?」教室裡超過50%的人已經把手放下來了,只剩不到三分之一的人還舉著手。

「2500大卡呢?」幾乎所有人都把手放下來,只剩不到10%的人還舉著手。

「3000大卡呢?」在百來個學生裡,只有一個人還舉著手。

我咧嘴一笑,感覺自己就像漢斯・羅斯林。「如果我們把全世界的食物公平的分配給每個人,我們每天至少可以攝取5000大卡。比基礎需求量還多了兩倍以上。或者,我們換個方式來說,我們現在生產的食物可以提供給兩倍以上的人口。」

課堂上一片寂靜,也沒人打瞌睡。我還沒開始播放投影片,

就達成預定的這兩項目標。

我希望我在唸大學的時候就有人告訴我這個事實。我希望我當初能更仔細的了解食物的生產如何改變了全世界。我希望我花更多時間檢視數據、少花點時間看頭條新聞。

如果我在讀大學的時候聽到這堂課，我大概會在2500大卡的時候把手放下來。這個世界或許可以提供足夠的食物給每個人，但因為有人過量、有人就挨餓，所以全球飢餓的問題還會更嚴重。

但幸好，我錯了。過去這幾十年來，我們的世界在飢餓問題上，已經有了非常顯著的進展。儘管營養不良的比例還是很高，如悲劇一般，全世界幾乎每十個人中就有一人無法獲得足夠的熱量，但這比例和過去相比已經很低了。在人類歷史裡，我們的時間幾乎都用來狩獵或生產足夠的食物給每個人吃。那時的營養往往不夠。再往前幾個世紀，多數的人甚至都吃不夠。

在今日，我們明明有足夠的糧食，就算人口再增加一倍也綽綽有餘，但仍有數億人在挨餓，這實在很嚇人。不過，知道我們有能力可以生產這麼多食物之後，我們應該就有動機和理由去解決這個問題。這是可以解決的問題。飢餓和饑荒現在仍存在，但這本質上是政治和社會議題。我們之所以沒辦法讓每個人都吃飽，那是因為人為的限制。這是人類歷史上罕見的發展：在上個世紀以前，我們之所以沒辦法讓多數人吃飽，是因為狩獵能力有限或者農地面積有限導致作物產量有限。現在，我們沒辦法讓所有人吃飽，是受限於我們處理食物的方式。

第 5 章 糧食與農業

∞ 問題的來龍去脈：從昔日到今日

無盡的足糧挑戰

不只是糧食系統的演化，整個飲食文化的演化過程非常浩瀚、多元、獨特，我沒辦法在一個章節裡就說完。但是要理解目前糧食系統的處境，我們必須先理解往昔的發展。

最早期的人類——數百萬年前，從直立人到尼安德塔人，再到智人——並不會耕種自己的食物。他們拿現成的：狩獵動物、採集野果。很多人都誤以為狩獵與採集時代的人吃很多肉、很少碳水化合物。於是，許多人現在選擇採取「原始人飲食法」。但我們只要看看考古證據還有現在原住民部落的飲食，就會發現各地的「原始飲食」莫衷一是。[6] 每個群體的吃法都不一樣，每個世代吃的也不同。旱季會吃比較多肉，到了雨季會攝取比較多莓果和蜂蜜。[7] 有些月分裡，肉類在飲食中的比例過半，而有些月分肉類的比例不到5%。

我們可能以為這些早期小型社會的生活和大自然達成完美的平衡。很遺憾，並沒有。我們會在下一章看到人類緩慢漸進的造成許多大型哺乳類動物絕跡。驚人的是，當時的人類並不多，全世界可能只有幾百萬人。靠狩獵與採集維生的人類祖先造成的衝擊，可能和我們今日沒法比，但若要說他們和其他物種和諧共處，那就是神話。人類一直在和其他動物競爭，先直接獵殺動物，後來又用火影響地貌，再傷害牠們的生活空間以開墾農田。

人類歷史多數時間都是極為緩慢的線性變化，但有過幾個關鍵轉折點，創新帶我們走向完全不同的路徑。農耕就是其中一

項。大概從一萬年前開始,農耕讓我們發展出規模較大的人類社會,全集中在一地。

與其隨著「自然」的變化任其發展,我們不如開始自己塑造自然。農業的真正目的是塑造環境、培養土壤,使條件適合耕種,且不斷努力去除那些妨礙成長的入侵者——雜草和害蟲。

農耕以前很難(現在也不容易)。事實上,農業最初可能對營養和健康產生了不利影響。當考古學家研究不同時期的人類骨骼時,他們往往發現,早期農業社會的人比他們的祖先還要矮小,且比狩獵採集部落的鄰居更矮。[8] 像穀物和根莖類作物這樣的主食作物很會長,也是熱量與澱粉很好的來源,但不能只吃這些:如果熱量的主要來源是穀物和根莖類,那會嚴重缺乏重要營養素。從有肉、水果、蔬菜、種子和其他食物的多元飲食,轉換為一種穀類主食,可能對一般人來說是吃得更差了。但農耕讓更多人有得吃。人類社會得以成長,有更多熱量可以分配。農業革命或許對個人不好,但是對整體人口有益。

我們的農業之戰圍繞著一個中心:在適當的時間裡,土壤中要有足夠的營養。一個世紀前,我們的耕種能力始終沒什麼太大的突破,就是因為「氮」。氮是生命的基礎元素,是蛋白質的基礎,所有植物要成功生長都需要氮。如果土壤中沒有足夠的氮,農作物會長得很差,或甚至根本長不出來。氮是大氣中最豐富的元素,比例占78%,但大氣中的氮是惰性氣體,這代表植物不能用空氣裡的氮:植物需要活性氮才能和氫、碳及其他重要的生物元素反應。地表上只有非常少數的活性氮可以供動植物生長。

我們的祖先有三個選項來克服這問題。「游耕」是四處搬

遷，尋找氮元素還沒耗竭的土地，也就是「刀耕火種」的技術，這種系統可以支持的社會人口約是狩獵採集社會的十倍。但這種社會需要持續遷移，很不安穩，也沒辦法發展出更大規模的定居群體。

定居式農業或傳統農業能讓這種方法更進一步，他們不會四處移動尋找富含氮的地點，而是留在一片土地上，將氮回收到土壤裡。傳統農耕可以支持的社會人口約是游耕的十倍，足夠讓大型社會和文化開始發展。

傳統農業用兩種方式把氮回收到土壤裡，第一種是靠豆子的奇蹟。大多數的穀物不能取用大氣中的氮。莢豆很特別，因為這種作物可以從空氣中創造出可用的氮來自用。種了莢豆就是在土壤裡加氮。雖然沒有多到可以取之不盡，但增加的額度也很夠用了。第二種方式就是飼養牲口，把糞肥倒入農田裡，這可以有效的在土中加氮，只是你會需要大量糞肥。要收集糞肥很辛苦，而且很多氮會在被穀類吸收之前就滲漏到周遭環境裡。

數千年來，人類社會都用這幾招，但都受限於氮。不過後來到了20世紀初，我們碰到另一個轉折點，氮僵局終於被突破了。佛列茲・哈柏（Fritz Haber）和卡爾・博世（Carl Bosch）發明了合成肥料，這項創新改變全世界的程度超越了我們的認知。

哈柏—博世：從空氣中變出食物

「科學英雄」是我最喜歡的網站之一：這個網站把科學世界裡的偉人根據他們拯救多少條人命來排行。我們可能覺得醫療科學的人會在榜首，但其實不是：霸榜冠軍是農業科學家卡爾・博

世、佛列茲・哈柏和諾曼・布勞格（Norman Borlaug）。我們能活著都要感謝他們。

在哈柏—博世這對組合裡，哈柏負責科學實驗，博世負責規模化。

佛列茲・哈柏於1868年出生在波蘭（那時候稱普魯士，是德國的一部分），剛開始先和他父親在化學公司一起工作。[9]在商業領域實驗多次失敗之後，他被放逐到學界。他在那裡開始處理氮的問題。氮以分子N_2的形式存在於大氣中：就是兩個綁在一起的氮原子。若要供植物使用，我們必須把氮轉化為氨（NH_3），得把氮原子拆開來跟氫原子結合。但這一點也不容易，當時多數人都覺得辦不到。佛列茲・哈柏沒有被擊退，他認為難處在於壓力和溫度要剛剛好。氮和氫要承受高度壓力，而且溫度要升高到400℃至500℃，通過催化反應器，這樣催化劑才能打破氮原子之間極為強大的三重鍵。這時候氮和氫原子才會結合在一起，形成NH_3。終於，佛列茲・哈柏在1909年努力複製出豆子輕鬆不費力就做到的事，他從空氣中製造出氨了。

接下來的挑戰就是規模化，這個化學式必須從實驗室裡的一場示範，擴大規模到能餵飽全世界。德國巴斯夫集團（BASF）買下專利，找來最優秀的人才加入專案：卡爾・博世。他的工作就是要把哈柏的發明變成可以銷售的商品，而他只花了一年的時間。到了1910年，以哈柏—博世法製成的化學合成氨就準備上市了。

這兩位科學家最後都獲頒諾貝爾化學獎，佛列茲・哈柏於1918年獲獎，卡爾・博世則是在1931年得獎。這兩位改變這個

全球一半的人口都依賴化學肥料才有食物

如果沒有化學肥料,這世界只能養活目前一半的人口。

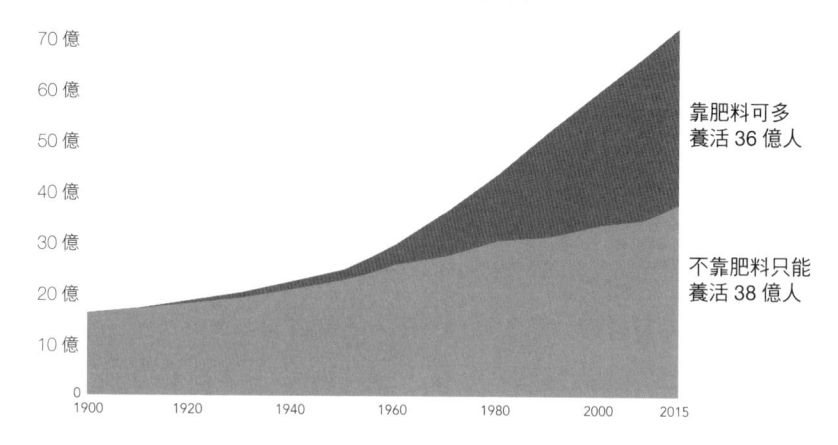

靠肥料可多養活 36 億人

不靠肥料只能養活 38 億人

世界的程度超越認知,他們的突破也徹底顛覆了農耕。後來又花了數十年的時間,才讓化學肥料有足夠的能量和成本效益,進入全球市場。到了 20 世紀中葉,產量已經暴增。美國市場迅速採用這項新科技,化學肥料在 1980 年代已成為新興經濟體農業中不可或缺的元素了。

在土壤中添加營養素讓農作物產量大幅增加。過去數千年來一直沒有突破的農作物產量,忽然間一飛沖天。肥料不是農業領域唯一的創新——灌溉方式、種子改良、拖曳機等機械也都讓農業更進步了——不過肥料是生產出更多食物的關鍵。今天地球上有一半的人能活著,都是因為發明了化學肥料。很多科學家急著想估算出,如果沒有這些添加的營養素,地球能支撐多少人口,大家最後推得的數字都很接近:大概一半。[10-12] 不只如此,肥料在熱帶地區的貢獻可能更大。

這就是為什麼關於要不要採取有機農耕的討論會那麼紛亂。事實上，我們無法讓地球全部採取有機農耕。太多人依賴肥料才能活下來了。我們稍後會看到，很多國家能減少化肥的用量，同時不犧牲食物產量，但不是每個地方都辦得到。

諾曼‧布勞格：綠色革命的英雄

佛列茲‧哈柏和卡爾‧博世是20世紀上半葉的農業英雄，諾曼‧布勞格則在下半葉得到桂冠。

布勞格是美國科學家，出生於1914年，就在哈柏和博世的肥料突破之後。[13] 在1940年代，他受僱於洛克斐勒基金會，被派到墨西哥去解決一個很多人已經放棄的問題。墨西哥農夫面臨著「莖鏽病」的困擾，有一種叫做「黑小麥鏽菌」的真菌會感染小麥，讓植物生病。這是一個對農作物生產很常見但又非常嚴重的問題。「莖鏽病」會讓小麥的收成變得很差，因為真菌吸走了小麥生長所需的營養。

布勞格的任務就是要找出解決辦法，他雄心壯志的展開一系列植物育種實驗，像是在不同的緯度和氣候下培育相同品種的小麥，這個實驗完全違背了植物學的基本原則，他的指導老師相當不以為然。這個計畫的條件非常艱苦，當時的墨西哥農民並不太願意合作，畢竟之前的實驗失敗過太多次了，布勞格缺乏足夠的資金和團隊來支持這個雄心勃勃的計畫。但在接下來的十年中，布勞格嘗試了超過6000次的小麥雜交實驗，終於，他的堅持取得了成果和突破，改變了墨西哥農民能夠種植的小麥作物。

墨西哥農夫在1960年以前，只能期待小麥田的收成是每公

頃1.5噸。現在,有了布勞格改良過的小麥種,他們每公頃的收成是5.5噸。作物產量超過三倍,墨西哥從小麥進口國翻身成為淨出口國。墨西哥原本得依賴其他國家的糧食,現在產量不但可以餵飽全國還能外銷。

　　布勞格的成就不僅於此。他旋即前往的南亞,印度和巴基斯坦,也經歷了墨西哥的變化:原本一成不變的作物產量忽然激增。在1960年,他們每公頃的收成不到一噸。現在每公頃的產量超過三噸。後來世界各地都見識到農作物產量的變化,稱為「綠色革命」。諾曼・布勞格在1970年獲頒諾貝爾和平獎。他無視傳統規則的毅力和意志力至少拯救超過十億人。原本很多人說地球會因為饑荒而毀滅,布勞格平息了這種說法。他的雜交育種突破證明了:即使很多挑戰看起來好像無法克服,我們還是能找到方法來解決問題。

　　卡爾・博世、佛列茲・哈柏和諾曼・布勞格等天才的創新,代表我們食物產量已經超越了想像——遠超過我們實際需要的量。*可是現在卻還是有人為了人口過剩在驚慌。我常常聽到:「問題就是人實在太多了。」很多人認為有太多張嘴要吃飯,所以全球飢餓問題仍存在,才會有人主張要減少人口。

---

*食物不只是熱量。熱量是能量的單位,可以維持我們的體重、給我們能量,讓我們不會肚子餓。但要健康的話,光有熱量還不夠——我們需要蛋白質、脂肪和微營養素如維他命和礦物質。我們需要多元飲食,而不是吃足熱量就行。或許你會懷疑世界是否能生產足夠的這些營養成分。幸運的是,事實上我們真的能。我知道這一點,因為我在攻讀博士學位時做過詳細的數據分析。事實上,我攻讀博士學位的其中一個主要動機,就是超越卡路里,對我們的食物系統進行更全面的分析。結論是,如果我們願意,完全可以為每個人提供完整且營養豐富的飲食。

綠色革命讓小麥產量暴增

肥料、改良作物品種和農業投入的普及,使得產量翻倍、三倍甚至更高。

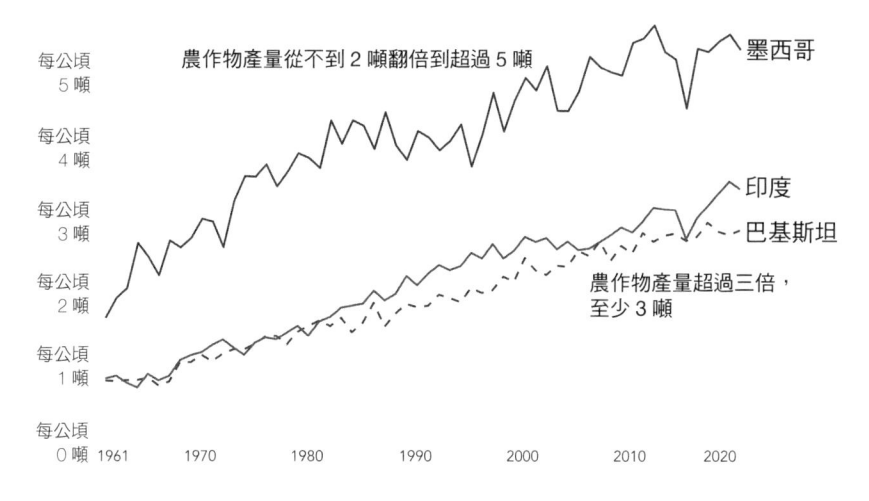

農作物產量從不到 2 噸翻倍到超過 5 噸 — 墨西哥

印度
巴基斯坦

農作物產量超過三倍,至少 3 噸

(每公頃 0 噸 ~ 5 噸,1961–2020)

「減人口」的說法並非新鮮事。在1950年代、60年代和70年代,很多人都擔心全球糧食短缺。聯合國在1968年發表了《國際行動已避免迫在眉睫的蛋白質危機》。[14] 同一年,保羅‧埃力克的《人口爆炸》說人口成長已經失控;我們永遠沒辦法獲得足夠的糧食;會有大規模饑荒;十年內就會有好幾億人餓死。

當然,我們現在知道他的預言落空了。這也沒關係:幾乎每個預測過未來的人都錯了。他的書之所以那麼恐怖,是因為他根據這麼強烈(又錯誤)的信念,提倡了不人道的政策。全球人口必須嚴格管控。人類就是癌細胞——一個會複製增生的有機體,需要受到控制。以他的話來說:「我們沒有本錢再治療人口成長癌的症狀了,這個腫瘤一定要切掉。」

他於美國和其他富國提議,在水中或食物供應過程中,加入

第 5 章 糧食與農業　177

暫時絕育藥劑。*他認為成家的人不該得到補貼，一對夫妻如果連續五年都沒生小孩，才應該獲得「責任獎勵」，男性若接受無法逆轉的結紮手術也可以獲得獎勵。另一個作法是舉辦「無子樂透」，只有沒生小孩的人才能買彩券。這些都很噁心，但還比不上他給「未開發國家」的建議。他不只建議絕育方案，還提倡用分流系統來判斷誰應該餓死。有些國家還有救──或許可以逃出困境。但有些國家已經沒救了，富國應該取消糧食救濟和支援，讓他們餓死。我們不確定保羅‧埃力克到底有多認真，但很多人──包括美國政府高層官員──都曾認真考慮過他的建議。他一度可能基於錯誤的預測，殘酷的影響數十億人的生活。[15]

我們可以讓80億、90億、100億人都獲得營養的飲食，同時不破壞地球。我們不需要控制人口就做得到。我們只需要更好的計畫，耕種我們需要的糧食，並更有效率的使用食材。

∞ 今日，世界已經沒那麼糟

飢餓的牲口、貪心的車輛

好，我們每天可產出每人5000至6000大卡，超過人類所需的一倍以上，可是卻沒辦法讓每個人都吃飽，這怎麼可能？

最直觀的答案就是全球不平等。好幾億人沒有足夠的食物，但另外數十億人又糧食過量。大約每十個成人中就有四個過重。

---

*他也有提到這種做法在政治上可能行不通，而他對於這樣的政治現實很失望（幾乎惱怒）。

在人類歷史上,多數時間裡,大型戰役都是為了獲得足夠的食物。現在,挨餓的人是少數。全球肥胖率如此迅速上升,事實上是個新穎且罕見的訊號:在一個缺乏資源的世界中,我們都以為要盡可能利用我們能夠得到的食物。所以,沒錯,熱量過剩又不均的其中一個原因,就是全球的食物攝取量超過了我們的需求。然而,我們並沒有每天攝取5000大卡。我們可能攝取的只有其中的一半。我們的食物在還沒抵達餐桌之前,就先損失一半。這是一個效率極低的系統。

原因在於,我們栽種作物卻拿去餵牲口、汽車,而不是人。全球每年產出30億噸穀物。其中做為人類食物的數量還不到一半;41%做成動物飼料;11%是工業用途如生質燃料。這樣的全球配置讓人很意外,但如果我們細看各個國家的用量,可是會讓人瞠目結舌。

在窮國,穀物幾乎全部做為人類的食物。以查德、馬拉威、盧安達、印度為例,這個數字超過90%。當你只能勉強生產足夠的食物供應每個人時,就沒辦法把穀物挪給汽車或餵動物了。食物不分給人類很奢侈,很多更富有的國家把這種奢侈推向極致。美國用於生物燃料的玉米數量,比整個非洲大陸生產的還多50%。☆這麼做的不只有美國,全球將農作物直接做為人類食物的情況愈來愈少了。美國把穀物分配給生質燃料的量特別龐大。對大多數其他國家來說,穀物主要的用途還是動物飼料,我們種

☆2019年美國將1.21噸玉米分配給工業用(幾乎全做為生質燃料)。整片非洲大陸的產量是8200萬噸。巴西的產量也很接近。

第5章 糧食與農業　　179

出來的穀物大多被飢餓的雞、牛、豬給吃掉了。

不只穀物如此，所有農作物也都一樣。如上一章所見，全球的大豆約有四分之三都做為飼料拿去餵雞、豬、牛了。＊

全球穀物只有一半是直接被人類吃掉

較窮的國家會將幾乎所有的穀物都做為人類食物，較富有的國家則會將更多穀物餵養動物或供應汽車，例如生質燃料。

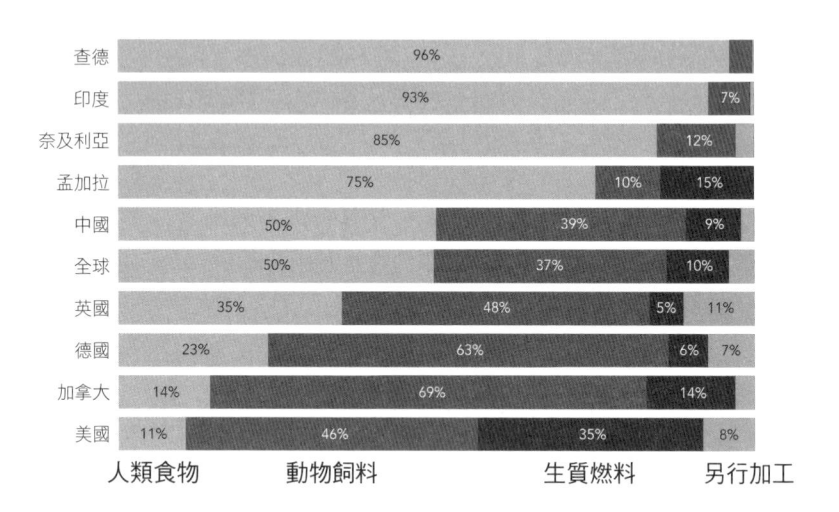

國家	人類食物	動物飼料	生質燃料	另行加工
查德	96%			
印度	93%			7%
奈及利亞	85%			12%
孟加拉	75%	10%		15%
中國	50%	39%		9%
全球	50%	37%		10%
英國	35%	48%	5%	11%
德國	23%	63%	6%	7%
加拿大	14%	69%		14%
美國	11%	46%	35%	8%

＊「全球大豆有約四分之三都做為飼料了」，這句話需要補充說明一下：這個數據是以重量來說，指我們每年生產了 3.5 億噸的大豆如何分配。若從經濟價值的角度來分析，看我們從豆類產品中賺了多少錢的話，大豆油也很重要。動物飼料和大豆油通常是同一個加工流程做出來的：我們從大豆中提煉油脂，榨油後的固體富含蛋白質，可以做動物飼料。大豆油是食用油，也可以做出許多加工食品，像是零食、糖果、烘焙食品、醬料等。若想知道究竟是哪種產品導致我們大量栽種大豆，這就像是「雞生蛋還是蛋生雞」的問題一樣。是我們貪求大豆油，只是順便將榨過油後的固體拿去做動物飼料？還是動物需要蛋白質，而我們必須要處理掉這些油？兩種都有可能。以經濟價值來說，大豆油和動物飼料的價值約 50 比 50。或許這兩者都是我們大量種豆的原因。如果我們不種豆來製作動物飼料，我們也會種其他東西來做動物飼料。因為我們吃了很多肉，我們總需要把動物給養大養肥。

肉品難題：製作方式低效的美食

我們餵食動物的時候，飼料中的熱量會讓動物長出瘦肉和肥肉。但大部分的熱量都會不見。怎麼會這樣？熱量去哪了？

我們要動物增重，是因為我們需要更多肉。就算牠們不增重，我們還是要餵動物，牠們才能活下來。這些熱量每天都會消耗掉：跑步、啄食、啼叫、讓身體器官持續運作就需要熱量。動物跟人類無異。從一個很冷酷殘忍的角度來說，我們餵養動物所消耗的熱量都「浪費掉了」。每種動物的熱量浪費程度不同。體型愈大，就愈需要更多食物才能活下去。人類也一樣，阿諾・史瓦辛格絕對要吃得比我多才能維持體重。這是因為我個子比較小，就算我模仿他的生活作息，每天進行同樣的活動，他消耗掉的熱量可能也比我多50%。

這個簡單的關係很有參考價值：小型動物的熱量轉換效率比較高。魚和雞往往效率最高，接下來是豬，然後是羊，最後是牛。☆ 很遺憾，這和動物福利相對立：要得到等量的肉品，我們得屠殺更多隻小型動物。這個道德窘境要怎麼平衡就由每個人自己決定。衡量「熱量轉換效率」能讓我們理解餵食動物的熱量有多少可以轉化為人類「可食」的產品。這些數據很驚人。

牛肉的熱量轉換效率只有3%。[16, 17,]◎ 每當我們餵一頭牛吃下100大卡，僅有3大卡轉換為肉類食品，其他97大卡基本上都

☆ 儘管羊的體型比豬略小一點，羊的熱量轉換效率卻比豬稍差，因為羊的活動量比較大、飼料品質比較低，而且會消耗能量來產出羊毛等副產品。

◎ 肉品與乳品的生產效能差異很大，飼料的品質、餵食的時間和營養補充品的供應都有影響。我在此處提供全球平均數據，但各地的數據可能有所不同。

被浪費掉了。羊肉約為4%，熱量轉換效率比牛肉稍好，但仍然相當低。豬肉約為10%；雞肉則為13%。即使是熱量轉換最有效率的動物，大多數的卡路里——超過80%——都被浪費了。這個事實真的讓人難以接受。你能想像買了一條麵包，切了一片後，就將剩餘超過90%都丟掉嗎？談到卡路里，這基本上就是我們對待肉類的方式。

所以肉品的卡路里轉換效率看起來不太妙，那蛋白質呢？好，畜牧業的蛋白質轉換效率也不高。對豬肉、羊肉、牛肉來說，他們從動物飼料吃下去的蛋白質，超過90%都流失了。也就是說，當你提供100克蛋白質給動物吃，只能取回10克。雞肉的轉換率比較高，但報酬率也只有20%。

肉品和乳品的優點在於，他們是「完整」的蛋白質來源。儘管動物會浪費掉我們餵給牠們的許多蛋白質，但牠們所產生的蛋白質品質較高，並且包含我們保持健康所需的所有必需胺基酸。穀物只有部分胺基酸，沒有所有的必須胺基酸。如果你純吃穀物，會缺乏蛋白質。[18] 但不是所有植物性飲食都這樣。像豌豆、一般豆類和大豆等豆類食品就富含不同的胺基酸。如果飲食中搭配了穀物與豆類，便能輕鬆滿足所需的蛋白質攝入量。

肉品和乳品也是很好的微營養素來源，如鈣和鐵。只要我們選對食物組合，這些營養素也可以從植物性飲食中獲得。唯一的例外是維他命B12，這只能從肉品或乳品中攝取，是純素食者必須另外靠營養品補充的元素。所以嚴格來說，我們不需要靠肉品和乳品才能吃得營養。我們也可以從規劃妥善且多元的植物性飲食中滿足所需。但不是每個人都辦得到。我可以輕易的達成目

標,是因為我只要過兩個紅綠燈就能抵達大型超市,你能想得到的食物那裡都有。最重要的是,我有足夠的經濟優勢,讓我買得到各式各樣的食物。我若有需要,也能購買營養補充品。而且,經過多年研究,我知道自己需要什麼食物來保持營養均衡。

用飼料換肉品的過程中,大部分熱量都被「浪費」掉了

只有一小部分的熱量能從飼料轉化為肉品,體型愈大的動物浪費的熱量愈多。

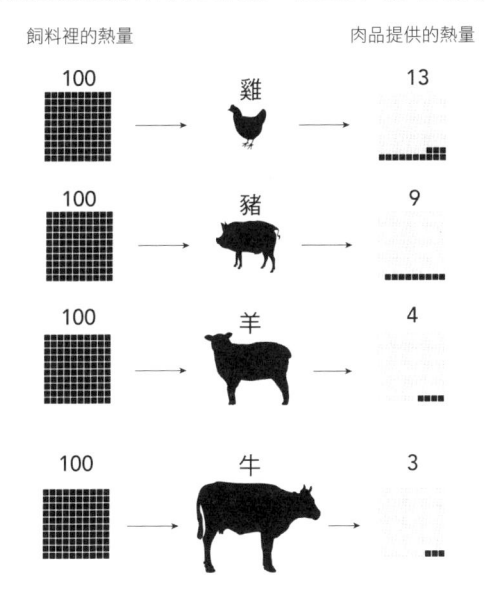

飼料裡的熱量		肉品提供的熱量
100	→ 雞 →	13
100	→ 豬 →	9
100	→ 羊 →	4
100	→ 牛 →	3

然而,世界上大多數的人都沒辦法這麼輕易辦到。在比較貧窮的國家裡,超過三分之二的熱量來自穀物和根莖類作物。以孟加拉為例,接近80%的熱量來自這類食物。大多數人依賴米和麥做為主食。相比之下,在英國,我們只有三分之一的熱量來自穀物和根莖類作物。其他熱量來自不同的食材:水果、蔬菜、豆

第 5 章 糧食與農業

類、肉類、乳製品。能取得不同的食物,而且還能買得起,其實是一種特權。

數千年來,肉品在人類飲食中一直很重要。雖然肉品的生產效率很低,但是營養價值高又美味可口。不過,如果我們要打造出一個能讓每個人都吃飽又不毀掉地球的食物系統,我們就需要重新思考人類與肉品的關係。

食物:永續問題的核心

看看全世界的環境問題,你會發現這些問題都圍繞著食物為中心。**食物確實是永續議題的關鍵核心**,如第3章所見,全球溫室氣體排放量有四分之一來自食物系統,但就算不考慮氣候變遷的因素,我們還是得修復食物系統,才能面對其他環境問題。

擔心淡水供應量嗎?農業占全球淡水取水量的70%。在某些熱帶國家,超過90%的水資源都用於農業。[19] 擔心人為毀林嗎?如我們所見,若不是為了農耕,這個問題可以完全消失。擔心失去生物多樣性嗎?同樣的,食物生產是全球野生動物最大的威脅,[20] 這點從未改變過。以前的人類過度獵捕動物做為食物,把動物棲息地開墾為農田,現在則用農藥和化肥摧毀生態環境,人類對食物的需求一直是全球動物最大的威脅。擔心水汙染嗎?沒錯,農業又是首要汙染源。我們把養分投入土壤和作物中,但大部分的養分會滲透到土地外,進入河流、湖泊和海洋。這些養分會讓生態系統陷入混亂:藻類等物種趁機繁殖,造成優養化。魚類和其他動物因此缺乏氧氣而窒息,讓原本活躍的水域變成了無生命的死水。

退一萬步將眼界放遠一點，我們就能看到農業對地球改造的影響規模。今天，地表上沒有冰雪和沙漠的土地有一半是用於農業。全球用於農業的土地比所有森林面積還要多。其中四分之三的土地用來飼養牲畜——包括放牧地和種植飼料作物的農地。讓人震驚的是，從我們最終吃到的食物來看，這樣的資源分配有多麼不平衡。肉類和乳製品只提供了我們18%的熱量和37%的蛋白質。我們將大量資源投入到牲畜飼養中，但報酬卻並不高。

如果我們根據不同的土地用途來繪製全球地圖——把每一種用途集中在一起——那麼飼養動物所需要的土地會占滿整個北美洲、中美洲、南美洲，從最頂端的阿拉斯加一直覆蓋到最底端的阿根廷格蘭德河。

很多農業環境問題都牽涉到兩件事：我們使用了多少土地、我們如何管理水資源和肥料的投入。要用永續的方式讓每個人都吃得飽，解決方案就要回到盡量減少農業用地的使用。我們應該盡力將更多土地歸還給野生動物。全球在這方面已有一些進展，因為農業集約化：使用肥料來提高產量。這部分我們也有不錯的進度，只是很多人可能不知道或不相信。

已經過了農地使用面積的巔峰

隨著人口增加，以及人們選擇需要更多土地的飲食（我們吃的肉愈多，所需的土地也愈多），我們可能會認為對農地的需求是無止境的。以全球來說，這需求會一直上升，直到人口成長停止為止。這會是非常不利的消息。

幸好，這不是事實。幾年前有幾位研究者預測我們可能接近

全球宜居土地有一半是用於農業

農業是人為毀林和棲息地流失的主因,四分之三的農業用地用於飼養牲畜。

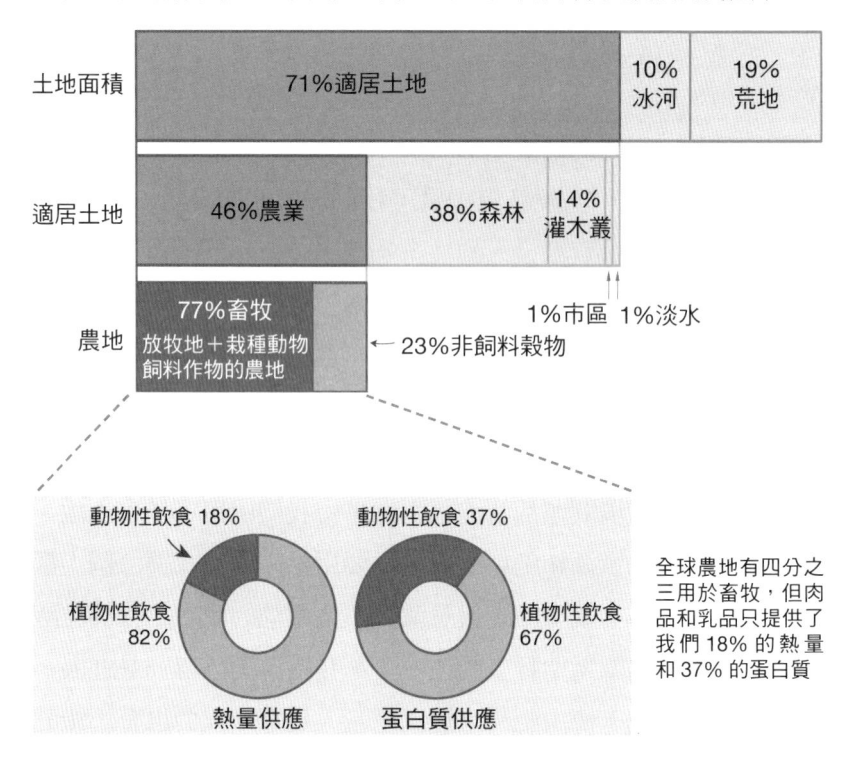

土地面積	71%適居土地	10%冰河	19%荒地

適居土地	46%農業	38%森林	14%灌木叢

1%市區 1%淡水

農地:77%畜牧(放牧地＋栽種動物飼料作物的農地)　← 23%非飼料穀物

熱量供應:動物性飲食 18%、植物性飲食 82%
蛋白質供應:動物性飲食 37%、植物性飲食 67%

全球農地有四分之三用於畜牧,但肉品和乳品只提供了我們 18% 的熱量和 37% 的蛋白質

農業用地的頂峰[21]。我得承認,我第一次聽到這種說法的時候,斥為無稽之談。我認為這絕對不可能。好吧,作物產量在增加,或許勉強能跟上日益成長的人口需求,但我們對肉品的需求也在快速增加,因此要說食物產能變得超級高效,且能追上食物需求,我不大相信。

我開始深入研究數據並計算相關數字。最主要的數據來源——聯合國糧農組織——指出,我們大約在 2000 年左右就已

全球可能已經過了農業用地的巔峰

農業是人為毀林和棲息地流失的主因,四分之三的農業用地用於飼養牲畜。

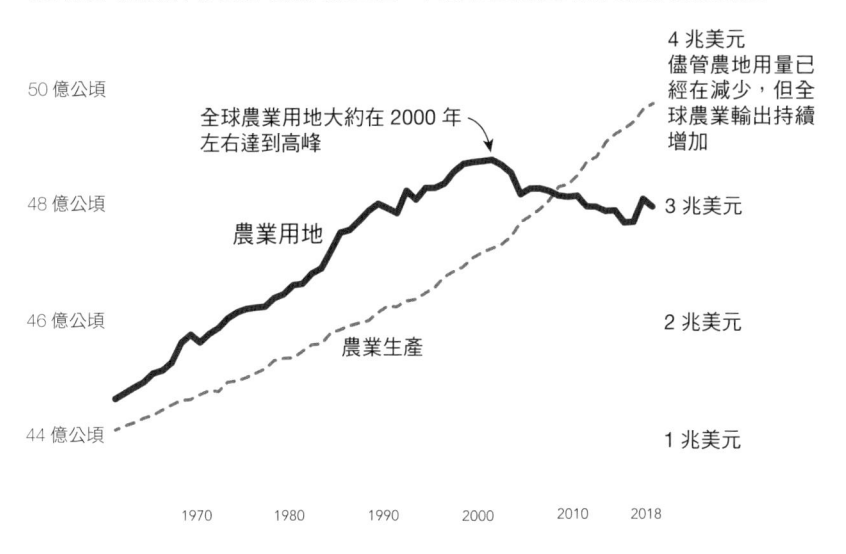

```
50 億公頃                                                        4 兆美元
                                                                 儘管農地用量已
                       全球農業用地大約在 2000 年                    經在減少,但全
                       左右達到高峰                                球農業輸出持續
                                                                 增加
48 億公頃                                                        3 兆美元
              農業用地

46 億公頃                                                        2 兆美元
                      農業生產

44 億公頃                                                        1 兆美元

         1970    1980    1990    2000    2010   2018
```

經達到了農業用地的頂峰。其他研究再以聯合國糧農組織為基礎繼續推算,也得出了相同的結論:高峰點已經過了。[22] 我對於「絕對」高峰的說法仍帶點保留,因為雖然數據告訴我們全球牧場用地已經達到頂峰,但耕地並未達到頂峰。

如果耕地繼續擴張,那目前的勝利還是可能被逆轉。至少,地球已經接近農業用地的頂峰。然而,我們每年依然生產著愈來愈多的食物。全球農業用地與食物生產之間已經脫鉤了。*這個時刻在環境歷史中具有重大意義。全球的野生動植物已經等了幾

---

* 我在圖表中以貨幣形式表現出來,並根據通膨程度調整數據。這不僅以美元來衡量:即使我們以生產總量(單位是噸)來判斷,脫鉤依然成立。

第 5 章 糧食與農業 187

千年,期待我們停止不斷擴張。現在終於有機會實現這個目標。

這當然沒有普遍發生在世界各地。在許多富裕的國家,農業用地量正在減少。但是在其他國家,耕地和牧地仍在擴張,代價就是砍伐森林。農地的減少在抵消和彌補擴張的部分。加加減減之後,全球總體農業用地的面積確實在減少。這是個強烈的訊號,表示我們能用更少的農地生產更多的食物。如果我們能在全球各地應用這些經驗,那麼我們就能在全世界實現這一目標。這表示,未來的食物生產不必再走過去那條具有破壞性的道路。

全球可能接近「化肥高峰」

減少土地使用當然是好事,但我們之所以能在每公頃土地上獲得更多農作物,是因為我們用了肥料、農藥和灌溉系統。很多人擔心我們只是將一種不永續的作法換成另一種不永續的方案,換湯不換藥,終究會陷入化學肥料的惡性競爭。

事實上,過去十年內,全球每年使用的肥料量都沒有變化。在那之前的50年裡,化學肥料的消耗量迅速增加,成長幅度超過四倍。這股成長態勢已經停滯了,我們或許正處於一個關鍵時刻,化學肥料的使用量要開始下降了。

明明有更多人要吃飯,這怎麼可能呢?窮國使用的化肥量仍在持續增加。這是好事──我們之前就看到了哈柏和博世的創新帶來了深遠的影響。

但肥料的用量在富國已經到了平原期或高點而下降。在美國,化肥使用量在1970年代中期之後就不再增加,但糧食產量份成長了75%。法國現在的化肥使用量是1980年代的一半。英

國和荷蘭情況也類似。即便是在成長最快的經濟體中，化肥的使用也已經達到峰值。中國早已突破了這一點。到2010年，中國使用的化肥量是50年前的25倍。那條急劇上升的曲線看起來令人擔憂。然而，中國的化肥使用量也已在2015年達到頂峰，此後開始下降。

化肥使用量會減少，並不是因為各國減少了糧食生產或完全停止使用合成化肥，而是因為在使用化肥方面更有效率了。一項世界最大且最令人印象深刻的研究，清楚的顯示了這一點。[23] 在一項為期十年的試驗中，研究人員與中國的2100萬小農合作。他們想了解是否能幫助農民在增加作物產量的同時，減少農業對環境的影響。他們成功了。在2005年至2015年間，玉米、大米

全球可能接近「化肥高峰」

化肥使用效率的提升，代表許多國家能夠以更少的化肥生產更多的食物。

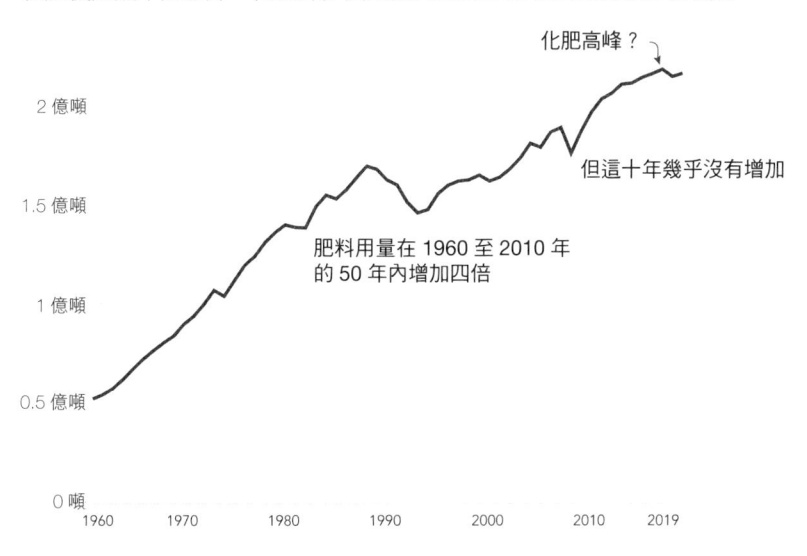

第 5 章 糧食與農業

和小麥的平均產量增加了約11%。與此同時，氮肥的使用量減少了約六分之一。他們就是在用更少的資源生產更多的食物。

我們觀察到了化學肥料的模式。首先，在最貧困的國家，農民的化肥使用量很低，因為他們負擔不起。這對他們來說是壞事，農作物產量低代表他們的收入也很少；這對地球也不好，這表示需要開墾更多農地才有足夠的作物。隨著收入增加，化肥用量開始上升，作物產量增加。最終，大家會注意到如何更高效的投入這些產品。化肥用量不會歸零，但農民會學著使用剛剛好的量，提供作物所需的養分。

我們可以從這些小事做起

這個世紀預計會增加20億人，我們要怎麼養活大家又不摧毀地球？

到目前為止，有個重點應該已經呼之欲出了：也就是我們無法回頭，無法回到一種看似更傳統、與自然更緊密的食物生產方式。這種念頭很誘人，小規模確實可行，但無法養活數十億人。數字就是對不起來。

我計算過要支持80億人口，需要多少土地面積，而且把不同的狩獵和農耕模式都算進去了。大家要記得：地球上適居的土地——被冰雪和沙漠覆蓋的不算——大約是一億平方公里，而目前有一半——也就是5000萬平方公里都用於農業。

若要靠狩獵和採集來養活80億人，我們需要8000萬至800億平方公里的可用土地，這相當於地球土地面積的100倍至

10000倍,而且在狩獵過程中人類還會消滅所有的哺乳動物。

那畜牧業呢?依賴家禽家畜的那種小型社會?要不要讓每個人擁有一小塊土地,自己耕田?若是採「刀耕火種」的游耕模式,我們需要大約80萬至800萬平方公里的土地。這數字小多了,但地球上還是沒有足夠的土地來過這種生活。如果是更傳統的定居式農耕,那我們需要8萬至80萬平方公里。這個數字比最小值還務實了一點。但這也只有在每個人都採植物性飲食的情況下才行得通,唯有如此才能在耕地上養活每個人,不然我們還是得大量砍伐森林。

若是現代農業,我們可以用更少的土地養活80億人。如果我們能在全世界推動高效的農業,並選擇植物性飲食,那我們可能只需要400萬至800萬平方公里的土地。

所以,回頭路不可行。我們沒有空間讓80億人走回頭路。

打造更永續的食物系統

我最怕被問到:「漢娜,那妳會怎麼做?」我總會覺得很驚慌。我知道一分鐘之內我就會身陷在激烈的辯論中,聽大家在吵世界上的人應該吃什麼比較好。大家很愛討論這話題。每個人都有自己的見解。我們怎麼吃、吃什麼是非常個人的決定。飲食往往會成為自我認同的一部分。飲食裡有很多小圈圈,入圈前要回答是非題。純素食者就是不吃動物製品的人。如果你吃了,那你就不能進入素食圈。生酮飲食就是要維持低碳水攝取量,如果超過了,請離開生酮圈。有機食品和非基改食品也一樣。沒取得有機認證就不是有機食品,沒取得非基改標章就是基因改良食品。

說教和酸言酸語都很普遍。

我不想跟大家說要吃什麼。這不干我的事。同時，我又想要給出明確直白的答案，回答這個我們要怎麼吃才能更永續的簡單問題。我想提供大家資訊，考慮周全讓他們根據自己的價值觀做出決定。如果他們不在乎飲食導致的碳足跡，我也無所謂。讓我最痛苦的是有些人的確很在乎怎麼吃才永續，可是他們卻是靠很差勁的資訊來做選擇，把氣力用在錯的地方。他們很努力，卻沒有讓情況變好。事實上，有時候他們還愈做愈糟糕。

關於我們要如何打造出更永續的食物系統，我想在這裡提供我心中最好的建議。你要不要採納就由你決定。有時候，這些建議可能會與你的價值觀相左，我完全能理解。最終，這些價值孰重孰輕還是取決於你自己。

（1）提高全球的農作物產量

我們現在的處境很獨特，已經打破了自然的僵局：我們可以用更少的土地獲得更多的食物。[24]

但有個例外，撒哈拉沙漠以南的非洲多數國家都還落後著。農作物產量沒有增加很多，而且持續低迷。整個非洲的平均穀物產量只有印度的一半、美國的五分之一。這不但對地球不好，對人類也不好。非洲撒哈拉沙漠以南的勞動力有過半都是農民，他們賺取的收入很少。很多人每天能花用的錢只有幾美元。[25]

非洲在未來的數十年內需要耕種更多食物。在接下來的30年內，非洲人口可能會再增加十億，然後下個30年又增10億。據研究人員估計，如果農作物產量沒有改善，到了2050年，需要的耕地面積得增加三倍。

這項計畫一定要包括增加農作物產量——尤其是在撒哈拉沙漠以南的非洲各地。如果這個區域能辦得到——在生物學和科技可行的範圍內，把農作物產量落差補起來——那麼非洲就可以在不破壞任何森林或自然棲息地的情況下養活自己。幸好，我們知道要怎麼做。

這些科技和投資方式已經在很多國家都驗證過了——包括肥料、改良種子和灌溉系統——隨著氣候變遷，這些方式會愈來愈重要。若氣溫升高、乾旱變得愈來愈頻繁、強度也持續提升，那麼農民就需要用更好的方式去控制營養品和管理水質。

如諾曼・布勞格在墨西哥、印度、巴基斯坦和巴西（還有其他地方）成功培育出極具生產力的小麥一樣，我們也可以開發出新的作物品種，這些作物對乾旱更具抵抗力，並能耐受更高的溫

撒哈拉沙漠以南的非洲農作物產量遠遠落後

以每公頃多少噸來衡量穀物產量。

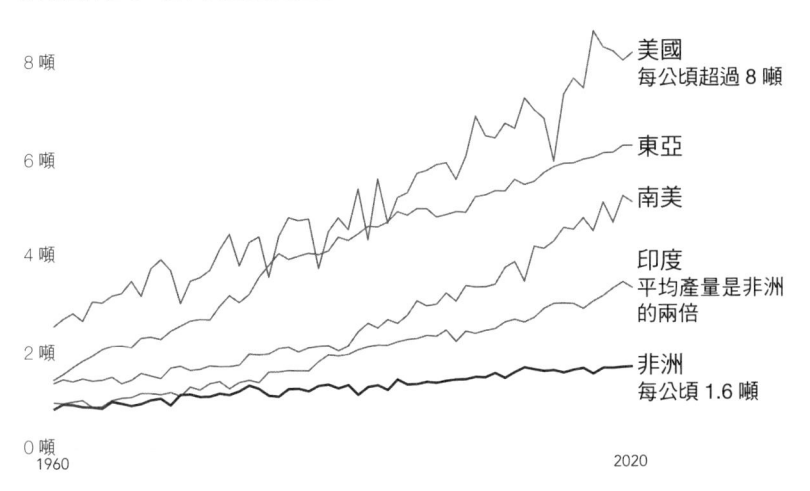

美國
每公頃超過 8 噸

東亞

南美

印度
平均產量是非洲的兩倍

非洲
每公頃 1.6 噸

第 5 章　糧食與農業

度。這樣的創新代表我們可以培育出更不需要化肥和農藥的作物。更不依賴化學、還能抗旱、並且增加產量的作物——有什麼不好呢？對地球和人類來說，這就是雙贏。奇怪的是，很多環保人士仍強烈反對作物雜交和基因改造。我們要克服這種反對聲浪。如果我們要在不砍伐更多林地的情況下餵飽100億人，環保運動應該要謹慎的擁抱這些技術，而不是排斥這些讓我們可以用更少資源，就栽種出更多食物的先進技術。

（2）少吃點肉，尤其是牛肉和羊肉

這項建議你們已經看過了。

第3章討論了不同的食物對氣候的衝擊。肉品的碳足跡真的特別高，尤其是牛肉和羊肉。但這不僅關乎氣候變遷。因為食物對許多環境問題有重大影響，改變飲食就能帶來許多正面的外溢效應。無論是溫室氣體的排放、土地使用、水資源消耗或是水汙染*，影響力的排序幾乎都一樣：牛肉和羊肉最糟，接著是乳製品、豬肉、雞肉，再來是植物性食物，如豆腐、豌豆、豆類和穀物。無論我們是以公斤、卡路里還是蛋白質來比較，排序都不會變。這些差異不容小覷。我們不是在討論100平方公尺和99平方公尺的問題，是100平方公尺和1平方公尺的差距，差異是100倍。

所以，最有效的方式就是少消耗點肉品和乳品。如果我們真

---

*優養化是指農田中的養分流入水系，如河流、河口、湖泊或海洋後的現象。這些養分可能來自化學肥料或有機物質如糞肥。水系中的過剩養分會擾亂當地的生態系統，常見的現象是「藻華」，即藻類大量繁殖，占據生態系統，導致其他生物缺乏氧氣而死亡。

的想做出有規模的改變，我們需要更多人參與。如果有一半的人口每週兩天不吃肉，我們可以大幅降低碳排放量、土地用量和水資源消耗量。這是讓素食人口的比例增加幾個百分點，都無法達到的顯著效果。

當你給大眾一個全有或全無的選項時，大部分的人通常不會做出改變。要求別人完全吃素來減少肉品消耗量是最糟糕的方式。這根本行不通。我們要讓大家覺得降低肉品攝取量是一件愉快又輕鬆的事，可能是無肉星期一或無肉午餐。一般來說，只要大家願意稍微換個口味嘗試一下植物性飲食，結果往往會發現比原本預期的更好吃。

肉品與乳品的消耗量很重要，選擇哪種肉也很關鍵。我們其實可以先把一種肉替換成另一種，影響就很可觀了。如果你很愛吃牛肉，那把每週一部分牛肉換成魚肉或雞肉，或許是你最大的改變。事實上，這個改變所帶來的影響，比一個愛吃雞肉的人去吃素還強。

我們可以從農業用地清楚地看到這一點。全球大約用了40億公頃的土地來栽種食物。*研究人員繪製了不同飲食模式下全球土地使用變化的情境圖，提供我們一個有趣的視角，讓我們可以看到未來全球土地使用的情形。單單去除牛肉和羊肉（但保留乳牛）就能將全球對農田的需求減半。我們可以節省20億公頃

---

*40億公頃相當於4000萬平方公里，比我在前面段落提到的5000萬平方公里略小。因為我們這裡僅考慮了用於生產食物產品的農業用地，並不包括用於生產生物燃料、紡織品或其他非食用作物的土地。

的土地，這相當於兩個美國的面積。這無疑是最大的省法，而且還不用要求每個人都吃素。

如果我們連乳製品都刪掉，那土地用量還可以再砍一半，僅需略多於10億公頃。可省下三個美國那麼大的農地。不過接下來減少的幅度就微不足道了。當然，純素飲食確實是能把土地需求降到最低：如果每個人都吃純素飲食，我們將減少75%的農業用地需求。這相當於北美和巴西的面積。但相較於飲食中仍有雞肉、魚或蛋的飲食，純素飲食所節省的土地面積並不那麼大。

這項研究也解決了我常聽到的另一個大問題：「我們不能都吃素——我們沒有足夠的土地來種植農作物！」正如我之前所展示的，如果每個人都吃素，我們所需的耕地將少於今天的用地，因為我們可以把用來種飼料的農地省下來。全球直接供人類食用的穀物不到一半，其餘的則用於牲畜飼料或生物燃料。大豆也一樣。我們可以簡單的將這些食物重新利用，或者將這些土地用來種植不同的作物。

從原則上來說，這一切聽起來非常簡單，但要人們改變行為卻很困難。我不認為單靠道德論述就能吸引夠多的人做出改變。如果我們要改變全球人們的飲食習慣，我們需要一些新的、美味的、類似肉類的產品。

（3）投資肉類替代品：在實驗室做漢堡

我第一次吃素的時候，我家的碳足跡不減反增。不是因為我，而是因為我兄弟：他同時開始健身。他每週去健身房六次，而且遵照傳統健身建議，隔天就把肉類攝取量加倍。每餐都吃肉和花椰菜。我減少肉食的好意都被他抵消掉了，而且他還多吃了

哪些食物對環境衝擊最大？

肉品和乳品——尤其是牛肉和羊肉——的環境衝擊遠高於植物性蛋白質來源。下表根據每 100 公克蛋白質來比較不同的食物。

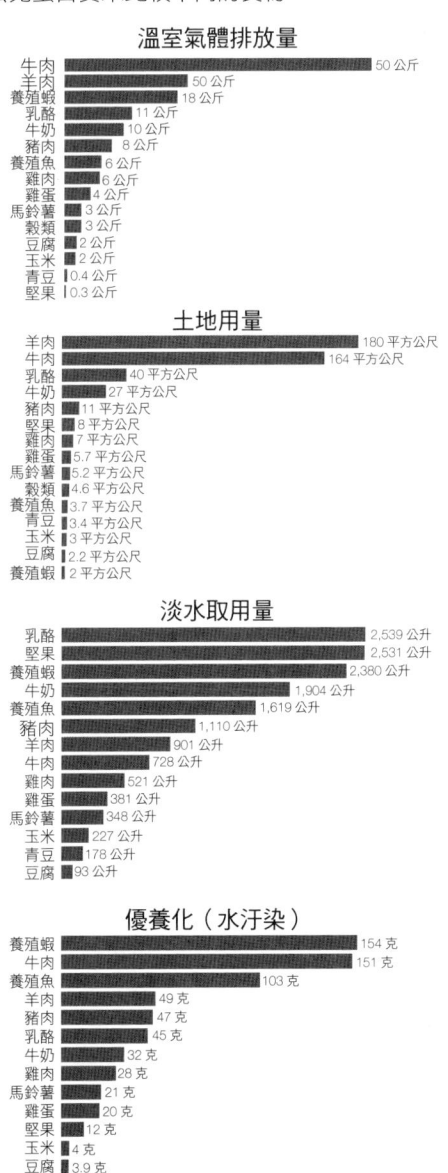

溫室氣體排放量

- 牛肉：50 公斤
- 羊肉：50 公斤
- 養殖蝦：18 公斤
- 乳酪：11 公斤
- 牛奶：10 公斤
- 豬肉：8 公斤
- 養殖魚：6 公斤
- 雞肉：6 公斤
- 雞蛋：4 公斤
- 馬鈴薯：3 公斤
- 穀類：3 公斤
- 豆腐：2 公斤
- 玉米：2 公斤
- 青豆：0.4 公斤
- 堅果：0.3 公斤

土地用量

- 羊肉：180 平方公尺
- 牛肉：164 平方公尺
- 乳酪：40 平方公尺
- 牛奶：27 平方公尺
- 豬肉：11 平方公尺
- 堅果：8 平方公尺
- 雞肉：7 平方公尺
- 雞蛋：5.7 平方公尺
- 馬鈴薯：5.2 平方公尺
- 穀類：4.6 平方公尺
- 養殖魚：3.7 平方公尺
- 青豆：3.4 平方公尺
- 玉米：3 平方公尺
- 豆腐：2.2 平方公尺
- 養殖蝦：2 平方公尺

淡水取用量

- 乳酪：2,539 公升
- 堅果：2,531 公升
- 養殖蝦：2,380 公升
- 牛奶：1,904 公升
- 養殖魚：1,619 公升
- 豬肉：1,110 公升
- 羊肉：901 公升
- 牛肉：728 公升
- 雞肉：521 公升
- 雞蛋：381 公升
- 馬鈴薯：348 公升
- 玉米：227 公升
- 青豆：178 公升
- 豆腐：93 公升

優養化（水汙染）

- 養殖蝦：154 克
- 牛肉：151 克
- 養殖魚：103 克
- 羊肉：49 克
- 豬肉：47 克
- 乳酪：45 克
- 牛奶：32 克
- 雞肉：28 克
- 馬鈴薯：21 克
- 雞蛋：20 克
- 堅果：12 克
- 玉米：4 克
- 豆腐：3.9 克
- 青豆：3.4 克

第 5 章　糧食與農業

選擇植物性飲食可減少75%的農業用地

下圖假設全球每個人都選擇同一種飲食方式,全球農業用地需要多少耕地、多少牧地。這是基於符合熱量和蛋白質營養需求的參考飲食。

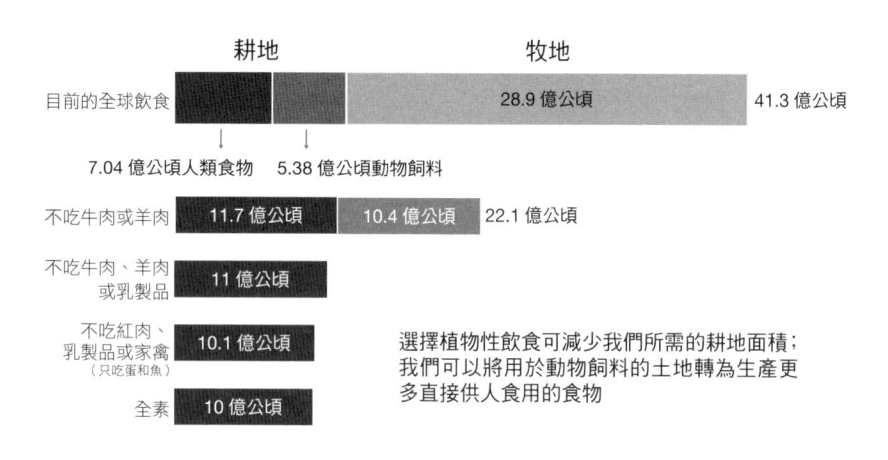

	耕地	牧地	
目前的全球飲食		28.9 億公頃	41.3 億公頃

↓ 7.04 億公頃人類食物　↓ 5.38 億公頃動物飼料

不吃牛肉或羊肉	11.7 億公頃	10.4 億公頃	22.1 億公頃
不吃牛肉、羊肉或乳製品	11 億公頃		
不吃紅肉、乳製品或家禽（只吃蛋和魚）	10.1 億公頃		
全素	10 億公頃		

選擇植物性飲食可減少我們所需的耕地面積；我們可以將用於動物飼料的土地轉為生產更多直接供人食用的食物

很多。

　　他從來沒吃過大豆做成的漢堡或素香腸。他說那吃起來一點也不像肉。當時市場裡肉類替代品很少。我們會偷偷加點素料，再觀察他會不會發現。墨西哥雞肉卷餅替換成墨西哥素肉卷餅、肉醬義大利麵變成大豆製的素肉醬義大利麵，他都不會被騙。

　　有一天我發現這個世界要變了——我們真的有進步——因為多年後，他吃了個植物餐卻沒發現。他太太偷偷在辣味肉醬裡拌了「植物性肉類」，而他竟毫無察覺。事實上，他不相信那不是肉，他甚至還說那是他吃過最好吃的辣味肉醬。如果連我兄弟都買單了，那表示任何人都能接受。

　　肉類替代品是食品產業裡成長最迅速的行業。有趣的是，消費者幾乎都是吃肉的人。美國購買植物肉的消費者有99%也會

買肉品。[26]這是個好現象：我們希望大家都願意放開心胸去嘗試植物肉，不要只有純素食者獨享。

植物肉要真的吃下肉品市場，就必須達到這四項目標：好吃、容易取得、好料理、便宜。若任何一項目標沒達到，就永遠只能當配角。

大多數人都愛吃肉，所以肉食替代品背後的理論很簡單：我們用不會傷害環境與動物福利的方式，來重現肉食體驗吧。短短幾年內，全球已經取得大幅進展了。在過去，模擬漢堡和香腸的味道像厚紙板一樣。但是像「不可能食品」（Impossible Foods）和「未來肉」（Beyond Meat）這樣的美國大型無肉品牌正在改變這個遊戲規則。他們大量投資於製作味道和口感像真肉一樣的漢堡。這策略就是他們的品牌核心。

「不可能食品」的聲明清楚的說明了這一點：「在『不可能食品』出現之前，只有肉和植物。早在 2011 年，我們從一個簡單的問題開始：『為什麼肉有肉味？』然後我們找到了用植物做出來的方法。」成功的祕訣就是「血紅素」（heme）分子。「血紅素是讓肉有肉味的關鍵。每個活的植物和動物裡都能找到血紅素──動物中的血紅素含量最豐富──這是我們自人類誕生以來一直在吃和渴望的東西。」

「會流血的素漢堡」推出後，我認為「不可能食品」已經成功創造出完美的複製品了。幾年前，我們的團隊在舊金山駐點三個月。當時，世界上只有少數幾家餐廳能夠提供「不可能漢堡」，而我們就住在其中一家餐廳旁邊。我吃的第一口像是穿越時光機。我並不覺得吃素很難──我很少會被肉類誘惑──但那

一口卻強烈的提醒我漢堡的肉味是什麼樣的。真是太棒了。當我們必須離開並回到英國時,我感到很失望,因為那裡根本買不到這種漢堡。*但自那之後,市場上湧現了更多的產品,大家都在努力做出更接近真肉的味道。

許多人質疑這些產品是否真的對環境更好。答案是肯定的。未來肉比牛肉好得多。[27, 28]英國素食烤肉品牌闊恩(Quorn)產品的碳排放量比牛肉少了35到50倍。將你的牛肉漢堡換成「未來漢堡」或「不可能漢堡」,你的碳排放可減少約96%。這是拿這些產品與全球牛肉的平均碳足跡進行比較的結果。即便是這些替代品,若是只單與美國或歐洲的牛肉相比,碳足跡仍然少了十倍。即使是全球最低碳排放的牛肉,其碳足跡仍然是未來肉或不可能漢堡的五倍,是闊恩的十倍。

這些產品的碳足跡也低於豬肉和雞肉,雖然差距沒有很大。這些產品的不同之處在於,他們還有很大的進步空間:主要的碳足跡來自生產過程需要電力。隨著全球朝向低碳能源網絡發展,肉類替代品的碳足跡也會隨之改善。這與肉類不同:動物製品的效能已經接近極限,很難再突破了。

如果我們要成功將實驗室肉品打入全球市場,那價格得更便宜一點。窮國的人根本無法負擔這種肉。如果我們能讓替代肉的價格比真肉更便宜,就能完全改寫全球營養的格局。我們可以在降低環境衝擊的同時,為世界提供富含蛋白質、營養豐富的飲

---

*在我撰寫本文的時候,未來漢堡還是無法在英國買到,真遺憾。

多數肉類替代品的碳足跡比肉品低

碳足跡是以每 100 克蛋白質計算每個產品的數值。基於生命週期分析，涵蓋了農場排放、土地使用變化、原物料、食品加工、運輸和包裝等各個方面。

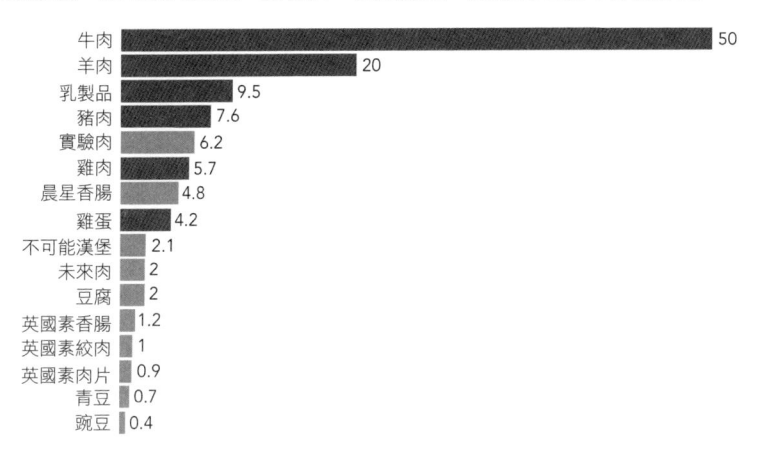

產品	數值
牛肉	50
羊肉	20
乳製品	9.5
豬肉	7.6
實驗肉	6.2
雞肉	5.7
晨星香腸	4.8
雞蛋	4.2
不可能漢堡	2.1
未來肉	2
豆腐	2
英國素香腸	1.2
英國素絞肉	1
英國素肉片	0.9
青豆	0.7
豌豆	0.4

食。每次選購肉類替代品，不僅是在降低自己的碳足跡，還是在幫助降低全球其他地方的價格。

（4）打造複合式漢堡

儘管許多人願意品嘗植物性「不可能漢堡」，但也有人仍會選擇繼續吃牛肉漢堡。那麼，也許他們可以邊吃牛肉，邊減少碳足跡。

一個選擇是將牛肉與雞肉、大豆或其他低碳蛋白質來源混合，打造複合堡。這仍然會有牛肉的味道，並且擁有正常牛肉漢堡的質地。我的意思是，這還是牛肉。有趣的是，在盲測中，大家最喜歡的是複合堡，而不是 100% 牛肉或 100% 肉類替代品的版本。[29, 30] 但當你揭曉並告訴人們他們正在吃的是「混合肉」漢堡時，他們的興趣會大幅降低。如果我們能克服這個心理障礙，

第 5 章　糧食與農業　201

「混合肉」可能會帶來巨大的改變。

讓我們來算一算這差別有多大：根據我的計算，如果麥當勞和漢堡王將所有漢堡改為 50 比 50 的混合牛肉和大豆，每年將節省 5000 萬公噸的溫室氣體排放量。*這相當於整個葡萄牙的排放量。這樣還能釋放出一個比愛爾蘭還要大的土地面積，每年還能拯救 300 萬頭牛不必被屠宰。

這個例子只算了兩個品牌。試想如果我們將這個做法擴大到更大規模，我們每年可以節省相當於整個國家的排放量、相當於整個國家的土地，還能拯救數百萬隻動物。真正的賣點是消費者根本不需要改變他們的飲食習慣。他們可能幾乎不會注意到差異。更好的是，他們可能會發現複合堡更好吃。

（5）以植物奶替代乳製品

在歐盟的典型飲食中，乳製品占據超過四分之一的碳足跡，有時甚至高達三分之一。[31]

許多人開始選擇植物性替代品。在英國，調查顯示有四分之一的成年人現在喝非乳製奶，[32] 年輕族群的比例更高，16 至 23 歲的群體中有三分之一選擇植物奶。目前有許多選擇，但哪種「奶」最好呢？這是我常被問到的問題之一。

簡單的回答是：任何一種都可以。任君挑選，因為所有植物性替代品的環境影響都比牛奶小。牛奶的溫室氣體排放量大約是植物奶的三倍，占用的土地面積大約是植物奶的十倍，所需的潔

＊這不僅包括生產複合堡的排放量，還有我們釋放出土地，所省下的碳機會成本。將這些土地從畜牧過程中解放出來，重新植被，並吸收大氣中的碳。

哪種奶對環境最好？

每公升的奶對環境的衝擊。沒有任何一種植物性奶在所有指標上都勝出，但所有植物性奶對環境的影響都比牛奶小得多。

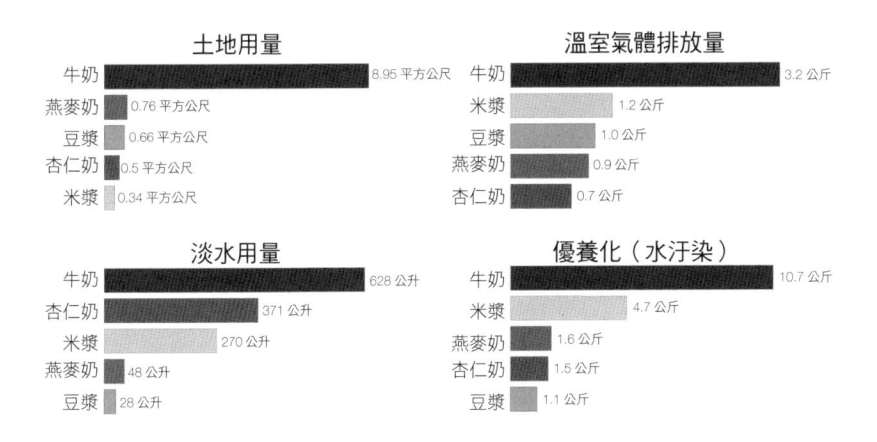

土地用量

牛奶	8.95 平方公尺
燕麥奶	0.76 平方公尺
豆漿	0.66 平方公尺
杏仁奶	0.5 平方公尺
米漿	0.34 平方公尺

溫室氣體排放量

牛奶	3.2 公斤
米漿	1.2 公斤
豆漿	1.0 公斤
燕麥奶	0.9 公斤
杏仁奶	0.7 公斤

淡水用量

牛奶	628 公升
杏仁奶	371 公升
米漿	270 公升
燕麥奶	48 公升
豆漿	28 公升

優養化（水汙染）

牛奶	10.7 公斤
米漿	4.7 公斤
燕麥奶	1.6 公斤
杏仁奶	1.5 公斤
豆漿	1.1 公斤

淨水量最多是植物奶的20倍，而且造成的優養化（過多養分汙染水源）程度也高得多。[33]

植物奶怎麼挑選，其實取決於你關心什麼。例如，杏仁奶的溫室氣體排放量較低，占用土地也比大豆少，但需要更多水資源。每個指標上都沒有明確的贏家。只要選擇你最喜歡的那一種即可。

我應該在此補充說明，植物奶和乳製品的營養成分不同。牛奶通常含有較高的卡路里和蛋白質，以及植物奶所沒有的微量營養素，如維生素B12。不過，現在很多植物奶已經強化了維生素D和B12的含量。對於飲食多樣化的人來說，用植物奶取代乳製品不應該成為問題，尤其是對於那些不依賴牛奶做為主要蛋白質來源的人來說。這些營養需求是可以透過其他食物來滿足的。然

而，對於某些族群——尤其是年輕兒童和收入較低且飲食多樣性差的人來說，這樣的替換可能並不理想。

（6）減少食物浪費

全球大約有三分之一的食物被浪費掉了。[34, 35] 此處所說的「浪費」並不包括我們在將作物用來餵養牲畜或製成生物燃料時所失去的所有能源。我指的是那些字面上腐爛掉，沒有被用來做成任何食品的食物。

這三分之一的數字是根據食物的重量來計算的浪費量。這不一定等於我們失去的卡路里或蛋白質。根據卡路里來看，實際浪費的比例較低——大概只有20%。這個差異的原因在於，我們浪費最多的食物是那些又重、含水量又高的食物，如水果、蔬菜、甘蔗以及木薯等根莖作物。這些食物容易受損並迅速腐爛。這些食物對於飲食多樣化很有幫助，且富含營養，但卡路里含量低於穀物、豆類和肉類。

當我們想像食物「浪費」時，通常會聯想到富人將剩菜扔進垃圾桶。在許多國家，這是主要的浪費形式。我們在家裡、餐廳丟棄的食物，或是超市貨架上被遺棄的東西。某種程度上，這是故意的。我們是故意選擇不去吃這些食物。

但放眼全球，尤其是在較貧困的國家，大多數浪費發生在供應鏈中，這被稱為「損失」。這通常是無意的，對農民和食品生產者來說很痛苦，因為這代表他們的收入損失。這些食物以多種方式「流失」。農民使用不適當的工具收割，導致大量作物遺留在田間；食物被放入舊的麻袋中，袋子四處漏水；作物被害蟲和疾病侵襲；作物被遺放在陽光下腐爛；而且通常在運輸過程中沒

有冷藏設施來保持新鮮。

　　我和之前的上司——麥克・伯納斯—李（Mike Berners-Lee）談到食物損失時，他提到這不過是「保鮮盒的問題」。這句話一直深深烙印在我心中。他說得對。如果世界上有更多保鮮盒，食物損失會少得多。事實上，有研究證明了這一點。[36]來自南亞的研究人員測試過布袋和便宜的塑膠箱，想知道差別有多大。大家不妨想像一下：當農民和中盤商用布袋運輸番茄和芒果，這些水果到達市場前會被碰撞和損壞成什麼樣子。用布袋運輸，最多有五分之一必須被丟棄。但當他們改用塑膠箱，農損減幅高達87%；從失去五分之一降到只失去3%。

　　這並不是我們在供應鏈中唯一需要進行的改變。我們還需要增加從農場到市場的冷藏設施，以及市場上的食品冷藏。將農產品包裝在塑膠材料中（我知道你可能會感到不安），可以延長保鮮期並防止害蟲和疾病的侵襲。食品還需要適當的儲存位置，避免暴露在陽光下。這些看似簡單的改變，卻能帶來巨大的不同。

　　家庭、餐廳和商店中的食物浪費是另一個問題。原則上來說，這應該很簡單：只買需要的東西，並全部吃光。但人類行為很難改變。即便如此，還是有一些方法可以幫助解決這個問題。選擇超市中那些常被忽視的「醜蔬果」，這些通常像孤兒一樣被遺留下來。不要輕易上當接受「買一送一」或「買三個只需兩個的價格」這類優惠，除非你很確定自己可以吃得完。不要過分依賴「最佳食用日期」。許多超市現在已經去除這些標籤，因為人們經常將「最佳食用日期」誤解為「最後使用日期」，並以為食物就是到那天過期。事實上，「最佳食用日期」所描述的就是：

在那個日期之前食物可能最美味、最鮮嫩,但在之後仍然是可以食用。我們需要找到更好的方式來分發超市和餐廳中未使用的食物。這些食物不應該被丟棄到垃圾堆,而是可以送到那些需要幫助的家庭,特別是那些面臨困難的人。

減少食物浪費和損失的環境效益很龐大,不只是要避免食物在垃圾堆中腐爛所帶來的環境成本。當然,食物爛在垃圾堆裡會排放一些溫室氣體,但這影響不大。更大的問題在於,最初生產這些食物所浪費的土地、水資源和溫室氣體排放。

(7)不要依賴室內農業

我對新技術充滿熱情。所以你可能誤以為我會熱衷支持各種創新技術,讓我們用更少土地種植食物。室內垂直農業就是標榜可以少用土地。不幸的是,我認為這項技術無法達到預期效果。

垂直農業的概念非常簡單。我們不再利用陽光的能量來種植作物,而是使用室內 LED 燈來代替。我們不再使用土壤,而是將營養物質和種子加入水盤中——這稱為「水培」。其中的奧妙在於,這些水盤可以堆疊在一起。垂直農場有點像摩天大樓。大都市曾經為了容納如此多的人口而掙扎,因為無法向外擴展,解決方法就是向上建造。垂直農場可以讓我們每公頃生產比普通戶外農場多 10 倍、20 倍,甚至 100 倍的食物。[37]

水資源和肥料的使用大大減少。[38]所有條件——溫度、濕度和光照設置——都可以被控制,作物不再受到害蟲爆發或極端天氣事件的威脅。我們可以在城市的中心地帶生產所有食物,也就是我們的需求所在地。

如果這一切聽起來太過完美,好得不真實,那是因為這的確

不真實。垂直農業的問題在於需要大量的能源。陽光被電燈取代，而這些電燈必須非常強大，才能模仿天空中的火球。我想了解我們需要多少電力才能從垂直農場生產一些食物，於是選擇了萵苣來調查——最常見的室內作物之一。如果美國要完全依賴垂直農場生產所有的萵苣，所需的電力將相當於美國總電力消耗的約 2%。如果你覺得 2% 不多呀，那就想一想，萵苣每天僅能提供每人約 5 大卡。我們卻增加美國 2% 的電力使用量，只為了滿足 0.2% 的卡路里需求。

垂直農業只有在少數幾種作物上可行——即便可行，也很勉強。水果和蔬菜的種植成本高，但對農民來說卻有利可圖。垂直農業的高成本可能只會由像萵苣、香菇和番茄等作物支撐，使一些生產者能夠達到收支平衡或獲得小幅利潤。但我們無法用垂直農場來生產任何主要糧食作物。玉米、小麥、大米、木薯和大豆是全球大多數卡路里的來源。這些作物如此便宜，若在室內種植會變得極其昂貴。一項研究估計，用室內農場種植的小麥來製作一條麵包的成本將達 18 美元。而這僅僅是為了支付照明費用。就算 LED 燈的效率未來能提高，且假設照明技術有很大的改進，製作穀物的成本仍還是我們目前銷售價格的六倍以上。

另一個不利的因素是，當我們考慮到垂直農場所需的電力時，許多環境效益將消失。由於我們的電力網絡尚未實現零碳，我們將需要排放一些二氧化碳來產生這些能源。在某些情況下，甚至會排放大量的二氧化碳。我們可以辯稱，未來可以用太陽能板為垂直農場供電，這樣垂直農業就幾乎零碳了。但我們仍然需要土地來安裝太陽能板。一旦考慮到電力來源的土地使用，垂直

農場的土地節省效益可能完全消失。在某些情況下，垂直農場實際上需要比普通田地更多的土地。

我希望這項技術能夠證明我錯了，但就目前而言，室內垂直農場可能只對某些特殊作物有效，且永遠無法養活全球人口。

∞ 不必過度擔憂的事

在地飲食——環境友善飲食的迷思

幾年前，我被邀請回到以前的大學，領取科學傳播獎。那是一個典型的正式場合，大家站在一起，品著酒，聊著天，四處遊走。如果你還看不出來，我就直說了：這種活動對我來說簡直是噩夢。

在晚宴上，我坐在一位老教授旁邊。能夠被視為同儕而非師生，讓我覺得有點奇怪。餐點上桌後，話題自然轉向了食物。我選了素食，而我的教授則選了羊肉。「我知道肉對環境不好，所以我不吃雞肉和豬肉，但我吃羊肉，因為這是當地採購的，所以碳足跡低。」我以為她在開玩笑，但她並不是。我簡直不敢相信：一位講授環境課題的教授，竟然真的相信——僅因為食物是由當地採購的，肉類的碳足跡就會低？

如果今天我處於那種情況，我或許會稍微提出質疑或抗議。但那時候我太害羞了，我只是微笑，默默吃完我的烤蔬菜。

不過，我在晚宴結束後決心要解答這個問題：吃在地食材真的能減少碳足跡嗎？到底是我錯了還是他們錯了？在接下來的一年中，我查閱了一篇又一篇的科學論文，都指向了相同的結論：

我們吃什麼對我們的碳足跡影響更大，遠比食物運輸的距離來得重要。

我將這些發現——以及所有的數據——發表在一篇文章中，結果不知怎麼的，我被貼上了標籤，成了「反在地飲食」的女孩。我根本不反在地飲食。人們選擇在地飲食有很多原因；也許他們想支持社區的農民，或者想掌握他們的食物是怎麼生產的。這些原因都很合理。但如果只是因為食物來自當地，就以為這樣可以降低碳足跡，那就不合理了。尤其是當你選擇高碳食物而非低碳食物，只因為離家近。儘管如此，在地飲食仍然是我們經常聽到的建議，甚至來自像聯合國這樣的重要機構。

益普索（Ipsos）在2021年調查了30個國家的2.1萬名成人，想了解他們對氣候變遷的認識與看法。其中一個問題是：

你認為這兩種行動中哪個最能減少個人的溫室氣體排放量？
A. 使用在地生產的肉品與乳品等當地食材做出在地飲食。
B. 蔬食，儘管有些水果和蔬菜是從其他國家進口的。

除了印度原本就有植物性餐飲以外，其他各國的受試者都認為在地生產的肉品對氣候比較好，勝過進口的無肉餐飲。在受試者中，57%認為在地生產的葷食餐飲比較好，20%認為蔬食餐飲比較好，另外23%認為無法比較。

在地飲食的論述很合理；運輸食物的過程會排放溫室氣體，所以食物旅行距離愈長、排放氣體愈多。看起來好像很正確，某部分確實也是事實。但我們應把食物運送過程所排放的二氧化碳

量放進整體來看。在食物生產過程中,運輸所產生的溫室氣體排放量僅占5%。食物的碳排放量大多來自改變地貌和農場:牛隻會排放甲烷;化肥和糞肥也會產生排放量;土地也會釋放碳。

運輸有那麼不重要嗎?我想很多人都以為,當我們吃下世界各地的食物——瓜地馬拉的香蕉、巴西的大豆、祕魯的酪梨或迦納的可可豆——這些都是空運來的。事實上,幾乎沒有任何一種食物是靠空運。飛航真的太貴了——食品公司若非萬不得已,絕對不會選空運。大多數的國際食品貿易都靠海運,而海運事實上是一種很低碳的運輸方式。海運和空運相比,碳排放量少50倍以上。

食物的氣體排放量中有5%是來自道路運輸——在路上行駛。海運只占了0.2%,空運更少,只有0.02%。[39]

抗拒植物性飲食的人常說最受歡迎的「素食」都是從國外進口的,像是酪梨、大豆、香蕉。此外很多人說這些產品對環境更不好,比不上「自產」的肉品。這些不是事實,因為這些產品幾乎都靠海運。

但空運食物就說不通了。我們怎麼知道哪些食物是搭飛機來的?讓人懊惱的是,目前並沒有簡單的辨識方式。我一直提倡要在空運的食物包裝上印一個小飛機的符號。這並不難,但是可以讓我們的生活更簡單。雖然沒有空運標籤,但是我們還是可以參照一些通用的規則。公司只有在需要快速運送食物的情況下才會選擇空運,表示這種食物的保鮮期很短,在收割之後的幾天內就會腐壞,這種易腐的水果和蔬菜有蘆筍、綠豆和莓果。香蕉、酪梨、橘子不屬於這一類,所以只要避開那些保鮮期很短、運送距

運輸只占食物產生的氣體排放量很小一部分

在食物系統產生的排放量中,運輸只占 5%。大多數排放量來自國內道路運輸而不是國際海運或空運。

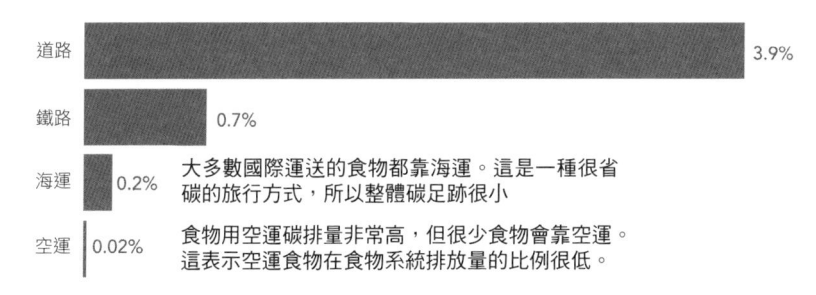

道路	3.9%
鐵路	0.7%
海運	0.2% 大多數國際運送的食物都靠海運。這是一種很省碳的旅行方式,所以整體碳足跡很小
空運	0.02% 食物用空運碳排量非常高,但很少食物會靠空運。這表示空運食物在食物系統排放量的比例很低。

離又很遠的食物就行了(食品標籤上都有彙編「產地來源」可以協助辨識)。

另一個需要注意的點是,並不是食物生產地點不重要,而是運送的距離並不是關鍵。食物生產的地點確實可以非常重要——全球各地的農業方法、氣候和種植作物及養殖牲畜的條件都各有差異。即便是同一種食物,不同種植和生長方式以及地點,碳足跡也可能會有很大差異。

這表示在地飲食實際上可能對環境更不好,特別是當我們選擇在不適合的地方種植食物時。英國永遠不適合種植可可豆或香蕉。我們可以在溫室中創造熱帶環境,但這需要大量的能源——遠遠超過從非洲或南美洲運送這些食物所需的能源,那些地方的生長條件非常適合這些作物。很多例子顯示,進口食物往往具有較低的碳足跡。例如,在冬季將西班牙的萵苣進口到英國,可以將碳排放量減少三到八倍。[40] 在瑞典溫室中生產的番茄使用的能源是從南歐進口當季番茄的 10 倍。[41]

第 5 章 糧食與農業

飲食內容比食材產地更重要

運輸和包裝的排放通常只是食物碳足跡的一小部分。吃更多植物性飲食對氣候的影響比嘗試吃更多本地食物來得更友善。排放量是以每公斤食物的二氧化碳當量來計算的（你可能有注意到這裡的總數和前面段落所寫的食物碳足跡數字略有不同。因為一個是平均值、一個是中位數。對於某些食物來說，這兩個數字可能差很多。理想情況下，我會希望能夠使用與之前相同的指標來展示整個供應鏈的分解數據。不幸的是，這些數據在基礎的科學文獻中並不可得。雖然具體的數值可能會有所不同，但整體的排名和結論是相同的）。

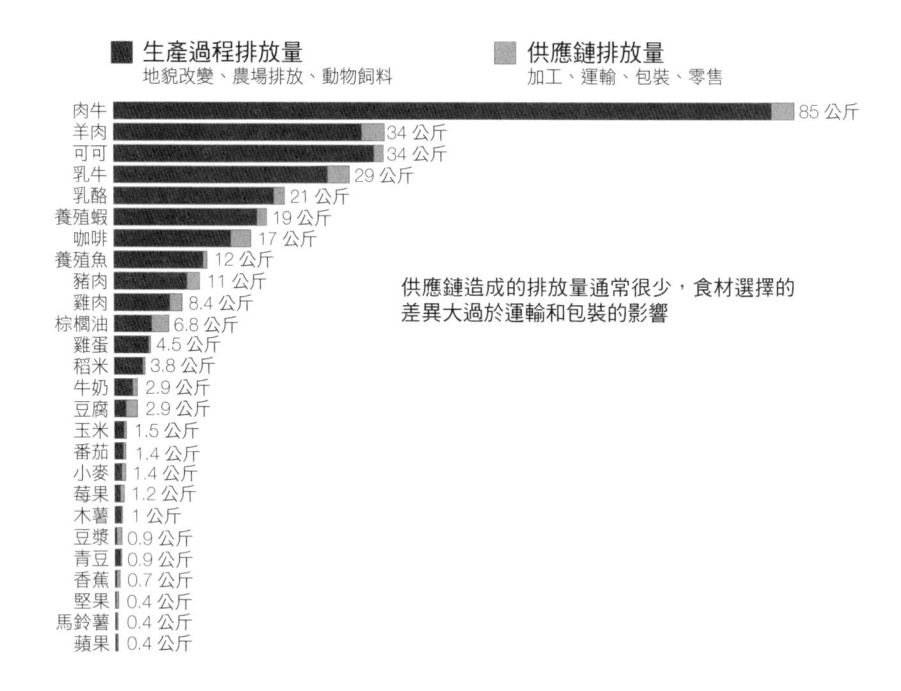

■ 生產過程排放量
地貌改變、農場排放、動物飼料

■ 供應鏈排放量
加工、運輸、包裝、零售

食材	排放量
肉牛	85 公斤
羊肉	34 公斤
可可	34 公斤
乳牛	29 公斤
乳酪	21 公斤
養殖蝦	19 公斤
咖啡	17 公斤
養殖魚	12 公斤
豬肉	11 公斤
雞肉	8.4 公斤
棕櫚油	6.8 公斤
雞蛋	4.5 公斤
稻米	3.8 公斤
牛奶	2.9 公斤
豆腐	2.9 公斤
玉米	1.5 公斤
番茄	1.4 公斤
小麥	1.4 公斤
莓果	1.2 公斤
木薯	1 公斤
豆漿	0.9 公斤
青豆	0.9 公斤
香蕉	0.7 公斤
堅果	0.4 公斤
馬鈴薯	0.4 公斤
蘋果	0.4 公斤

供應鏈造成的排放量通常很少，食材選擇的差異大過於運輸和包裝的影響

只要我們停下來想一想，就會發現要全世界各地的人都只吃當地食物很荒謬。尤其對巴西人來說，吃當地牛肉可能代表他們吃的是砍伐亞馬遜雨林來養牛的肉。我們應該提倡的是，選擇在條件最適合的地方種植的食物。這代表著你應該從熱帶國家購買熱帶食品，從那些能夠提供高產量的國家購買穀物，選擇那些牧

場土地具有生產力、且不需要砍伐森林來擴大牧場的肉類。根據你所在的地理位置，這些食物可能是當地的，也可能不是。重點是，這是一個其實並不重要的考量。

有機飲食——不一定對環境好

這會讓人更難接受。我們想到能負起環境責任的食物標籤，腦中就會自然聯想到「有機」。

不過，事實上，有機農耕有沒有比「傳統」農業對環境更好，沒有正確答案。*有機農耕往往能促進生物多樣性——尤其是昆蟲。如果我們比較一公頃的有機農田和一公頃的傳統農田，我們很可能會發現有機農場擁有更健康的生態系統。但有機農耕最大的缺點是，有機農業往往產量較低（是的，你知道我接下來要說什麼），這表示我們需要使用更多的土地。接下來就要取捨了，並且在如何最有效保護生物多樣性上形成了分歧：我們應該在較小的區域內進行集約化農業，還是應該選擇有機農業，從而在更大範圍內影響生物多樣性？[42]這個問題仍然難有定論。

那麼，對氣候來說，有機農業還是傳統農業更好呢？結果是，並沒有明確的優勝者。有一項綜合分析匯總了來自164篇已發表的研究和742個農業系統的結果，來比較兩者對環境的影響。在溫室氣體排放方面，結果是參差不齊。在一些研究中，有

---

*這裡所說的「傳統農業」指的是使用一些化工產品的非有機農業。有些人認為真正的傳統農業才沒有使用化工產品，所以抗議這種說法。但這已經成為大多數人用來區分這兩者的術語。

機農業較勝;而在其他研究中,傳統農業則表現較好。

這份綜合分析顯示,有機農業在土地使用方面表現更差,並且發現有機農業對河流和湖泊的汙染也更為嚴重。我們常常擔心將化學肥料施加在作物上,會對周圍生態系統造成損害,但誤以為有機農業不會發生這種情況。有機農民仍然會為作物施加營養物質——通常是糞肥。不幸的是,糞肥中的過剩營養物質會被沖入河流和湖泊,造成藻華和其他生態系統失衡。

有機農業確實有立足之地——在某些地理環境下,有機農業可能比其他農耕方式更好——但有機農業並不適用於全球規模。而且,有機農業常被描繪成一種綠色萬能解決方案,但實際上並非如此。

在我寫這篇文章時,有機農業正對斯里蘭卡農民造成巨大困擾。2021年,斯里蘭卡政府突然禁止進口肥料,為了轉型為有機農業體系。結果卻是一場災難。全國的糧食生產量暴跌、價格飆升——蔬菜的價格漲幅超過五倍。賣家表示,他們從未遇過如此艱難的時期。大多數人找不到蔬菜,即便找到,也買不起。

許多農民預計今年的收成將只有平常的一半。整個實驗以失敗告終,斯里蘭卡政府正迅速試圖撤回成令。

這個草率的決定——對許多人造成了毀滅性的影響——讓我們得以短暫窺見如果全世界都轉向有機農業,可能會是什麼樣子。讓我澄清一點:有機農業本身並沒有什麼錯。在許多情境下,當土壤良好且營養充足時,有機農業可以運作得很好。在某些情況下,這是最佳的解決方案。但這不能成為一個萬能的解決方案,也無法解決我們的食物系統問題。

很多人都以為有機食物自然比非有機食物更健康。消費者最擔心攝入農藥的問題，而的確，有機食物通常會驗出較少的化學農藥。在美國進行的三項研究中，有機食品的農藥殘留大約是傳統種植作物的三分之一。[43]大家看到這數字應該也不意外。但更重要的問題是，我們是否應該擔心農藥殘留的水準。世界衛生組織已經設立了「安全」的每日攝取量，在這些攝入量下不會對人類健康產生負面影響。各國政府和食品監管機構必須遵守這些標準。很多國家都有確實做到。

美國有一項研究調查了12個食物類別中最常見的10種農藥殘留。結果發現，所有食物的農藥殘留量都遠低於標準。大多數（75%）的食物農藥殘留量不到標準的0.01%。這代表著農藥殘留對人類健康產生可觀察影響的閾值還低了百萬倍。其他許多國家也有類似的例子可證實這一點。[44,45]然而，我們不應該假設這在所有地方都成立。在某些國家，食物在收穫後可能沒有得到適當處理，這使得我們很難確保農藥殘留不會超過世界衛生組織的限量。隨著愈來愈多的農民可以使用農藥——尤其是在低收入國家——我們需要確保有同時設立監管和監控機制。

結論是：在那些擁有良好食品監管機構的地方，非有機食品是完全安全的，而且幾乎沒有證據表明有機食品更健康。如果你想知道我個人的建議：我從不特意去選擇有機食品。我不刻意去尋找，也不會刻意避開。我對此持中立態度。就像「吃當地食物」的故事一樣：我知道我吃什麼比是否是有機食品更為重要。環境影響和營養價值都一樣。我更關心的是包裝裡的內容物，而不是是否有認證標籤。

塑膠包裝——真的沒那麼誇張

我懂：我們的食物不需要用塑膠袋包五層。許多公司過度包裝，往往是為了讓產品看起來更吸引人，或為了展示品牌。然而，完全沒有包裝的做法將是一場災難。我們最終會浪費更多食物，這對環境來說會更糟糕。

再次強調，選擇飲食內容，並確定吃光，比計較包裝更為重要。塑膠包裝的碳足跡與包裝中食物的碳足跡相比，微不足道。食品的碳排放中只有4%來自包裝。

第7章將更詳細的探討塑膠對環境的影響。暫時來說，我的建議是，大家可以在能力範圍內，減少過度包裝。香蕉不需要包保鮮膜——已經有香蕉皮了。但對於許多食物來說，塑膠包裝是有原因的：能保持食物安全和新鮮，並避免食物被丟棄，這樣對環境的影響才更大。

∞ 想像採取行動後的未來

到了2060年。假設每個人——令人驚訝的——都讀過了這本書，並實踐這些建議。那麼，世界會是什麼樣子呢？我們將有100億人。所以，我們並沒有被滅絕——這是一個好的開始。農業技術的顯著進步以及優良種子品種的普及，使得全球的作物產量持續增加。

我們在減緩氣候變遷方面也取得了一些進展，但正如預期的那樣，全球暖化仍然在持續當中。幸運的是，這些農作物的創新使我們培育出能夠抵抗更高溫和偶發乾旱的品種。即使在艱難的

時期，農民仍然能夠獲得不錯的收成。

撒哈拉以南的許多非洲國家不僅能夠自己生產足夠的食物，還成為了世界其他地區的重要出口國。富裕國家已經放寬過去限制性和壓抑性的貿易政策，依賴這些國家提供可可、咖啡和熱帶水果。農業的高報酬代表著如今並非每個家庭成員都需要在農場工作。孩子們轉而上學，再進入大學，成為教師或在城市創業。農民的工作時間減少，但每小時的工資大幅提高。由於他們透過提高產量來增加食物生產，他們美麗的森林依然屹立。

全世界的人們都擁有充足且營養均衡的飲食，不僅是卡路里，還包括蛋白質和必要的微量營養素。我們吃著各種各樣的食物。一些人仍然吃動物產品，但整個世界的消費量比2020年代少得多。飲食以植物性食物為主；我們擁有各種穀物、水果、蔬菜和豆類。我們已經學會如何用植物性產品製作完美的乳製品替代品，味道和真品完全一樣。

全球用於農業的土地面積已經遠遠低於2020年代。從空中拍攝，我們可以看到曾經的森林正在再度生長，野生草原正在回歸，生態系統正逐漸復甦。

這聽起來像是對未來有著魔幻、過度樂觀的願景。但如果單看每個部分，沒有明顯的理由認為這無法實現。當然，這可能不簡單，也不直觀。但這是可以做到的。如果我們願意，我們可以擁有這樣的未來。

第 6 章
生物多樣性
守護野生生命

> 人類在兩個世代內已經殘殺了全球過半的野生動物。
> ——2018年《華盛頓郵報》[1]

世界自然基金會（World Wildlife Fund）每兩年會發表一次報告，介紹當時野生動物的狀態，此時這種頭條就會出現。這些頭條都錯誤解讀了數據，但還是可以被瘋狂轉載分享。

這不令人意外，但是我沒資格教訓別人。我們用來衡量生物多樣性的數據通常很難取得，而且很多人都會發現我們往往詮釋錯誤，連我自己也是。很多年前，我接受美國全國公共廣播電台（National Public Radio）採訪時，聊到全球最重要的統計數據。我想要強調野生動物數量減少讓人有多煩惱，所以我就挑選了世界自然基金會「地球生命力指數」（Living Planet Index, LPI）裡標題的數據。我已經不記得當時究竟說了什麼——要我回去聽重播實在太痛苦，我辦不到——但我慌了。我講了類似「全球動物數量從1970年以來已經減少了68%」之類的話。那不是事實——數據並不是那麼一回事。連我都犯下這種低級錯誤，實在太丟臉了，畢竟我的工作就是要矯正公開數據溝通不良的訊息。

覆水難收，但我可以盡量確保以後的報導都很正確。為什麼這些頭條和標題會寫錯？「地球生命力指數」究竟要呈現什麼？這個指標是在衡量物種豐富度的變化——在三萬多種動物族群裡，每一種動物的數量有多少。一個「族群」是指一個地理範圍裡的同一物種。所以，即使都是大象，南非的非洲象和坦尚尼亞的非洲象會被視為不同的族群。「地球生命力指數」在衡量這些

族群規模的平均變化。若想知道這種數據多麼容易被誤解，就跟我一起來了解。

我們來看黑犀牛的真實案例：一個族群在坦尚尼亞、一個族群在波札那。坦尚尼亞在1980年境內有3795隻犀牛，波札那只有30隻。接下來的數十年內，因為坦尚尼亞境內盜獵嚴重，黑犀牛瀕臨絕種：到2017年境內只剩下160隻。波札那則在同時間內有些進展，從30隻增加到50隻。坦尚尼亞的犀牛顯然狀況不佳，族群數量減少96%；而波札那的數字增加了67%。

如果我們把兩個族群的平均變化加起來，會得到－15%，這代表黑犀牛的平均數量減少了15%。為求簡化，我在這裡用的是「算數平均數」，而「地球生命力指數」裡研究人員用的是「幾何平均數」，這與算數平均數略有不同，但也有相同的問題，就是在許多族群之間取平均，對極端值較敏感。頭條新聞可能報的是「我們失去了15%的黑犀牛」，但這是錯的。1980年共有3825隻，我們共失去了3615隻，這表示我們失去了95%的黑犀牛！「地球生命力指數」看的不是某一種動物減少了多少數量或多少比例。

這凸顯出報導「地球生命力指數」時還有個更危險的地方。把兩個族群平均之後，我們就完全不曉得這兩個族群各自的現況了。坦尚尼亞的黑犀牛減少了96%，目前已瀕臨絕種；另一方面，波札那可能把事情給做對了。這可能代表我們沒有在需要的時候提供坦尚尼亞黑犀牛足夠的重視；我們也可能錯過波札那的寶貴經驗，看看他們如何協助瀕臨絕種的動物增加數量。

所以，「地球生命力指數」其實在告訴我們，在2018年，

平均來說，這些數字從1970年以來已經減少了69%。很多動物的數量都在下降，速度愈來愈快，這很讓人擔心，這點無庸置疑。但我們只要深入挖掘，就會發現有些動物的狀況還不錯。當我們看著改變的方向，我們會看到很複雜的現況。有一半的動物族群都在成長，另一半在下降。[2] 哺乳類動物族群裡有47%在成長，43%在下降，10%維持不變。鳥類中有41%在成長、52%在下降、7%不變。很多動物族群的數量在增加，也有很多在減少。如果所有動物族群的整體平均在大幅下降，那表示下降的速度很快或幅度很大，抵消了成長。

這些結果並不是說我們不用擔心全球野生動物的現況。我們真的是用前所未見的速度在破壞生物多樣性——很多族群瀕臨絕種了。但要解決這個問題，我們必須更重視有哪些族群的狀況最慘。[3] 要真實呈現生物多樣性，我們就必須意識到這些新聞頭條傳遞資訊的方式。

我們稍後會看到，在數十年內失去全球69%的物種，代表我們離大規模滅絕只有一線之隔。但幸好，我們離那個地步還很遠，我們還有足夠的時間可以扭轉局面。

北方白犀牛即將滅絕。娜晶（Najin）和她的女兒珐圖（Fatu）是全球最後兩隻北方白犀牛。最後一隻公犀牛蘇丹（Sudan）已經在2018年去世。失去這麼美麗的動物是一場悲劇。1960年全球還有超過2000隻，大多住在蘇丹和剛果民主共和國。但在那之後因為過度盜獵，白犀牛的數量便急遽下降。

因為只剩兩隻母犀牛，復育的機會看起來很渺茫，但科學家和保育人士還是願意投入金錢和時間來拯救牠們。娜晶和珐圖住

我們並沒有失去69%的野生動物，但許多族群正面臨困境

2022年「地球生命力指數」報告顯示，自1970年以來，野生動物族群的平均數量下降了69%。然而，只有部分野生動物面臨困境：約一半的族群數量在增加，另一半則在下降。

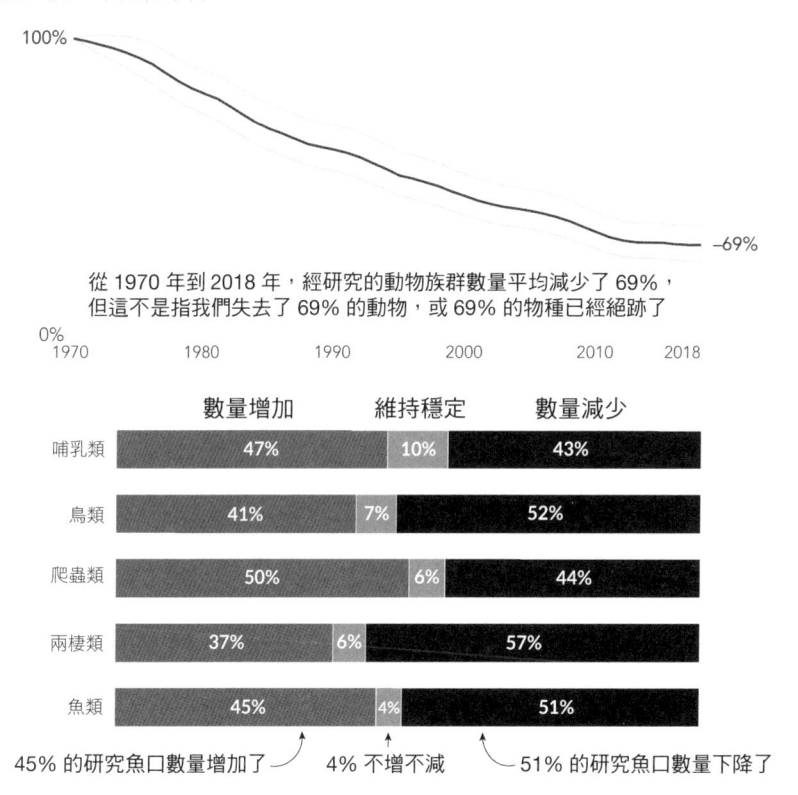

從1970年到2018年，經研究的動物族群數量平均減少了69%，但這不是指我們失去了69%的動物，或69%的物種已經絕跡了

	數量增加	維持穩定	數量減少
哺乳類	47%	10%	43%
鳥類	41%	7%	52%
爬蟲類	50%	6%	44%
兩棲類	37%	6%	57%
魚類	45%	4%	51%

45%的研究魚口數量增加了　　4%不增不減　　51%的研究魚口數量下降了

在肯亞的甜水自然生態保護區（Ol Pejeta Conservancy）每天由持槍守衛看護。為了避免被盜獵者屠殺，她們的犀牛角已經先鋸下來了。在世界各地的實驗室裡，科學家都在想辦法開發復育療程——如幹細胞、混合胚胎、胚胎植入——就是要把這些犀牛從絕種邊緣拉回來。國際間都在努力，但成功的機會不大。

第6章　生物多樣性

為什麼有這麼多人在努力拯救這個物種？這不太合理呀。花這麼多錢保護這兩隻動物，這些錢和時間可以運用在其他地方吧。至少可以用來復育南方白犀牛──這個近親物種還健在，但也受到了威脅。投資這項專案的不只有科學家和保育人士，我們之中很多人都牽涉其中。

　　這關係到我們為什麼要在乎生物多樣性這個大議題。身為一名科學家，我當然想用功能價值來說明「我為什麼在乎犀牛」：人類依賴平衡的生態系統。我們需要生物多樣性才能活下去。這句話基本上是事實，但不見得一直就是真相。有很多物種的功能價值很明顯，有些物種的功能價值則沒那麼清楚，畢竟生態系統很複雜：物種之間的需求和依賴很錯綜複雜。人類向來不夠了解其中的關連。歷史上有太多故事了，人類試圖插手生態系統，結果愈幫愈忙。生態學家與經濟學家蓋瑞特・哈定（Garrett Hardin）在「生態學第一定律」（First Law of Ecology）中說：「你永遠無法只做一件事。」如果不考慮第二級效應（也就是效應的效應），你就是在自找麻煩。

　　所以，對很多功能價值沒那麼明顯的物種來說，牠們的價值可能隱藏在錯綜複雜的獵物、掠食者和生態聯繫的網絡中。只有在出差錯的時候，我們才會看出價值。這也就是為什麼我們很難明說我們「需要」哪些物種、不需要哪些物種。更難的是，生物多樣性有不同的衡量方式，每一種對於哪些物種該「保護」的說法都莫衷一是。[4]我們應該在每次想要介入自然的時候永遠保持謙卑。

　　不過有時候，一個物種的重要性──或不重要性──就很明

顯。北方白犀牛就是「不重要」物種的好例子。要繼續維持我們依賴的生活，娜晶和珐圖不是很重要。層層戒護其實讓牠們遠離了野生的生態系統。如果牠們消失了，生態不會崩潰，我們也會沒事。用最直白的方式來說：我們不需要牠們。如果娜晶和珐圖明天都死了，除了我們會心碎之外，沒有什麼會被破壞。

所以我們這麼重視白犀牛，不完全是為了物種的功能。野生動物很美麗，讓我們很開心。我們會在大自然中找到樂趣：看著花園裡的大黃蜂或蝴蝶、在樹林裡找松鼠、在海洋中觀察魚群。就算我們自己沒有親眼見過野生動物（我就從沒見過犀牛），光知道他們仍存在於地球上，也能讓我們心滿意足。

《我們需要熊貓嗎？關於生物多樣性，讓人不舒服的真相》的作家肯・湯普森（Ken Thompson）認為，我們太過重視那些功能價值最低的物種（如熊貓），而忽略那些真正能影響我們生存的物種（蠕蟲和細菌）[5]——他的觀點八成從書名就能猜出來了。長期以來，我一直想抵抗這種脫節感，但我最終接受了這個事實：**不管有沒有功能價值，只要能給人動力就行。如果有一樣東西，無論是什麼都可以，只要這樣東西能鼓勵我們採取正面行動，那我們就應該多加利用**。對某些人來說，他們可能在乎的是生態對人類生存的貢獻；對別人來說，他們可能想歌頌生命之美，或是幫其他物種爭取權益。

對很多像我這樣的人來說，更關注綜合考量，且不一定合邏輯。在湯普森書中的前言，東尼・肯德爾（Tony Kendle）用優美的詞句描繪出我做為科學家和人類的兩難：

第 6 章　生物多樣性　225

當我們對主觀意見感到不舒服時，其實暴露了保育工作與科學角色中一個核心的問題：有時候我們盡全力去保護會感動我們的東西，不是因為他們有什麼重要的功能——細菌能讓我們活著，熊不一定能，但熊幫我們擁有值得活的生活。

∞ 問題的來龍去脈：從昔日到今日

相較於蠕蟲和細菌，我們可能比較喜歡大型動物，但喜歡歸喜歡，我們還是會去獵捕牠們。人類對全球野生動物最明顯也最深遠的衝擊，就是人類改變了我們自己的王國：哺乳動物。

人類什麼時候遷出非洲，開始在其他大陸生根是一個飽受熱議和爭辯的問題。我們現在有許多考古證據可以釐清時間點，但還有另一個方式可以追溯人類在地表的遷徙過程：看哺乳類絕跡的順序。大型哺乳動物哪時候死光光，我們的祖先差不多就是在那之前抵達的。

人類剛到澳洲不久，大袋鼠就被殺光。我們抵達北美，美洲乳齒象就絕種了。我們到南美，巨爪地懶就沒了。大型哺乳動物絕跡潮從西元前52000年到西元前9000年遍及全球，史稱第四紀大型動物滅絕事件（Quaternary Megafauna Extinction）。[6] 其中「大型動物」指體重超過44公斤的大型哺乳動物，包括羊和猛瑪象等不同物種。全球至少有178種大型哺乳動物物種滅絕。

有些人認為是氣候變化讓這些動物活不下去，但現在有很強力的證據，指出人類的祖先才是這些動物喪命的元兇。

這場謀殺懸案最終的證據來自化石記錄。從人類歷史中哺乳

大型哺乳動物的滅絕與人類遷徙的足跡相隨

第四紀大型動物滅絕事件（Quaternary Megafauna Extinction）從西元前52000年到西元前9000年間，全球超過178種大型哺乳動物物種消失了。這些滅絕事件與人類遷徙路徑密切相關，與全球大陸的遷徙模式相互交織。

非洲
人類與大型哺乳動物共同進化，因此大型哺乳動物對人類壓力較有抵抗力。
20%的物種滅絕。

歐洲
人類到達時間：大約35000至45000年前
滅絕時間：大約23000至45000年前；再來是10000至14000年前
36%的物種滅絕

　　歐洲獅於14000年前滅絕

澳洲
人類到達時間：大約40000至50000年前
滅絕時間：大約33000至50000年前
88%的物種滅絕

　　許多大型袋鼠物種在這段時間滅絕

北美洲
人類到達時間：大約13000至15000年前
滅絕時間：大約11000至15000年前
83%的物種滅絕

　　美洲乳齒象於11000年前滅絕

南美洲
人類到達時間：大約8000至16000年前
滅絕時間：大約8000至12000年前
72%的物種滅絕

　　所有種類的地懶於11000至12000年前滅絕

第6章　生物多樣性

動物的體型,就可以發現一個清楚的趨勢:哺乳動物變小了。[7]全世界各地都有體型衰退的證據。

在地中海東邊的黎凡特地區,研究人員重建了100萬年前哺乳類動物的體型,發現被獵捕的哺乳類動物,平均體型縮水98%以上。[8]150萬年前,我們的祖先直立人還可以和重達數噸的哺乳動物一起在地表上徜徉。當時有「直獠象」(體重約11噸至15噸)、南方猛瑪象和體型極大的河馬。這些壯碩動物一種接一種地陸續消失了。幾乎所有絕種的哺乳類動物都是大型動物。若單單只是氣候的關係,只有大型哺乳類動物遭殃並不合

狩獵造成最大型的哺乳類動物絕種

黎凡特地區的化石樣本顯示,哺乳動物的體型隨著時間逐漸縮小。

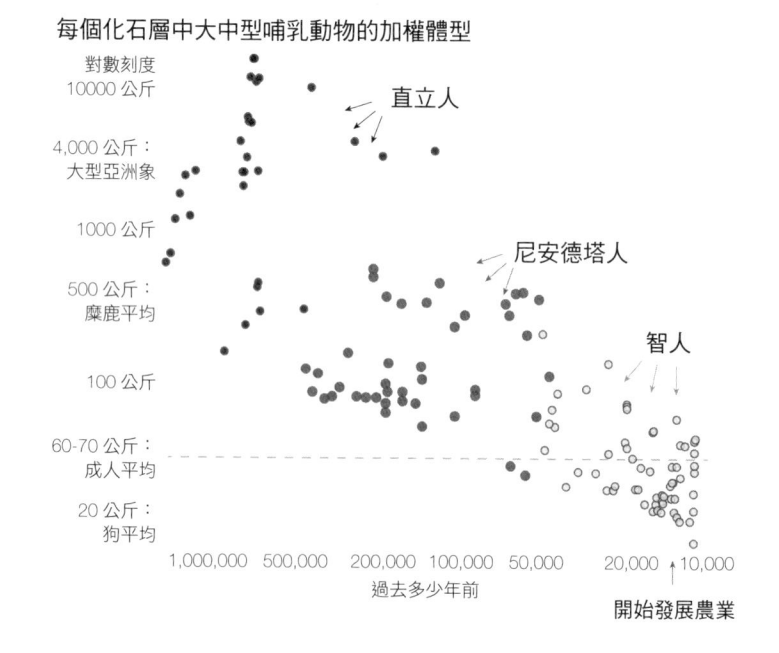

每個化石層中大中型哺乳動物的加權體型

對數刻度
10000 公斤

直立人

4,000 公斤:
大型亞洲象

1000 公斤

尼安德塔人

500 公斤:
麋鹿平均

智人

100 公斤

60-70 公斤:
成人平均

20 公斤:
狗平均

1,000,000　500,000　200,000　100,000　50,000　　20,000　10,000
過去多少年前　　　　　　　　　　　　　　　開始發展農業

理。大型哺乳類動物確實繁殖率比較低，比較容易受到威脅，但我們認為小型哺乳類動物也會受到某種程度的影響。氣候不會給動物差別待遇，但人類會。

事實很可能是在數萬年前，我們的祖先殺光了數百種全世界最大型的哺乳類動物。過度獵捕可能是原因之一，但同時也可能是因為用火並且對天然棲息地造成其他壓力。

在這段時期裡，地球上的人類從未超過500萬，比現在的人口少了接近2000倍。我現居倫敦，而當時全球人口甚至還不到目前倫敦的一半，卻能把數百種最大型哺乳類動物逼到絕種。這太難想像了，而且這也和我們現在常見的環境論述背道而馳：多數人認為是因為無法控制的人口成長造成生態破壞。但如果光500萬人就能改變整個哺乳類王國，那這個論述一定錯了。

我們對全世界哺乳類動物的影響不僅止於此。大約一萬年前，農業尚未開始發展，人類對動物最大的威脅是狩獵。農業開始發展之後，人類的威脅在於破壞動物的棲息地。人類逐漸開墾和擴大農田，就算是少量的食物也需要大量的土地。就如第4章所述，這帶來龐大的環境成本。人類砍伐廣袤的森林、占據遼闊的草原、徹底改變了整個生態系統。許多大型物種的家園和通道先是逐漸縮小，後來就徹底消失。

這一連串的事件就像是先來一記左勾拳，接著再來一記右上勾拳。不留活路。

這殲滅了哺乳動物王國。打從人類興起，陸地上的野生哺乳動物的生物量就下降了85%。[9-11]生物量基本上是指我們所構成的「物質」總量。每個動物的生物量是以碳的噸數來衡量，碳是

生命的基本構成元素。舉個例子來理解這個概念：1噸碳大約等於100個人或2頭大象。

人類長期以來導致野生哺乳動物衰退

陸地上野生哺乳動物的總生物量估計。自人類興起以來，野生哺乳動物的生物量已經減少了85%。

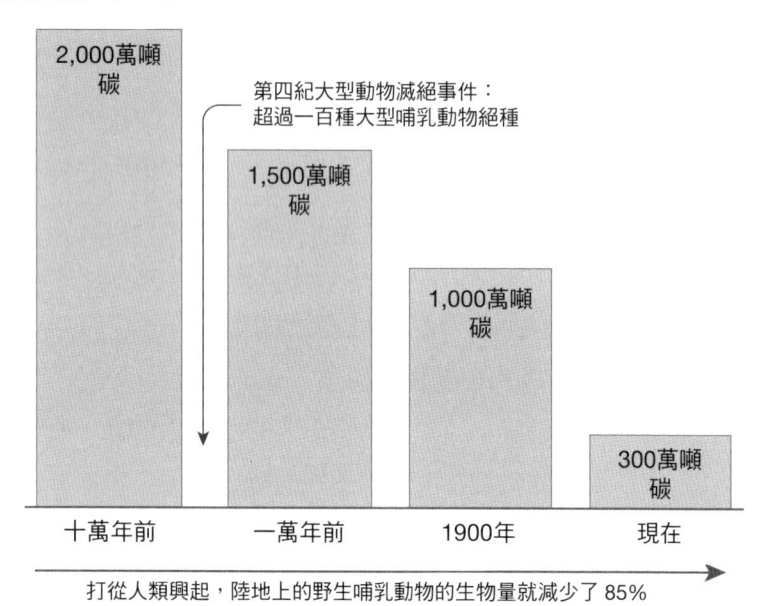

```
2,000萬噸碳
                第四紀大型動物滅絕事件：
                超過一百種大型哺乳動物絕種
        1,500萬噸碳
                        1,000萬噸碳
                                        300萬噸碳
十萬年前      一萬年前       1900年      現在
```

打從人類興起，陸地上的野生哺乳動物的生物量就減少了85%

據研究人員估計，約10萬年前，陸地上的野生哺乳動物總重量約為2000萬噸碳。第四紀大型動物滅絕事件使生物量減少了四分之一，將野生哺乳動物減少至1500萬噸。到了1900年，因為農業擴展，生物量又減少了500萬噸。早在20世紀快速人口增長和全球工業化的開始之前，野生哺乳動物的數量已經少了一半。

過去這100年來，衰退速度更快。現在，野生哺乳動物的生物量已降至300萬噸碳，僅剩十萬年前的15%。

不過，除了野生哺乳動物銳減之外，還有一些物種取而代之。全球哺乳動物的整體平衡被打破，人類和家畜占據了主要地位。我們可以計算人類以及牛、豬、山羊、綿羊和其他牧場哺乳類動物的生物量，看出這個變化。*

野生哺乳動物在1900年只占所有哺乳類動物生物量的17%。人類占23%，而我們的家畜竟高達60%。這種不平衡的狀況到了今日更誇張。野生哺乳類動物只占2%、人類占35%、家畜占63%。

就算我們把海洋生物加進來——主要是鯨魚，碳量很高——所有的野生哺乳動物也只有4%。哺乳類王國已經被人類霸占了。80億人加起來不得了，幾乎是野生哺乳動物的十倍以上。但真正改變王國的是那些被我們養來吃的動物。牛的生物量就接近所有野生哺乳動物總量的十倍。全球野生哺乳動物的生物量和我們養的羊差不多。

哺乳動物王國的多樣性下降了，但整體規模擴張了許多。十萬年前，全世界的陸地哺乳動物——包含我們和家畜——總重約2000萬噸。這數字現在成長了九倍，人類把哺乳動物王國的規模擴大了快要十倍。

---

*每次當我分享這些數據的時候，就會有人問我為什麼沒把雞算進去，然後他們聽到答案都會很尷尬，因為雞是鳥類，不是哺乳類。

第6章　生物多樣性

世界上大多數的哺乳類現在是人類和飼養的家畜

根據2015年的生物量比較，野生哺乳動物只占所有哺乳動物的4%。

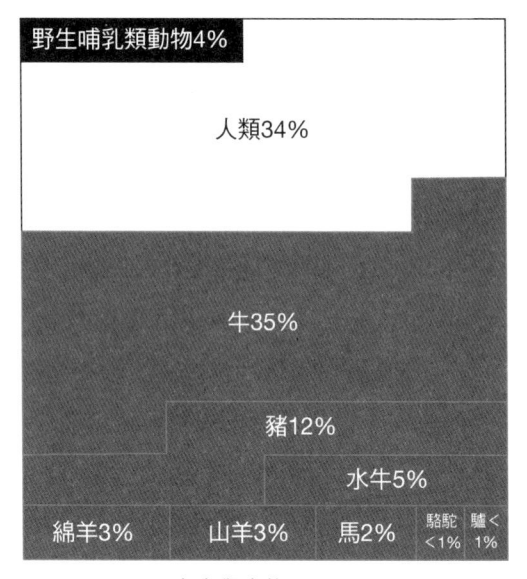

野生哺乳類動物4%					
人類34%					
牛35%					
豬12%					
水牛5%					
綿羊3%	山羊3%	馬2%	駱駝<1%	驢1%	

家畜與寵物：62%

　　我們在這裡聚焦於哺乳類動物，所以野鳥或家禽沒算進去。鳥類的經歷也一樣：雞的生物量是野鳥的兩倍。

　　人類只占地球上所有生命的一小部分：只有0.01%。＊但我們卻把地球上的生命改到面目全非。如環境運動人士史都華·布蘭德（Stewart Brand）所說：「我們就像神，不如好好學著用神力。」

＊這是指人類占所有生命形式的比例，包括植物、真菌、細菌和動物等一切的生物量。

野生哺乳動物被人類和我們的家畜排擠

根據生物量,以碳的噸數來比較世界上的哺乳動物。

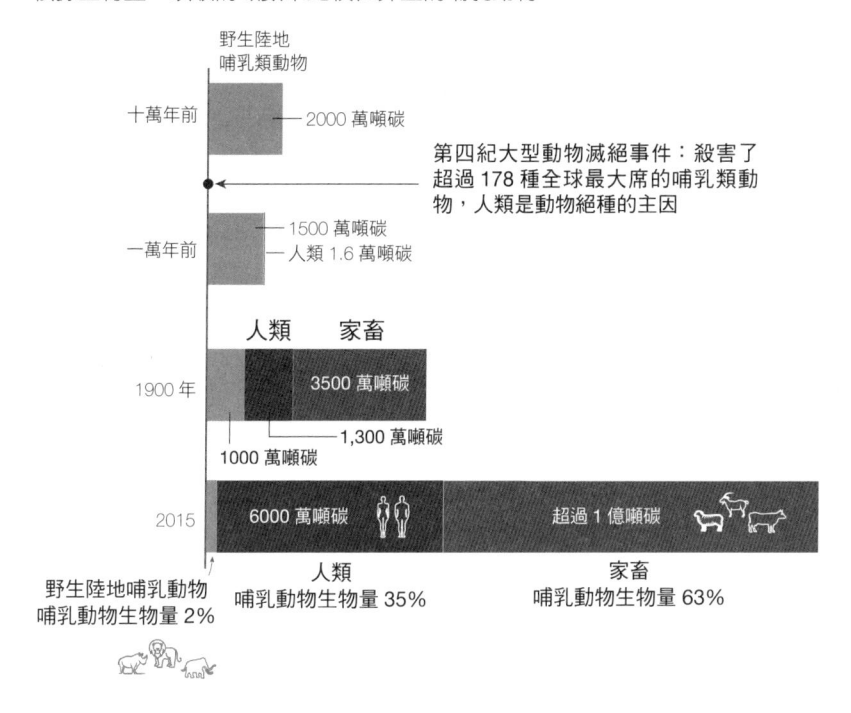

十萬年前:野生陸地哺乳類動物 2000 萬噸碳

第四紀大型動物滅絕事件:殺害了超過 178 種全球最大席的哺乳類動物,人類是動物絕種的主因

一萬年前:1500 萬噸碳 / 人類 1.6 萬噸碳

1900 年:人類 1000 萬噸碳 / 家畜 3500 萬噸碳 / 1,300 萬噸碳

2015:人類 6000 萬噸碳 / 家畜 超過 1 億噸碳

野生陸地哺乳動物 哺乳動物生物量 2%
人類 哺乳動物生物量 35%
家畜 哺乳動物生物量 63%

∞ 今日,世界已經沒那麼糟

我們現在和多少物種一起共用這顆行星?要理解我們周遭的世界,這問題很基本,但全球的分類學家到現在仍回答不出來。

生態學家羅伯特・梅(Robert May)在《科學》期刊裡提出很不錯的結論:

> 如果外星人派了星際企業號來到地球,這個外星訪客的第一

第 6 章 生物多樣性

個問題會是什麼？我想可能是「你們的星球上有多少不同的生命形式？或不同的物種？」尷尬的是，我們目前最準確的估計是500萬至1000萬種真核生物（病毒和細菌就不算了），但我們也可以辯稱說這數字超過一億，或者少於300萬。[12]

目前最多人引用的估計數字是大約870萬種：220萬種在海裡、650萬種在陸上。[13,*]

被研究透徹的幾個大分類群體如鳥類、哺乳類、爬蟲類，研究人員都有共識。意見分歧之處，在於肉眼無法看到的和無法接觸到的微小生命要怎麼計算，如昆蟲、真菌以及其他微生物物種。要老實回答「這裡有多少物種？」的話，其實我們不知道。但最近的評估是500萬至1000萬之間。

關於1000萬個物種，我們所知很有限。世界自然保護聯盟（IUCN）《瀕危物種紅色名錄》（IUCN Red List）持續追蹤物種數量，每年更新數據，2020年共列計212萬個物種。這表示還有很多物種都沒有記錄列冊。

人類是地球生物中渺小的一群

研究人員在一項研究中檢視了生物量如何分布在地球的有機體中。顯然，地球是個屬於植物的星球。或更明確的說（儘管人為毀林的速度那麼快），這是個樹木的行星。樹木是地球上生命

＊這個數據是多細胞有機體，不包含單細胞，即「原核生物」。原核生物包括細菌和病毒。

地球上的生命

依生物量來計算,人類只占其中的 0.01%,但人類的影響卻大得多。

全球生物量:5460億噸碳

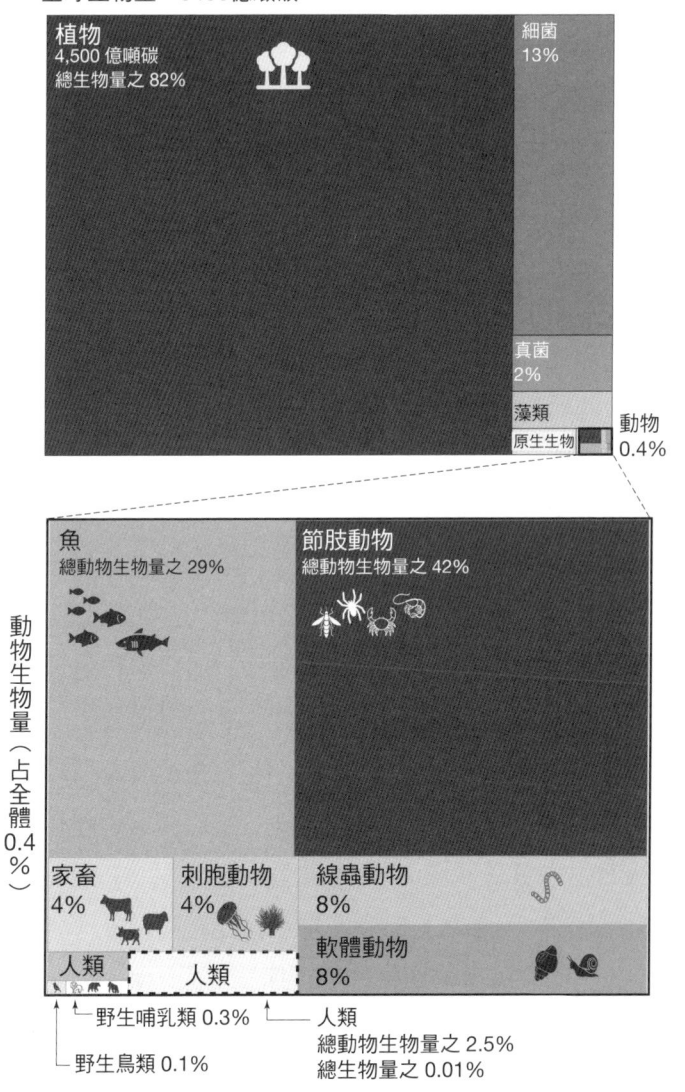

植物 4,500 億噸碳 總生物量之 82%	細菌 13%
	真菌 2%
	藻類
	原生生物 動物 0.4%

動物生物量(占全體 0.4%)

魚 總動物生物量之 29%	節肢動物 總動物生物量之 42%
家畜 4%	刺胞動物 4%	線蟲動物 8%
		軟體動物 8%
人類	人類	

↑ 野生哺乳類 0.3%　　↑ 人類
　　　　　　　　　　　總動物生物量之 2.5%
└ 野生鳥類 0.1%　　　總生物量之 0.01%

第 6 章　生物多樣性　　235

的主力，占了生物量的82%以上。令人意外的是，第二名是我們肉眼不能見的小細菌，牠們占了13%。儘管我們把注意力都放在動物王國，但其實動物只占0.4%。

我們深入細究動物王國，會發現幾乎都是昆蟲和魚。我們幾乎看不到這些動物，因為牠們住在樹上或土裡，或是隱身在未知的水域。人類的比例非常小：僅占所有生命的0.01%、所有動物的2.5%。

昆蟲末日，其實難以確定

《紐約時報》曾用「昆蟲末日已至」的標題震驚全世界。[14]這個詞後來就繼續沿用了。現在大家都覺得昆蟲愈來愈少了，不過——可能你現在已經猜到——一切都沒有表象那麼簡單。

瑞秋‧卡森（Rachel Carson）1962年出版了《寂靜的春天》（*Silent Spring*），這本書啟發我進入生物多樣性的領域。她是當代先鋒，率先提出警告：如果我們繼續無差別噴灑殺蟲劑DDT就會導致生態系統崩壞。卡森是開拓者，把科學和是非看得比人氣、名聲更重要。所以，科學家擔心這問題很久了，但真的要等到最近這五年，「昆蟲浩劫」這種字眼才進入科學家的詞彙中。大家從2017年才開始認真討論，當年德國有份研究表示飛行昆蟲的生物量在僅僅27年內就減少了75%。[15]這結果很驚人，如果不到30年就少了75%，那飛行昆蟲可能在十年之內就會全部消失。如果所有的昆蟲都用這速度消失，或許這地球上很快就完全無蟲了。如生物多樣性之父愛德華‧威爾森（Edward O. Wilson）所言：「昆蟲是『治理全世界』的小東西。」[16]我們

知道健康的生態系統需要昆蟲當基石。有些昆蟲，如蜜蜂和蝴蝶對食物生產很重要。我以前認為我們的食物系統完全靠昆蟲來授粉；如果沒有昆蟲，我們就會餓死。但這並不是事實。我們的穀類有四分之三某種程度上需要昆蟲授粉，但我們所生產的食物裡只有三分之一需要授粉。[17-19]這是因為產量最大的穀類——做為主食的小麥、玉米、稻米——完全不需要靠昆蟲。這些主食穀類靠風來授粉。很少穀類完全倚賴授粉昆蟲，如果昆蟲消失了，大多數的作物產量會驟減，但不會完全崩盤。

把這些都考量進去後，許多研究認為如果授粉昆蟲消失的話，收入較高的國家裡作物產量會減少 5%，中低收入國家的作物產量則會減少 8%。我這麼說不是要小看昆蟲的重要性，牠們很關鍵。牠們會分解有機物質，提供植物需要的營養；牠們可以保持土壤健康。牠們在食物鏈的底端，生態系統要靠昆蟲為基礎才能茁壯。昆蟲在穀類多樣性中也扮演了很關鍵的角色，而且牠們對某些食物很重要：巴西堅果和奇異果、瓜類等水果，以及可可豆，若沒有昆蟲就無法生長。少了授粉昆蟲的世界，就是個沒有巧克力的世界。我可不想生活在那裡。當然，如果沒有昆蟲我們還是能獲得足夠的熱量，但我們的飲食會缺乏變化，全世界的農夫都會很難生活。

那我們到底要替昆蟲操多少心？我們應該要關注，但狀況沒有像很多人想的那麼糟。關於目前昆蟲的遭遇，我們目前沒有明確的答案，因為這很難評估。數螞蟻比數大象困難多了。我們很難搞清楚現在地球上有多少昆蟲；大家可以想像一下要估算幾十年的昆蟲數量有多難。其他動物我們都還可以從骨骸或歷史紀錄

找出線索，但19世紀的時候沒有人在數蚯蚓，這些蟲子也沒有留下多少生態足跡。

所以我們會很依賴單一研究的成果，像曾經登上德國頭條的那一篇。我們會用某地某個昆蟲物種的趨勢來推論全球。這些研究的資訊豐富，但我們應該要謹慎避免過度推論。某個偏鄉小鎮裡某種蟲的發現，不能代表全世界的昆蟲。

當我們擴大查閱和參考範圍，情況就更複雜了。目前關於昆蟲數量，最大的綜合分析是羅艾爾・范・克林克（Roel van Klink）和團隊發表在《科學》期刊上的文章。[20] 他們匯集了165份研究結果，遍及1676個不同的地點，時間範圍則從1925年延伸到2018年。這些研究的持續時間有長有短，但平均是20年。

他們發現情況複雜，而且模式都不一致。有些昆蟲的數量真的大幅銳減，有些還行。事實上，有些昆蟲還繁盛了起來。研究人員把結果整理在一起，發現陸地上昆蟲的平均趨勢是向下，數量平均每年掉0.9%。北美的降幅最劇，各觀測地點的數量約是每年減少2%。

淡水昆蟲的趨勢則相反——牠們的數量在增加，年增率1.1%。增加的趨勢和其他研究相符。英國有份大型分析顯示很多昆蟲在過去幾十年內絕處逢生；[21] 荷蘭也有一份研究顯示出同樣的發現。[22]

這好像有點難以相信。淡水昆蟲的數量怎麼會增加？嗯，因為水質改善了。美國在1970年代執行《淨水法》，水汙染程度明顯下降。歐盟的汙染防治法規也很有成效。這是好消息：有效的環境政策可以逆轉頹勢。有一點很重要，這些法規沒有完全禁

用化工產品。美國和歐盟沒有阻止大家使用肥料或殺蟲劑,而是透過政策讓大家更有效率、更謹慎的用。儘管很多環保人士都主張要全面禁絕,但實際上真的不需要。

南美洲、非洲、亞洲的研究發現陸上昆蟲在減少,趨勢一樣糟——或可能更惡劣。[23] 大家應該不意外,因為熱帶毀林的速度比較高,農業在擴張,自然棲息地消失得最快。這也是生物多樣性最豐富的地方,我們還可能失去更多。

我的重點不是要跟大家說全球的昆蟲在增加。很多地方的昆蟲沒有增加,而是數量銳減。但我們不能說每個地方、每個物種都有這現象。[24, 25]

我們還有很多能採取的行動,來保護那些面臨嚴重威脅的昆蟲。棘手之處在於昆蟲的困境並非單一原因所致。有篇論文說人類導致昆蟲數量下降,是「千刀萬剮式的死亡」。[26] 昆蟲面對了多重壓力,包括氣候變遷、喪失棲息地、殺蟲劑、外來物種入侵等,這表示我們不能靠解決一個問題來扭轉局勢。有時候,我們或許得在不同選擇間權衡取捨。

很多人聽到「昆蟲末日」就會馬上認為要「完全禁用殺蟲劑和化學肥料」。我懂,但這會是個很糟糕的決定。在上一章我們已經看到,營養素的重要性不可忽視,不僅對餵養全球人口至關重要,而且肥料讓我們可以減少用地就能增加收成。

那些農地讓我們犧牲了森林、草地和自然棲息地。把生機蓬勃的生態系統開墾為農田,是最傷害昆蟲生物多樣性的舉動了。

我很不想承認,但我認為失去某些昆蟲已經勢不可免了。但若我們能將農地面積降到最低,並且更謹慎有效率的使用化學肥

料和農藥,我們就可以降低衝擊。生物科技領域中有很多解決方案,可以協助我們更明智的運用農化產品:我們可以改良作物,用自然的方式讓作物抗病蟲害,這樣我們就可以減少農藥使用。我們可以開發出產量更大的作物,這樣就不需要大片土地來耕種食物。我們可以用掃描科技,精準找出確實需要施肥的點,也能找出浪費資源的地方。

第六次大滅絕,還能踩煞車

看著我們最珍惜的動物日漸凋零,著實讓人心痛。年復一年,我們在樹上看到的巢變少了;土地上的足印變少了;衛星圖像裡的動物聚落變小了。族群的數量減少很慘,但這和整個物種完全消失是兩回事。我們看著一個物種逐漸式微——在報表上的線條往下墜——會很希望能絕處逢生、谷底反彈。確實,這種事情發生過很多遍。非洲象、亞洲象和藍鯨都曾經差點絕跡,但我們即時拉住手煞車,這些動物的數量又漸漸恢復了。

過去十年內,納米比亞境內的非洲象數量增加了一倍。[27, 28]在布吉納法索,牠們增加了50%。在尚比亞、南非、安哥拉、衣索比亞、馬拉威和其他好幾個國家,非洲象的數量都在增加。亞洲象在1980年曾經數量急速驟減到只剩下印度的1.5萬頭,現在數量已經增加到接近3萬頭了。

不管趨勢是往上攀升或往下滑,我們都沒有理由認為該趨勢會一直持續下去。我們永遠都有機會可以改變方向。可是當這條線觸底,數量歸零——絕種了——逆轉的希望就蒸發了、完了、終結了。這種絕望感帶來的衝擊完全不同,然而這卻是地球過去

一次次經歷過的劇本。

　　曾經住在地球上的40億個物種，其中有99%都已經離開了。[29] 絕種是行星演化史中自然的進程。[30] 若物種不會絕種，我們今天也不會在這裡。原物種會絕種，新物種會崛起，這就是演化進行曲。

　　有些人會說，既然物種滅絕是「自然」的過程，那麼人類破壞生態系統也沒什麼大不了的。他們會說，反正滅絕一直都在發生，誰知道是不是人類造成的呢？而且，如果滅絕是自然演化的一部分，何必擔心呢？

　　問題不是很多美麗的物種正在滅絕，而是生物絕種的速度比我們預期的快很多。速度快到有人認為我們正面臨一場大規模滅絕事件，這是第六次大規模滅絕。

　　新聞標題讓人憂心忡忡，CTA的新聞說：「研究人員表示：我們無法阻止地球的下一場大滅絕」；而《每日快報》（*Daily Express*）則寫著：「世界末日警告：地球進入『第六次大滅絕』。」搜尋「第六次大滅絕」，會找到成千上萬的相關報導。這些報導都不太樂觀。但這些說法有根據嗎？我們真的正在面臨或已經進入另一次大規模滅絕事件嗎？

　　我們首先要理解什麼是「大滅絕」。大滅絕是指在相對較短的時間內，失去了75%的物種。*這裡所說的「短」，是指大約

---

*我們可以從兩個方面看到物種減少75%：絕種率很高或新物種形成率非常低。如果新物種形成的速度變得很慢，絕種率不需要像我們預期的那麼高，就能讓物種數量減少75%。這些事件有時被稱為「大規模減少」，但可以被當作和大滅絕一樣處理。

第6章　生物多樣性

200萬年的時間。對我們人類來說,這是一段非常長的時間,但對於地球45億年的歷史來說,只是一瞬間。

為什麼要重視滅絕事件的速度呢?因為我們要區分劇烈變化和自然穩定發生的滅絕,後者被稱為「背景滅絕率」。在這個速率下,每100萬年會滅絕10%的物種;每1000萬年滅絕30%;每一億年滅絕65%。[31]

我們可以找出歷史上滅絕速度比背景滅絕率快很多的時期,這些就是大滅絕事件。到目前為止,地球已經歷五次大滅絕。[32]

在這些事件中,全世界至少有75%的物種都滅絕了。第三次大滅絕——2.5億萬年前二疊紀末期——竟然有接近96%的物種都被消滅了。

怎麼會有這麼誇張的變化?地球上各種需求間的平衡一定是變得很極端,才會讓大多數的物種都絕跡。改變的驅動力必須很強勁、很持續。這些事件主要都源於地球氣候的劇烈擺盪或大氣與海洋裡的科學變化。

五大滅絕紀錄中的第一場——4.44億年前,當時地球經歷了冰川期和間冰期的劇烈震盪,導致海平面巨大變化,重塑了陸地,改到面目全非。地殼板塊同時間也在移動——擠出了阿帕拉契山脈,岩石風化吸收了空氣中的二氧化碳,改變了海洋的化學成分。海洋的環境原本很穩定,是許多物種的家園。地球變冷,變得太冷,大多數野生動物無法生存。

第三次大滅絕發生在2.5億年前,當時地球變成了一鍋酸性的湯。西伯利亞的強烈火山活動使地球變暖,並將硫(以H_2S的形式)釋放到大氣中。海洋變成了酸性浴池,酸雨傾瀉在各種地

地球歷史上的「五次大滅絕」

大規模滅絕是指在短時間內滅絕至少 75% 的物種（地質學上，這段時間大約是 200 萬年）。

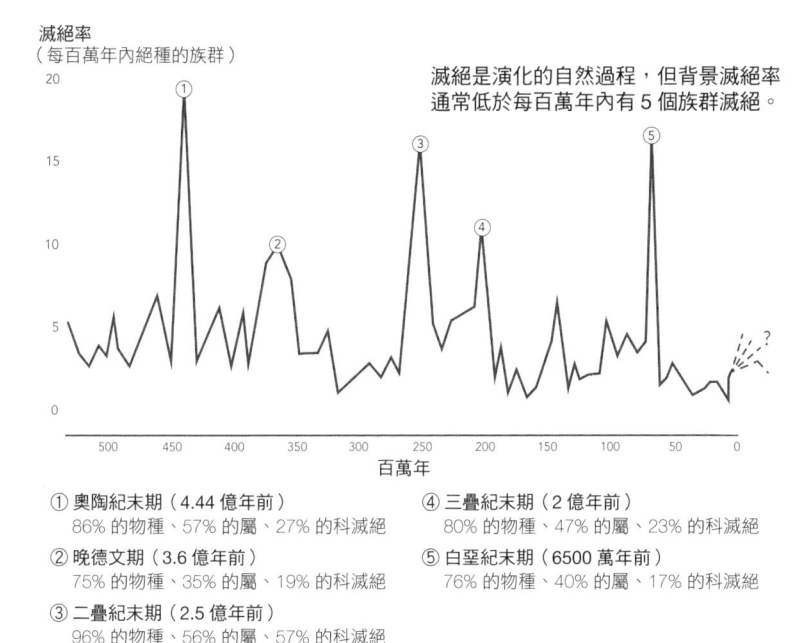

滅絕率
（每百萬年內絕種的族群）

滅絕是演化的自然過程，但背景滅絕率通常低於每百萬年內有 5 個族群滅絕。

百萬年

① 奧陶紀末期（4.44 億年前）
　86% 的物種、57% 的屬、27% 的科滅絕
② 晚德文期（3.6 億年前）
　75% 的物種、35% 的屬、19% 的科滅絕
③ 二疊紀末期（2.5 億年前）
　96% 的物種、56% 的屬、57% 的科滅絕
④ 三疊紀末期（2 億年前）
　80% 的物種、47% 的屬、23% 的科滅絕
⑤ 白堊紀末期（6500 萬年前）
　76% 的物種、40% 的屬、17% 的科滅絕

貌上，地球的化學成分被改變。大多數野生動物無法生存。

最近的一次大滅絕大家都很熟知，就是恐龍滅絕。一顆小行星撞擊了墨西哥的尤卡坦半島。當小行星進入大氣層時，可能產生了強烈但短暫的紅外線輻射，產生的熱量強到把一些生物立即烤熟。[33] 小行星撞擊地面時，將大量的塵埃和硫磺拋入大氣層，遮擋陽光，並產生含硫的空氣。陸地會結冰，雨水和海洋會被酸液浸透，植物在幾乎看不到陽光的情況下會死亡。

大滅絕事件的特色就是大氣、海洋和陸地系統的劇烈變化。

第 6 章　生物多樣性

動物和植物被丟進一個牠們不認識且無法適應的世界。大多數無法適應，但有極少數卻做到了。或許比大多數物種滅絕更令人驚訝的是，有些物種倖存了下來。不僅活了下來，還重新繁榮起來。在每次滅絕高峰之間，都有一段恢復期，生命不僅存續，還會逐漸繁盛起來。某些物種的滅絕為新物種的出現騰出了空間。

所以，關鍵問題是：我們是否正走向第六次大滅絕？還是我們已經身處其中？

要試著回答這個問題，我們需要把注意力集中在定義大滅絕的兩項標準：75%的物種和大約200萬年的時間。

自從1500年以來，大約有1.4%的哺乳動物絕種了。[34] 若觀察其他一些受到研究關注的動物，情況也類似：1.3%的鳥類、0.6%的兩棲動物、0.2%的爬行動物和0.2%的硬骨魚都已經絕種了。這數量很龐大，雖然還沒接近世界物種的75%，但這些滅絕發生的速度讓人擔憂。

即使我們只考慮自1500年以來，也就是短短500年內，已有1%的物種滅絕，我們也能看出滅絕速率很高。簡單的計算可以告訴我們，如果500年內有1%的物種滅絕，那麼以相同的速度繼續下去，只需要3.75萬年就會有75%的物種滅絕。

我們也可以將最近的物種滅絕速率與背景滅絕率進行比較。研究顯示，脊椎動物（如哺乳動物、鳥類、兩棲動物）的滅絕速率比我們預期的快了100到1000倍。[35] 事實上，研究人員認為這可能已是低估，因為有些物種沒有被充分研究，有些可能在我們知道牠們的存在之前就已經滅絕了。[36] 情況更糟的是，當我們將現代的滅絕速率與「五大滅絕」時期的速率進行比較時，我們

發現目前物種消失的速度更甚以往。

這些描述都讓人覺得前景黯淡。每次有人問：「我們是否正走向第六次大滅絕？」答案似乎應該是「是的」。

但為時未晚。前景悲觀的前提，是假設物種將會持續以過去幾世紀來的速度滅絕。這是一個巨大的假設前提，而且是錯誤的。這次的大滅絕事件與以往不同，因為我們可以踩剎車。人類就是那個剎車。地球以前的事件是由重大的地質或氣候變化所導致的：小行星撞擊、巨大的火山爆發和板塊碰撞。一旦這些大氣和海洋的連鎖反應開始，就無法停止。但這次導致物種滅絕的因素是我們。我們可以選擇停止，改變現狀。如果我們今天做出正確的決定，我們可以減緩甚至可能逆轉這些損害。在一些地方，我們已經開始這麼做了。

部分區域的野生動物正在回歸

歐洲野牛是歐洲最大的草食動物。考古證據顯示，野牛曾經廣泛分布，數量繁多，從法國延伸到烏克蘭，一直到黑海的南端。[37]最早的化石可以追溯到早期全新世時期，大約是西元前9000年。

幾千年來，野牛的數量逐漸減少，但過去的500年內野牛數量劇烈下降。砍伐森林和獵殺這種經典哺乳動物是牠們差點絕種的主因。野牛在16世紀時已經在匈牙利滅絕，18世紀在烏克蘭滅絕，到了20世紀初，牠們在野外完全滅絕，只剩下幾十隻被囚養。野牛一度面臨滅絕的危機。但在過去的50年裡，野牛數量復甦了。野牛的數量到2021年底已經接近10000隻。我

們發現世界各地有許多成功的保護計畫，恢復了動物的種群數量。保育組織聯盟——包括倫敦動物學會（Zoological Society of London）、國際鳥盟（BirdLife International）和歐洲再野化計畫（Rewilding Europe）——定期報告歐洲動物種群的變化。在他們的最新刊物中，他們研究了24種哺乳動物和一種爬行動物——海龜——的種群變化，這些動物正在重返家園。[38]

歐亞獾的數量平均增加了100%，也就是翻了一倍。歐亞水獺的數量平均增加了三倍。赤鹿的數量增加了331%。歐亞河狸的恢復最為顯著，平均增加了167倍。在20世紀上半葉，歐洲可能只剩下幾千隻河狸。如今，河狸的數量已超過120萬。

歐洲是怎麼辦到的呢？簡單來說，歐洲停止了許多原本導致哺乳動物滅絕的活動。過去50年來，歐洲的農業用地減少，這使得自然棲息地得以恢復。另一個重要的發展是各國實施了有效的保護政策，例如完全禁獵或設立獵捕限額、指定法律保護區域、派遣巡邏隊抓捕偷獵者，以及為某些物種的繁殖提供補償計畫。最後，一些動物如歐洲野牛和河狸，通過繁殖和重新引入計畫重返家園。

歐洲並不是特例。美國野牛已成為美國的國家象徵。在歐洲人殖民美洲大陸之前，這片土地上曾有超過3000萬頭美國野牛。然而，野牛卻在19世紀被大規模迅速獵殺。到了1880年代，野牛的數量已銳減至僅剩幾百頭。幸運的是，保育公園成功庇護了最後僅存的野牛，並且，隨著狩獵法規改善，野牛族群在過去一個世紀裡逐漸恢復。如今，北美的野牛數量已回升至約50萬頭，比當年最低點增長了1000倍。

歐洲的野生動物回來了

圖表顯示了歐洲研究的動物族群數量的平均相對變化。例如，歐亞河狸的數據顯示了 1960 年至 2016 年間，98 個研究的河狸種群數量的平均相對變化。

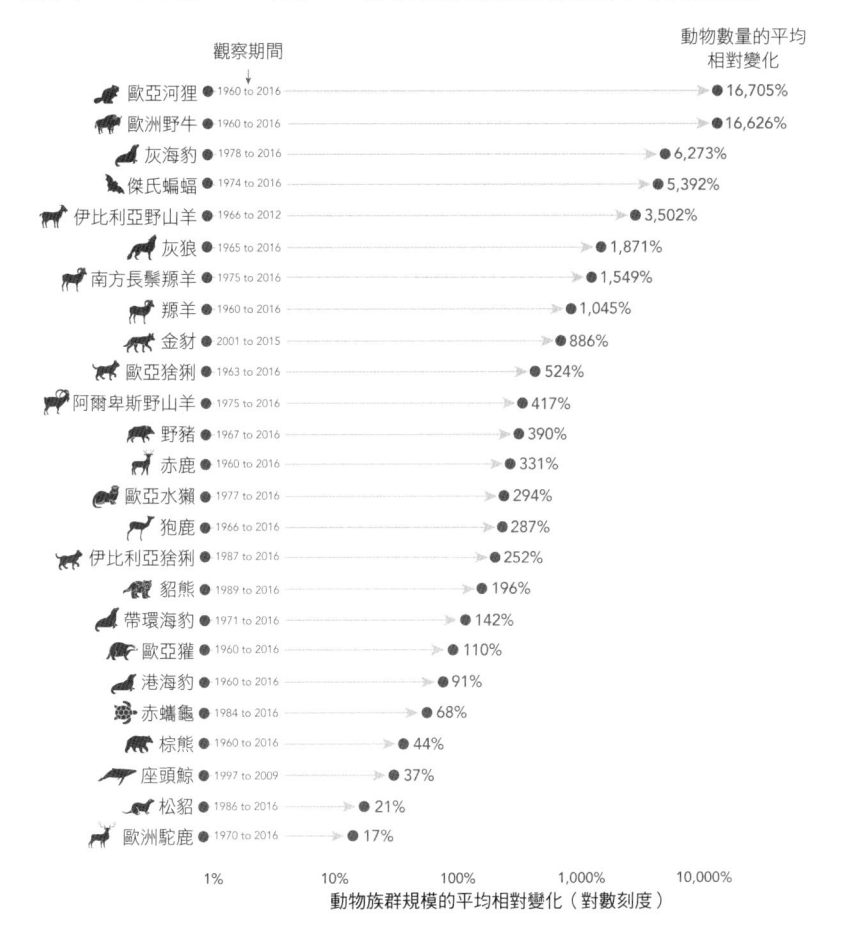

動物	觀察期間	動物數量的平均相對變化
歐亞河狸	1960 to 2016	16,705%
歐洲野牛	1960 to 2016	16,626%
灰海豹	1978 to 2016	6,273%
傑氏蝙蝠	1974 to 2016	5,392%
伊比利亞野山羊	1966 to 2012	3,502%
灰狼	1965 to 2016	1,871%
南方長鬃羱羊	1975 to 2016	1,549%
羱羊	1960 to 2016	1,045%
金豺	2001 to 2015	886%
歐亞猞猁	1963 to 2016	524%
阿爾卑斯野山羊	1975 to 2016	417%
野豬	1967 to 2016	390%
赤鹿	1960 to 2016	331%
歐亞水獺	1977 to 2016	294%
狍鹿	1966 to 2016	287%
伊比利亞猞猁	1987 to 2016	252%
貂熊	1989 to 2016	196%
帶環海豹	1971 to 2016	142%
歐亞獾	1960 to 2016	110%
港海豹	1960 to 2016	91%
赤蠵龜	1984 to 2016	68%
棕熊	1960 to 2016	44%
座頭鯨	1997 to 2009	37%
松貂	1986 to 2016	21%
歐洲駝鹿	1970 to 2016	17%

動物族群規模的平均相對變化（對數刻度）

　　許多成功的復育案例來自富裕國家，但我們不應陷入「只有富國才能保護野生動物」的迷思。事實上，來自不同收入程度國家的成功案例比比皆是。

第 6 章　生物多樣性　　247

全球在1960年代僅剩約40隻印度犀牛。牠們已在巴基斯坦滅絕，而僅存的印度犀牛則零星分布於印度和尼泊爾。然而，在那之後，印度犀牛的數量成長了100倍，如今已接近4000隻。

撒哈拉以南的非洲則是全球最成功的保育案例之一。南方白犀牛曾經遍布整個非洲大陸，但因歐洲殖民者大規模獵殺，以及農業開墾導致棲地破壞，這種美麗的動物在19世紀末幾乎團滅。到了1900年，全球僅剩20隻南方白犀牛，全部生存在南非的赫盧赫盧韋－印姆弗魯茲公園（Hluhluwe–iMfolozi，如今為自然保護區）。

20世紀期間，透過非洲各大自然保護區的嚴格保護措施，南方白犀牛的數量迅速回升，如今已超過2.1萬隻。與一個世紀前相比，這個物種的數量已增加了1000倍，是全球最成功的動物復育案例之一。因此，認為全球的動物正走向滅絕，而我們卻無能為力的想法並不正確。

威脅多，但解方可以一舉多得

如果我們想拯救全球的野生動物，首先要弄清楚動物為何正在消失。問問大家「野生動物最大的威脅是什麼？」許多人可能會回答：「氣候變遷」或「塑膠汙染」。我們已經習慣看到新聞畫面裡北極熊餓到皮包骨、無尾熊被大火吞噬，或是鳥類的喙被六罐裝的塑膠環困住了。

這些確實對部分野生動物構成威脅，但最大的威脅往往被忽略——人類想吃飽。一直以來都是如此。雖然新的威脅不斷出現，但今日最嚴重的威脅，其實與過去並無二致。自1500年

以來，過度捕獵與農業活動已導致75%的植物、兩棲類、爬行類、鳥類和哺乳動物滅絕。事實上，這個問題可以追溯得更遠——我們與大型哺乳動物的直接競爭，早已導致數百種最大型的動物滅絕。本質上，一切都沒有改變。

森林砍伐、狩獵、漁業與農業都是對野生動物的直接威脅，使數千種物種面臨滅絕風險，且許多物種同時受到多種威脅。好消息是，解決方案可以一舉多得：減少肉類攝取可降低農業用地需求，進而減緩氣候變遷並減少生物多樣性的流失；停止森林砍伐則能減少棲地喪失與溫室氣體排放。

∞ 我們可以從這些小事做起

喪失生物多樣性是本書中最棘手的環境問題之一，但我仍然相信我們可以扭轉局勢。

其他環境挑戰的核心驅動力，都是為了讓人類的生活變得更美好。我們有著迫切的、具體的需求，必須解決這些問題，否則我們無法長久健康的生存。例如：我們希望改善空氣汙染，因為這影響我們的健康。我們想應對氣候變遷，以免城市被淹沒。我們當初之所以能解決臭氧層破洞問題，是因為擔心皮膚癌的風險。我們解決這些問題的驅動力，其實都有點自私。我指的自私是從整個物種的角度來看，人類的繁榮與我們周遭環境的改善密不可分。我們維護環境，最終也是在保護自己。

生物多樣性並不是這樣。我想再強調一次，我不是在否認人類依賴健康的生態系統才能生存。我們的確仰賴周遭的物種來維

什麼因素導致全球物種走向滅絕？

對特定生物多樣性喪失因素而言，物種受威脅而面臨滅絕風險比例。以下數據來自世界自然保護聯盟（IUCN）《瀕危物種紅色名錄》的研究，其中有 8688 種接近受威脅或瀕臨滅絕的物種，受評估物種中約 80% 面臨多重威脅的風險。

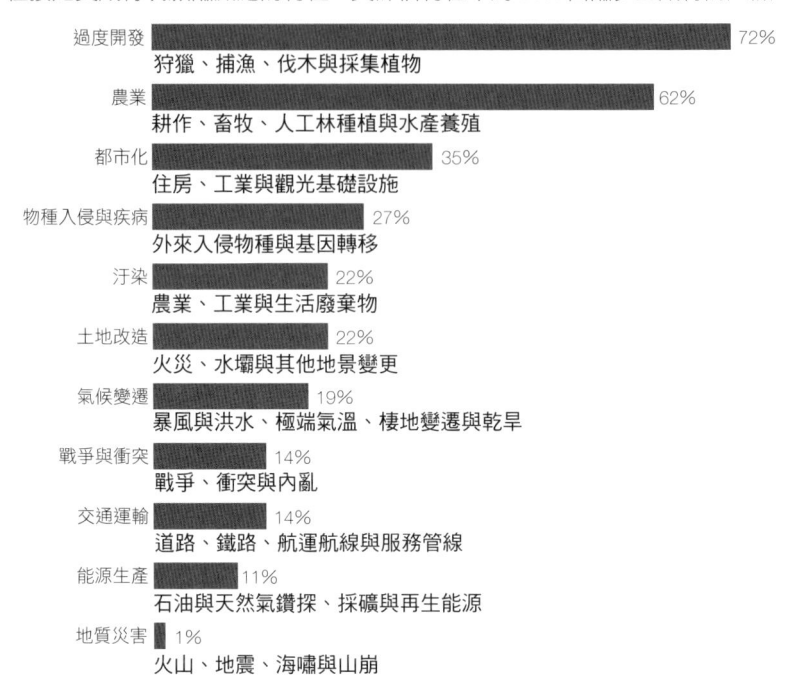

因素	比例	說明
過度開發	72%	狩獵、捕漁、伐木與採集植物
農業	62%	耕作、畜牧、人工林種植與水產養殖
都市化	35%	住房、工業與觀光基礎設施
物種入侵與疾病	27%	外來入侵物種與基因轉移
汙染	22%	農業、工業與生活廢棄物
土地改造	22%	火災、水壩與其他地景變更
氣候變遷	19%	暴風與洪水、極端氣溫、棲地變遷與乾旱
戰爭與衝突	14%	戰爭、衝突與內亂
交通運輸	14%	道路、鐵路、航運航線與服務管線
能源生產	11%	石油與天然氣鑽探、採礦與再生能源
地質災害	1%	火山、地震、海嘯與山崩

持生命平衡——從食物、乾淨水源，到氣候調節，都與生物多樣性息息相關。但問題在於，我們往往不知道這些物種真正的角色。（還記得哈定的名言：「你永遠無法只做一件事」嗎？）換句話說，我們很難精確掌握生物之間錯綜複雜的相互影響，進而導致許多物種的消失，且沒有立即引起警覺。

再加上，人類仍然習慣將其他動物視為與自身截然不同的存在，忽略了彼此之間的共生關係。生物多樣性的流失，往往被視

為一種慈善議題,而不是我們前進過程中不可或缺的一環。相比減少空氣汙染或應對氣候變遷,保護生物多樣性似乎顯得不那麼重要,這正是我們需要改變的思維。

我不認為我們會像對待其他環境問題那樣,直接投入大量資源來解決生物多樣性的流失。但讓我感到樂觀的是,當我們解決其他環境問題時,生物多樣性將間接受益。減緩氣候變遷、改善糧食系統、阻止森林砍伐、終結塑膠汙染、保護海洋——這些行動帶來的美好副作用,就是減少人類對其他物種的壓力。換句話說,當我們努力讓世界變得更永續,許多瀕危物種也能在這個過程中獲得喘息的空間。

保護具生物多樣性的區域

在本書探討的各種環境問題中,唯一無法透過其他方式間接受益的解決方案,就是建立保護區,直接保護生物多樣性。所謂的「保護區」,本質上就是限制人類活動,讓自然棲地能夠自行恢復,讓生態系統在沒有干擾的情況下得以繁衍。然而,這類「保護」的範圍與強度差異極大。

目前保護區共分為七大類,從最嚴格的自然保留區(幾乎禁止所有人類活動)到允許「永續開發」的區域,例如可進行有限度的伐木或捕漁。這些不同等級的保護措施,決定了當地生態能夠受到多大的保護與恢復機會。

2021年,全球約16%的土地被劃為「保護區」。[39] 這些區域被認定為科學保護地,代表著當地的生態系統受到一定程度的保護。這也表示,全球已經達成聯合國設定的2020年生物多

樣性保護目標,即保護至少 16% 的陸地。然而,保護區的範圍還需要進一步擴大。2022 年 12 月,在聯合國生物多樣性公約締約方會議(COP 15)上,各國達成了一項重大協議,即「30×30 計畫」,目標是在 2030 年前,將全球受保護的陸地與海洋範圍擴大至 30%。[40] 這項計畫被視為生物多樣性版的《巴黎氣候協定》,代表全球對於保護自然生態的進一步承諾。

一些保育團體希望將保護區的範圍再進一步擴大,提出「50×50」目標,即在 2050 年前保護全球一半的陸地。[41] 這項運動被形象的命名為「自然需要一半」(Nature Needs Half)。這並非小眾的理想,而是受到廣泛關注的願景。著名生物學家愛德華‧威爾森(Edward O. Wilson)甚至為此寫了一本書,名為《半個地球:我們為生命而戰》(*Half-Earth: Our Planet's Fight for Life*)。[42] 他在書中提出:「唯有將地球的一半劃為保護區,甚至更多,我們才能拯救自然生態,並確保我們自身生存所需的穩定環境。」

並非所有人都認同「50×50」這樣的保護模式。將一塊土地劃為「保護區」是一回事,但如何確保法律落實、監管執行、違規行為受到懲處,則是另一回事。更棘手的問題在於:我們應該將自己視為生態系統的一部分,與野生動物共存?還是要將人類與其他物種劃分為不同的「區域」,各自生存?事實上,人類社會一直與野生動物並存,尤其是農村與原住民族群,他們不僅與自然環境共存,還在保育工作中發揮了關鍵作用。[43] 目前,原住民土地占全球陸地面積的四分之一,並與全球 40% 的陸域保護區及生態完整的地景重疊。[44] 若將全球保護區從 16% 擴展至

50%，這種重疊程度只會更多。

妥善管理的保護區能發揮關鍵作用，防止農業開發、資源開採或其他破壞性活動對生態系統造成干擾。然而，哪些地區應被劃入保護範圍、如何制定相關規範，都是需要謹慎考量的議題。

∞ 注意！你應該更關心的事

在本書探討的大多數環境危機中，有許多事其實不需要過度擔憂。然而，生物多樣性卻是個例外——許多人根本沒有意識到生物多樣性的重要，或者只關心特定幾種動物，如大熊貓或北極熊。沒關係：我完全不反對捐款給保育慈善組織。

但是很多人出錢出力的時候，卻忽略了更需要關心的議題。這張清單你應該不陌生：其實就是本書各章所強調的解方。我們需要：

- 提升農作物產量，減少農業用地需求。
- 終結人為毀林。
- 減少肉類消費，降低對畜牧業的依賴。
- 提高化學投入品（如肥料與農藥）的使用效率，而非完全消除。
- 減緩全球氣候變遷。
- 阻止塑膠汙染海洋。

只要我們做到這些，全球生態系統就有機會恢復生機——不是讓自然與人類對立，而是讓我們與大自然共存共榮。然而，時間不等人。每一次拖延，可能都代表著另一個物種的永遠消失。

第 7 章
海洋塑膠
淹沒在垃圾海中

> 研究顯示：到了2050年，海裡的塑膠會比魚還多。
> ——2016年《華盛頓郵報》[1]

你或許聽過這個統計數據被當作事實廣為流傳。艾倫・麥克阿瑟基金會（Ellen MacArthur Foundation）在2016年發布的報告中用了這個數據，之後就火了。[2] 但這是真的嗎？要驗證這個說法，我們需要知道兩件事：海洋中到底有多少魚？以及2050年海洋中的塑膠量將有多少？

我們先從魚開始。海洋中到底有多少魚？我們不知道。魚的數量難以精確計算，科學家通常使用衛星技術來估算海洋中的浮游植物（微小藻類）數量。這些藻類在海洋中呈現出藍綠色光帶，可透過衛星影像觀測到。由於藻類位於食物鏈的底層，研究人員可以根據藻類的數量來推估海洋生物的總量。

科學家賽門・詹寧斯（Simon Jennings）在2006年利用這種方法推算出，海洋中約有8.99億噸的魚。[3] 艾倫・麥克阿瑟基金會就是引用這個數字。

只不過，這個數字有問題。甚至連詹寧斯後來也不支持這個數字了。他在多年後重新檢視研究內容，做出新的結論，認為原本的估算大幅低估了海洋生物的數量。他後續的研究結果顯示，海洋中的生物總量可能介於20億至100億噸，是他最初估算的2到10倍。因此，他也沒辦法判斷這些海洋生物裡有多少是魚。

事實上，我們不知道大海中有多少魚，但可能比艾倫・麥克阿瑟基金會相信的還多。

那塑膠呢？同樣的，相關數字也禁不起檢視。有份2015年的研究曾估算過全球在2025年共製造了多少塑膠，又有多少流入海洋中。[4]基金會簡單粗暴的推論出到2050年海洋塑膠會增加多少。這樣的假設很粗劣。原本的主要研究者珍娜·詹姆貝克（Jenna Jambeck）曾對英國廣播公司（BBC）說：「她對於將自己的研究結果從2025年推估至2050年，並沒有信心。」[5]

問題是，在基金會假設接下來的數十年裡，一切都會愈來愈糟，而且我們會對塑膠汙染袖手旁觀。並沒有，這不是事實：到了2050年海洋裡面漂流的塑膠類並沒有那麼多。

不管是魚群或塑膠的數量，原始資料來源都和基金會產出的數據都對不上。這是個值得質疑的說法。雖然我喜歡深入挖掘數據以查核事實，但比較魚群和塑膠的數量根本不重要，這數字一直在變化。不管魚類和塑膠的比例是多少，塑膠汙染本來就是個嚴重問題。哪怕塑膠垃圾的總量只是魚類總量的一半、四分之一、甚至十分之一，都足以對生態環境造成重大影響。

塑膠垃圾汙染遍布全球各大洋，並非誇大其辭。

地球上要找到個不受人類影響的地方真的很難。就連地表最高峰——聖母峰的頂峰——也到處是垃圾。你可能以為深海裡還能找到純淨之處。當然，海岸線和捕漁區都被人類做滿記號了，那海中間呢？

想像一下，當查爾斯·摩爾船長（Captain Charles Moore）發現自己航行在世界上最大的塑膠垃圾聚集區時，他會有多震驚。摩爾天生與海洋密不可分——他是一名衝浪者和水手。1997年，他參加完泛太平洋帆船賽（Transpac），準備從夏威夷返航

加州。這條航線從洛杉磯延伸至夏威夷，是世界上最著名的遠洋航行賽道之一。然而，在航行途中，他意外闖入一個前所未見的塑膠垃圾海域。多年後，他回憶起當時景象，仍難掩震驚：[6]

當我站在甲板上，望向本應純淨無瑕的海面時，映入眼簾的卻是無邊無際的塑膠垃圾。這景象令人難以置信，我甚至找不到一處乾淨的水面。那一整週穿越副熱帶高壓帶時，無論白天還是夜晚，我的視線範圍內總是漂浮著塑膠廢棄物：瓶子、瓶蓋、包裝袋、碎片……到處都是。

他是第一個報導這片巨大「塑膠湯」的人。摩爾為海洋垃圾創造了許多名詞，像是「湍急的下水道」、「垃圾高速公路」，但最後真正流傳開來的，卻是他一位同事所提出的名稱——「太平洋垃圾帶」（Great Pacific Garbage Patch, GPGP）。

「太平洋垃圾帶」位於夏威夷和加州之間的海域。這裡的洋流形成了一個太平洋渦流（Pacific Vortex），讓漂浮的垃圾不斷聚集，往中心靠攏。其中大部分是塑膠垃圾，有些已經漂流超過50年，成為一個漂浮在海上的碳氫化合物「時光膠囊」，等待著某天被人發現。這片垃圾帶的範圍大約160萬平方公里，是法國面積的三倍。[7]而且這還只是中心較為密集的部分，四周還有大量散布的塑膠垃圾。這是人類對環境影響的最直觀證據之一。這就是塑膠的黑暗面：那些最終被鯨魚吞入胃裡，或纏住海龜脖子的塑膠廢棄物都是。但儘管我不願承認，塑膠其實也有光明的一面，只是沒有受到肯定。

我開始寫這本書的時候，正值新冠肺炎大流行期間。說來奇怪，寫關於氣候變遷、空氣汙染和森林砍伐的內容，竟然成為了一種逃避現實的方式，但這確實是事實。雖然我受過環境科學的專業訓練，但這些年我的工作內容已經大不相同——我成了一名流行病學數據科學家，而這份工作在開始時，我甚至不知道自己已經「入坑」了。自疫情初期，我在「數據看世界」的團隊便開始收集、視覺化並分享全球疫情數據，每天更新，涵蓋各國的各種指標。我們很快成為政治人物、記者、研究人員和大眾查詢疫情趨勢的首選來源。甚至美國總統川普都會拿著我們的數據圖表，印在皺巴巴的紙上，展示在新聞鏡頭前。

　　所有新冠病毒數據的背後，都是一個個活生生的人。有人在病痛中煎熬，有人失去至親而悲痛不已，也有無數英勇的醫師、護理師、志工和科學家，透過治療與疫苗拯救生命。除此之外還有一個不被注意的關鍵要素——塑膠。我們戴的口罩、用來檢測是否感染的快篩試劑、運送疫苗的試劑瓶，甚至是維持住院病人呼吸的氧氣管，都離不開塑膠。試想，如果沒有塑膠，我們要如何應對這場全球大流行？我們根本無法想像。

　　塑膠確實是一種神奇的材料。無菌、防水、多用途且價格低廉。塑膠（plastic）這個詞源自希臘文 plastikos，意思是「能夠被塑形或模製」，而這東西確實不負其名——我們幾乎可以用塑膠製造任何東西。我們常抱怨塑膠已經滲透到生活中的每個角落，但這也剛好證明塑膠的實用性無可取代。

　　塑膠雖然有會傷害環境的劣勢，但也具備某些環保優勢。正如我們所看到的，如果我們明天就全面淘汰塑膠，全球的食物浪

費量將大幅增加。而食物浪費的環境代價極為高昂：生產這些食物所需的農地、水資源灌溉，以及為了生產最終卻無法被食用的食物而排放的溫室氣體，都將造成嚴重影響。

塑膠對運輸業也很重要。無論是航空、航運，還是陸地運輸，都是要將重物從一個地方運送到另一個地方。因此，運輸業是能源消耗大戶，也是導致氣候變遷的重要因素。而塑膠的輕量化特性在這裡發揮了關鍵作用。如果沒有塑膠，我們將不得不使用更重的材料，這將進一步增加燃料消耗並釋放更多溫室氣體。

從食物保鮮到醫療應用，再從運輸到安全設備，塑膠已經成為我們生活中不可或缺的一部分。然而，塑膠與本書中探討的其他環境問題不同。其他議題往往有著悠久的歷史，而塑膠的歷史則相對短暫。塑膠的崛起發生在短短一個世紀內，但影響卻已經遍及全球。

∞ 問題的來龍去脈：從昔日到今日

1907 年，比利時化學家李奧・貝克蘭（Leo Baekeland）發明了世界上第一種完全合成的塑膠——電木（Bakelite），並以自己的名字命名。[8] 他後來也被稱為「塑膠工業之父」。

貝克蘭與本書中其他科學先驅截然不同。保羅・克魯岑、法蘭克・羅蘭和馬力歐・莫里納想要修復臭氧層；佛列茲・哈柏和卡爾・博世和諾曼・布勞格致力於解決全球糧食危機。貝克蘭則完全不掩飾自己的動機：他研究合成材料是為了賺錢。正如他自己所說，他選擇研究「最有可能最快出結果的問題」。[9] 這與其

他科學家不同，別人往往需要長時間的研究，甚至無法保證會有正向的成果。

在電木問世之前，世界上主要使用蟲膠（shellac），這是一種來自雌性紫膠蟲（lac bug）分泌的樹脂。當地人會從印度和泰國的樹幹上刮取紫膠，然後加熱融化成液態，用來製作木器漆、裝飾品、相框、保護塗層，甚至曾用來製造留聲機唱片（在轉向黑膠唱片之前）。貝克蘭觀察到，隨著需求的增加，蟲膠的價格飆升，顯示供應已經跟不上市場需求。這讓他開始思考：是否可以在實驗室中複製這種樹脂，而不依賴自然界的紫膠蟲？他開始嘗試從零開始合成樹脂，而這場實驗最終催生塑膠時代的來臨。

貝克蘭著手進行實驗，並堅信苯酚（phenol）與甲醛（formaldehyde）的化學反應能夠產生他所尋找的理想材料。他嘗試在不同的溫度、壓力及化合物比例下進行反應，努力尋找最佳的合成條件。然而，他的第一個「成功」並不是真正的突破。他生產出了一種名為「Novolak」（酚醛樹脂）的物質，雖然已經接近目標，但仍然少了他夢寐以求的那種卓越性能，無法滿足他的期待。

終於，他找到了理想的材料——經過無數次試驗與調整，貝克蘭終於成功。他合成出電木——這正是他夢寐以求的材料。如今，一些科學家稱其為「擁有千種用途的材料」，足見其多功能性與實用價值。貝克蘭於1907年為電木申請專利，並於1909年12月7日獲得核准。這天，也成為現代塑膠誕生的紀念日。

電木對當時新興產業來說可謂完美無缺，尤其是在電子與運輸領域。由於耐電、耐火、耐熱的特性，電木被廣泛應用於電

線、保護外殼與各類電器設備,並逐漸成為高階產品的首選材料。然而,與現今相比,當時全球的塑膠使用量仍相當有限。塑膠仍屬於一種相對高級、專屬於美國與歐洲的產品。即便到了1950年,全球塑膠年產量也僅約200萬噸。[10] 隨著塑膠的普及與產業發展,市面上開始出現各式各樣的新型塑膠材料,有些更柔韌,有些則製造成本更低。塑膠很快從利基市場變成全球主流,滲透到日常生活的方方面面。

接著,塑膠產量大爆發。到了2000年,全球每年生產2億噸塑膠;2010年,這一數字增至3億噸;到了2019年,產量更是達到4.6億噸。[11]

∞ 今日,世界已經沒那麼糟

塑膠因具備神奇的特性,而成為現代社會不可或缺的材料,但這些優勢同時也是致命弱點。塑膠堅固耐用,難以自然分解。自1950年以來,全球累積生產的塑膠已超過100億噸,相當於每個地球人擁有超過1噸的塑膠。其中大多數塑膠至今仍以某種形式存在於世界各地。

塑膠用量與都市化程度有關

你每年會產生多少塑膠垃圾?試著猜猜看。

英國人平均每年產生約77公斤的塑膠垃圾,這相當於一個成年男性的體重。而美國人平均每年產生124公斤,這聽起來很多,但如果換算成每天的量,在英國大約是200克,這數字雖然

仍然驚人，但至少比較容易理解。雖然塑膠已經成為許多人生活中的必需品，但並非全世界每個地方都是如此。有些地方的人幾乎不會接觸到塑膠。在印度，每人每年的塑膠垃圾量僅為4公斤，而美國人不到一個小時就能製造出印度人一天的塑膠垃圾量。全球塑膠垃圾的模式則很一致。富裕國家裡每人產生的垃圾量通常較高，都市化程度較高的國家也一樣。島國如巴貝多與塞席爾群島，由於城鎮與城市占比高，塑膠垃圾產量也較高。這一切其實都說得通。如果你住在偏遠地區，沒有便利的運輸或物流系統，塑膠製品根本不會輕易進入你的生活。這可能解釋了為什麼印度、肯亞和孟加拉等國家的人均塑膠垃圾量特別低——因為當地60%至70%的人口居住在農村地區，而相比之下，英國與美國的農村人口比例不到20%。[12]

　　塑膠的最大用途，大家都知道，就是包裝。當你聽到「塑膠」這個詞，腦海裡可能會浮現塑膠瓶或食物包裝袋的畫面。事實上，全球44%的塑膠都用於包裝，其他用途則包括建築、紡織品、交通運輸與各種消費性產品。如果我們只看塑膠垃圾而非塑膠產品，包裝的比例就變得更驚人了。這是因為塑膠包裝的「壽命」極短，通常只有半年左右。大多數包裝只能使用一次（如果有回收的話可用上兩次），然後生命週期就結束了。這與建築用塑膠截然不同——建築用塑膠可以持續超過30年，汽車塑膠可使用約13年，電子產品中的塑膠則能維持約8年。解決方案可能看起來很明顯。如果我們想要停止塑膠汙染，富國應該別再繼續用不能回收的拋棄式塑膠包材。否則，我們應該盡量提高塑膠的回收率。不過，事情並沒有這麼簡單。

回收有效性的「隱憂」

塑膠汙染的關鍵問題在於最終流向。如果我們單純認為塑膠問題只是使用量的問題，那就等於說我用了五年的運動水壺和太平洋中心被鯨魚吞下的一塊塑膠垃圾都一樣，對環境一樣糟糕。其實不一樣，如果我們想解決塑膠汙染問題，我們就不能把所有塑膠廢棄物一視同仁。

首先，我們關心有多少塑膠最終變成廢棄物，接著才是關心廢棄物的去向。有些塑膠的使用壽命很長，可以使用數年甚至數十年。自2015年以來，全球已生產80億噸塑膠製品，其中不到三分之一仍在使用。至於其餘的塑膠，假設沒有變成垃圾散落環境，基本上只有三種可能的去處：進入掩埋場、被回收，或是被焚燒（在理想情況下，焚燒過程能轉化為能源）。＊目前，絕大多數的塑膠最終進入掩埋場。

即使是那些被回收的塑膠，大多數情況下也只能被回收一到兩次，很少能無限循環再利用。我們習慣將回收視為環保行動的終極解方，只要標示著「可回收」，似乎就等同於「對環境友善」。的確，讓塑膠獲得第二次生命，總比直接焚燒或重新開採石油來製造新塑膠要來得好。但回收塑膠並不是無限循環的過程——至少對全球大多數國家所依賴的機械回收（mechanical recycling）而言，不是無限循環。大家回收塑膠瓶的時候，可能會以為用過的瓶子可以做成另一個塑膠瓶，但事實並非如此。回

＊我在這裡說「理想情況」，是因為在一些較低收入國家，塑膠只是單純焚燒，並未轉化為能源。

收過程會讓塑膠品質逐漸降低，最終只能用來製造品質較低的產品。大多數塑膠最多只能回收一到兩次，之後仍然免不了進入掩埋場。回收雖然延緩了塑膠變成垃圾的速度，但並不能真正消除塑膠廢棄物。這是一個有幫助的環保行動，卻遠稱不上是我們想像中的終極解方。

化學回收（chemical recycling）確實可能讓我們無限回收塑膠。在化學回收過程中，塑膠會被分解回最基本的分子結構。[13] 這是一種非常純淨的處理方式，可以防止塑膠受到汙染或降解。然而，問題在於這個過程極為昂貴，[14] 成本遠高於直接生產新塑膠。這也是為什麼很少企業和國家採用這種方法。如果我們能夠大幅降低化學回收的成本，那麼或許就能真正實現塑膠的循環再利用。目前來看，這仍然遙不可及，但或許未來有一天，這個技術會迎來自己的時代。

所以，即使全球所有人都做到機械回收塑膠，我們仍然無法完全消除廢棄物。如果我們想要徹底消除塑膠廢棄物，唯一的辦法就是完全淘汰塑膠。有些人或許會認為這是應該努力的方向，但這樣做反而會是一個錯誤。當然，我們確實可以在某些方面減少塑膠的使用，應該適度降低消費，但對於許多用途來說——從醫療用品到食品保護——塑膠仍然在我們的生活中扮演著不可或缺的角色。

好消息是，雖然我們無法徹底消除廢棄物，但我們可以消除塑膠汙染。塑膠最大的問題在於我們如何處理廢棄物。當我們沒有妥善管理廢棄物時，塑膠就會變成汙染源，流入自然環境，對野生動植物造成嚴重破壞。

這代表著,光是減少塑膠使用量,並不能真正解決問題。即使我們全球塑膠使用量減半(這本身就是個艱鉅的挑戰),每年仍然會有數百萬噸塑膠流入河川和海洋。除非我們學會在使用後妥善管理塑膠,否則這個問題不會停止。那麼,我們該如何解決這個問題呢?

這裡我們關注的是汙染河川,最終流入海洋的塑膠。雖然塑膠廢棄物也會堆積在陸地上,對吞食或被纏住的野生動物造成傷害,但大多數塑膠最終都會透過水流進入海洋並累積。這才是最嚴重的問題。無論如何,我們接下來要探討的大部分解決方案,都是從源頭阻止汙染,在塑膠廢棄物逸散到環境中或流入大海之前加以遏制。

塑膠廢棄物只有少量流入海中

當查爾斯・摩爾航行穿越太平洋時,他駕駛著船隻穿越來自世界各地的塑膠垃圾流。其中一部分來自海洋活動——漁網、魚線、魚竿等漁業廢棄物,但還有大量塑膠來自陸地,被水流沖刷進海,最終匯聚成漂浮在海面的垃圾帶。

非營利組織蓋普曼德曾進行調查:

全球塑膠廢棄物中,有多少比例最終流入海洋?[15]
A. 少於 6%。
B. 約 36%。
C. 超過 66%。

結果顯示，86%的受訪者選擇了B或C，但正確答案其實是A：少於6%。事實上，這個數字甚至可能比6%還要低。每年約有100萬噸塑膠流入海洋，儘管這個數量仍然龐大，但遠低於許多人的想像。

　　全球每年生產約4.6億噸塑膠，其中3.5億噸最終成為廢棄物。但並非所有這些廢棄物都會進入海洋。會流入海洋的垃圾通常沒有被妥善處理好。如果塑膠被密封填埋在垃圾掩埋場內，往往不會離開掩埋場，而且塑膠廢棄物必須靠近海岸，才能透過河流進入海洋。根據我們的最接近的估算，每年約有100萬噸塑膠廢棄物進入海洋，這僅占全球塑膠廢棄物的0.3%。＊儘管這個數字仍然驚人，卻遠低於許多人原本想像。

　　我沒有要輕視塑膠汙染的嚴重程度。每年100萬噸的塑膠廢棄物進入海洋，仍然是個龐大的數字。試想，每年有100萬噸的塑膠瓶被傾倒入海，年復一年，這樣的畫面依然令人震驚。但我們需要真正理解這個問題——包括汙染的規模，以及汙染的來源，這樣才能有效應對。阻止100萬噸的廢棄物因管理不當而導致塑膠流入河川，和應對數千萬甚至上億噸的塑膠汙染，完全是兩回事。如果人們知道最終進入海洋的塑膠垃圾其實僅占總量的幾個百分點，或許會對解決塑膠汙染更有信心。畢竟，若誤以為三分之一或三分之二的塑膠垃圾都被傾倒入海，的確會讓人感到

＊關於每年確切進入海洋的塑膠量，仍存在一定的不確定性。大多數研究的估計範圍介於100萬至800萬噸，這相當於全球塑膠廢棄物的0.3%至2%。但重點依然不變：只有極少部分的塑膠廢棄物最終進入海洋，遠遠低於許多人以為的「三分之一」或「三分之二」。

無力,甚至覺得努力都是徒勞的。但好消息是,事實並非如此!

全球僅有一小部分塑膠最終流入海洋

約 0.3% 的塑膠廢棄物進入海洋。

全球每年產生 3.5 億噸塑膠廢棄物
▬▬▬▬▬▬▬▬▬▬▬▬▬▬▬▬▬▬▬▬

8000 萬噸管理不當,有汙染環境的風險
▬▬▬▬▬

800 萬噸進入河川和海岸線,有流入海洋的風險
▪

100 萬噸進入海洋,占塑膠廢棄物的 0.3%
|

汙染海洋的塑膠多來自陸地

　　網飛紀錄片《漁業陰謀》(*Seaspiracy*)曾引發爭議,因為片中將全球塑膠汙染問題歸咎於漁業。這部紀錄片裡許多內容都不符事實——我們會在下一章探討其中一些過於誇大的說法。不過,有一個數據大致正確——雖然仍有一些需要補充的細節。

　　《漁業陰謀》聲稱,太平洋垃圾帶中超過一半的塑膠來自漁業活動,也就是被遺棄的漁線和廢棄的漁網。這個說法的確有根據:根據目前最新且品質最可靠的研究估計,該垃圾帶中約 80% 的塑膠來自漁業,剩下的 20% 則來自陸地。[16, *]

　　但這是太平洋垃圾帶裡塑膠廢棄物的比例,不能代表整個海洋。部分來自河流的塑膠垃圾確實會流向公海,但大多數仍

停留在沿岸地區。太平洋垃圾帶位於漁業活動密集的海域，因此吸納了大量廢棄漁具，導致這類「幽靈漁具」（Ghost Fishing Materials）塑膠垃圾的比例特別高。

我們無法確切得知全球海洋中的塑膠汙染有多少來自陸地，又有多少來自海上。目前最可靠的估算顯示，大多數——約80%——來自陸地，剩下的則來自漁業及其他海洋活動。

那麼，這些塑膠汙染究竟來自哪裡？我們可能會直覺的認為，塑膠垃圾最多的國家就是使用塑膠最多的國家——也就是世界上最富有的國家。但這並不是我們應該關注的指標。我們真正關心的是哪些國家的塑膠垃圾最終進入海洋。這與一個國家使用多少塑膠無關，關鍵在於這些塑膠廢棄物在使用後流向何處。

如果你住在英國或其他類似富裕國家，除非你故意把塑膠垃圾丟進河裡或海灘上，否則你的塑膠垃圾大概不會流入海洋。☆這些塑膠垃圾最終會進入掩埋場、被回收，或者被安全焚燒來發電。這一切都發生得自然而然，我們根本不會想到自己只是把垃圾丟進垃圾桶（最好是回收桶），然後就會有人處理掉。的確，許多高收入國家確實會把部分塑膠垃圾運往國外（我們稍後會看到具體數據），但整體而言，被運往較貧窮國家的塑膠垃圾數量其實不多。這對於塑膠垃圾最終流入海洋的總量幾乎沒有影響，最多只是影響幾個百分點。

＊根據更早的研究估計，太平洋垃圾帶中約60%的塑膠來自漁業活動，這個數字較接近《漁業陰謀》紀錄片中所引用的「超過一半」的統計數據。
☆但這裡有一個例外，若發生極端事件，如颶風或洪水，情況可能會有所不同。例如，2011年日本東北大地震與海嘯期間，大量塑膠垃圾被沖入海洋。

富裕國家的廢棄物管理系統完善，因此被不當處理、進而流入海洋的垃圾量相對較少。但不是每個地方都有完善的垃圾處理系統。廢棄物管理乏味又缺乏吸引力，同時也很花錢。城市在快速擴張時（正如許多中等收入國家現況），需要大量資金投入才能確保垃圾桶和回收中心的數量跟上大都會成長的速度。在某些國家，甚至沒有定期垃圾清運服務來將廢棄物送往掩埋場或回收中心。即使垃圾能夠送到處理場，通常是放在露天垃圾掩埋場，導致塑膠垃圾更容易洩漏到周圍環境。如果我們看向全球塑膠消耗量的地圖，歐洲和北美會是亮點，但如果改看「管理失當的塑膠垃圾量」，地圖的顏色恰好相反──富裕國家幾乎一片漆黑，而南美洲、非洲和亞洲則是一片明亮。舉例來說，馬來西亞每人每年管理失當的塑膠垃圾量，比英國高出50倍──25公斤對比英國的500克。[17]如前所述，並非所有管理失當的垃圾最終都會流入海洋，但管理不周確實讓塑膠廢棄物更可能進入海洋。

　　讓我們來看看塑膠如何流入海洋。我最欣賞的環保人士包括柏楊・史萊特（Boyan Slat）。不過，如果稱他為「環保人士」，他可能會反對，因為這位荷蘭企業家是一位行動派，從不空談。他不只是研究問題，而是積極尋找解決方案。他對解決塑膠汙染的執著，從16歲時就開始了。當時，他在水肺潛水時，發現海裡的塑膠比魚還多，這讓他深感必須做些什麼。之後，他進入航太工程學系就讀，但就像所有最精彩的創業故事一樣，他最後選擇輟學，創立自己的事業，專注於解決海洋塑膠問題。

　　首先，柏楊和他的團隊開發了高畫質模型，來追蹤全球塑膠如何進入河流，以及最終流入海洋。一般學術界做這類研究，通

常是出於好奇心,或純粹為了興趣,但對於柏楊和他的團隊來說,這項研究有實際的應用價值。他們面對的挑戰不只是如何從海洋清理塑膠,而是如何阻止塑膠垃圾一開始就流入海洋。要做到這點,必須清楚了解塑膠來源,以及需要攔截多少塑膠才能有效減少汙染。因此,這些模型成為解決塑膠問題的關鍵工具。

據他們估計,全球在2015年大約排放了100萬噸的塑膠進入海洋。在他們所模擬的十萬條河流出海口中,有三分之一都正把塑膠垃圾沖入大海。光是這一點就說明了一個重要的事實:我們可能以為大多數河流都在把塑膠輸送到海洋,但實際情況剛好相反,大多數河流對塑膠汙染的排放量和影響其實非常少。

這對柏楊‧史萊特和他的團隊來說是個好消息——代表他們只需要處理全球三分之一的河流,不是全部的河流都在排放塑膠垃圾。實際上,問題的集中程度甚至更高。雖然有數萬條河流都在釋出塑膠到海洋,但大部分的塑膠汙染其實集中在少數的幾條河流上。根據研究,80%的海洋塑膠來自1656條排放量最多的河流。其中,81%的塑膠來自亞洲。這個數字看起來非常高,但過去的研究也得出了類似的結論。[18,*]

儘管這比例很驚人,但其實也合情合理。亞洲擁有全球60%的人口,許多人口都高度集中在鄰近主要河流的區域。此外,許

---

*過去的研究曾估計,塑膠汙染的集中度甚至更高。有一份研究指出,全球塑膠海洋汙染有80%來自五條最大河流;另一份則認為是162條河流。但這些早期模型的畫質較低,假設過於簡化——認為塑膠排放主要取決於河流大小與周邊缺乏廢棄物管理的人口數量。這導致排放量幾乎全由長江、西江、黃浦江、恆河、尼日的克羅斯河及亞馬遜河等大型河流給包了。但事實證明,塑膠在河川中的流動機制要複雜得多。

多世界上經濟成長最快的國家都位於亞洲，包括中國、印度、馬來西亞、菲律賓與孟加拉等，這些國家正從貧困中突圍，邁向經濟蓬勃發展的階段。當國家從低收入邁入中等收入階段，消費者會開始生產並使用更多塑膠，逐漸接近富裕國家的消費習慣。問題在於，這些國家的廢棄物處理基礎建設，往往跟不上其經濟與消費的迅速擴張。

看看其他大洲，大約有8%的塑膠來自非洲河川、5%來自南美洲、5%來自北美洲。歐洲與大洋洲加起來的塑膠垃圾排放量則不到1%。這些數字令人難以接受，因為這傳遞了一個我們不太願意面對的現實。身為一位歐洲人，我希望自己能透過減少使用塑膠包裝、不再用拋棄式購物袋、回收用過的牛奶紙盒，來在解決塑膠汙染這個問題上發揮影響力。但遺憾的是，事實並非如此。即使全歐洲的人從明天起全面停止使用塑膠，全球海洋也不會有明顯的變化。

雖然歐洲河川排入海洋的塑膠對全球整體海洋的影響可能不大，但對歐洲自身的海岸線卻至關重要，因為這些塑膠往往會集中在沿岸區域、停留不散。

歐洲沿岸地區的塑膠垃圾幾乎全都來自歐洲本身的河川。其他地區也是如此。所以，就算歐洲全面停止使用塑膠，全球海洋可能感受不到太大變化，但歐洲的海岸線絕對會明顯改善。地中海更是如此。這是一個封閉的內海，塑膠幾乎都是來自周邊國家。如果歐洲想要擁有無汙染的海岸線，實現這個目標幾乎完全操之在己。

塑膠垃圾外包比例已下降

現在我們要來談一個棘手的問題：富裕國家是否只是靠著把垃圾出口到其他國家，來「處理」自己的廢棄物？我常被問到這個問題。這其實和另一個常見問題類似：這些國家是否把碳排放「外包」到其他國家，來降低自身的碳排數據？

如果這在廢棄物處理方面屬實，反而還可能是一個「好消息」——因為解決全球塑膠汙染的方法就會變得簡單得多：只要禁止國家出口垃圾就好了。

可惜事情沒那麼簡單。富裕國家運往海外的塑膠垃圾其實只占整體的一小部分。即使完全禁止出口，也頂多能防止其中幾個百分比（可能最多約5%）的垃圾流入海洋。這樣做當然有幫助，但遠遠稱不上是解決問題的萬靈丹。

英國在塑膠垃圾處理上，其實幹過不少骯髒事。各國之間買賣回收塑膠是很常見的事，英國理應把乾淨、可回收的塑膠賣給其他國家，好讓舊塑膠用來製造新產品。然而，這幾年卻接連爆出醜聞：好幾個國家發現英國出口的塑膠中混入大量汙染物，根本無法回收，只能把整批貨退回來。說白了，英國就是在把自己的垃圾往國外倒。

幹壞事的不只是英國，其他國家在這方面也好不到哪裡去。許多接受垃圾的國家後來終於受不了了。2017年，中國率先表態不再進口塑膠垃圾，並正式禁止相關進口。[19]中國當時是全球最大的塑膠垃圾進口國，一旦關起大門，大量的塑膠垃圾就得另覓他處，結果這些垃圾便流向其他亞洲鄰國，如越南、馬來西亞與泰國。

然而這些國家很快也覺得受夠了。馬來西亞在2021年將300多個裝滿受汙染廢棄物的貨櫃原封不動退回原出口國，並最終全面禁止塑膠進口。土耳其也在不久前告訴英國，以後不會再接受英國的塑膠垃圾。

這些不正當交易，聽起來好像全球塑膠垃圾貿易是一個極為嚴重的問題，但要了解實際規模，我們需要看看數據。根據統計，每年全球被賣到國外的的塑膠垃圾約有500萬噸。[20] 這個數字乍聽之下確實不小，但若放在我們實際產生的塑膠垃圾總量來看──也就是每年約3.5億噸──就代表只有大約2%的塑膠垃圾進行了跨國交易。＊換句話說，全球98%的塑膠垃圾其實都是在國內處理的。

不過，這500萬噸的塑膠垃圾若是存在流入海洋的高風險，或許全面禁止塑膠垃圾貿易可以解決問題。要評估這個做法是否可行，我們得先看看這些垃圾是從哪裡來、又被送往哪裡。2018年，全球塑膠垃圾出口量前五名的國家分別是：美國、德國、日本、英國和法國。

那麼，富裕國家會出口多少比例的塑膠垃圾呢？以英國為例，2010年英國據估計產生了約493萬噸的塑膠垃圾，其中有83.8萬噸被出口，相當於約17%。這是一個相當可觀的比例，將近五分之一。英國是全球塑膠垃圾出口量最高的國家之一。參

＊塑膠垃圾跨國貿易只占全球總量的一小部分，其中一個原因是全球的回收率偏低。通常只有可回收的塑膠才會進行貿易。因此，塑膠垃圾貿易的上限，其實就是全球所回收的塑膠總量。

考對比一下，美國在2010年出口大約5%的塑膠垃圾，法國出口11%，荷蘭則是14%。多數富裕國家都是塑膠垃圾的淨出口國。

那這些塑膠垃圾最後去哪裡了呢？這就是令人意外的地方了。幾年前，亞洲是塑膠垃圾最大的進口地，占比高達70%到80%；幾乎所有全球交易的塑膠垃圾最後都到了亞洲。但當這些國家厭倦了富裕國家將垃圾傾倒在自己頭上時，這個比例便迅速下降。如今，歐洲成了塑膠垃圾的最大進口地。[21]

歐洲目前進口了全球超過一半的塑膠垃圾。雖然歐洲國家是主要出口國，但他們出口的近四分之三都是流向歐洲內部的其他國家。一些出口量最大的國家同時也是最大的進口國。例如德國會將塑膠垃圾出口到鄰近的荷蘭、土耳其、波蘭、奧地利和捷克，也會從其他國家進口不同種類的塑膠垃圾回來。

亞洲曾經進口幾乎全球交易的塑膠垃圾，但現在不再如此了

全球各地區在塑膠廢棄物進口中的占比。

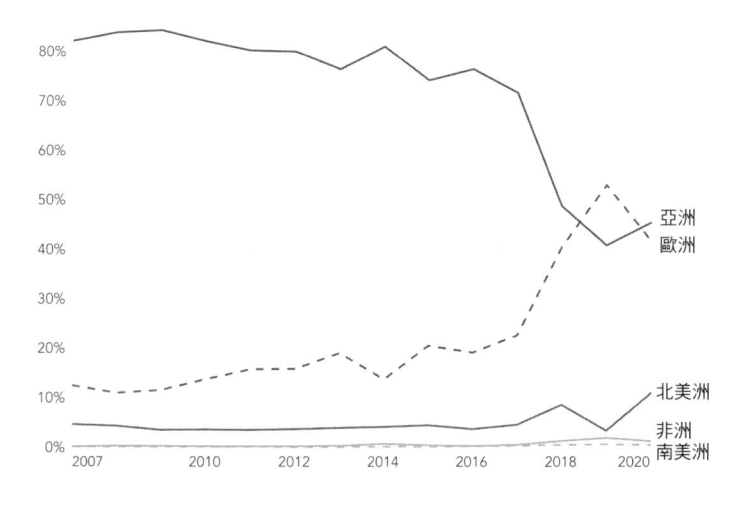

第 7 章 海洋塑膠 275

亞洲進口塑膠量的急劇下滑，正好說明了「法規變了，局勢就變了」這句話有多準。中國、馬來西亞以及其他幾個國家禁止進口塑膠垃圾後，徹底顛覆了全球的塑膠貿易平衡。這其實是個好消息。正如我們先前所見，歐洲原本流入海洋的塑膠量就非常少，現在又成為塑膠垃圾的最大進口地，這代表全球被交易的塑膠大多處於「不太會流入海洋」的低風險狀態。

這也帶出了關鍵問題：富裕國家透過出口垃圾，究竟占海洋塑膠汙染的比例有多少？

在2020年，來自歐洲、北美、日本、香港及其他經濟合作暨發展組織（OECD）國家的「富裕國家」，對低至中等收入國家出口了大約160萬噸塑膠垃圾，而這些進口國正是「塑膠垃圾流入海洋風險較高」的地區。那麼，這其中到底有多少塑膠最後真的進入海洋呢？

我們無法確切知道有多少塑膠垃圾會進入海洋，因為各國對廢棄物的管理狀況差異很大。不過，我們可以試著評估最差與最好的情境。我做了一些簡單的試算，結果顯示：富裕國家透過出口塑膠垃圾而導致的海洋塑膠汙染，占比大約介於1.6%（最佳情境）到10%（最壞情境）之間。最可能的數字，大概落在這個範圍的中段。那麼，全面禁止塑膠垃圾出口是否能減少海洋塑膠汙染？答案是：或許能降低一點，但遠遠無法解決整體問題。因為全球塑膠垃圾中，實際被交易的只是極少部分，而且大多數最後是流入那些塑膠外洩風險極低的國家。

不過，嚴格管制塑膠垃圾貿易還有其他理由。富裕國家把其他國家當成垃圾場，這種行為本身就讓人無法接受，光是這一點

就應該採取行動。然而,如果我們期待這能快速解決海洋塑膠汙染問題,或認為光靠富裕國家就能解決問題,那就太天真了。那麼,塑膠汙染會帶來什麼影響呢?

每天都有新的新聞標題在報導在哪裡又發現塑膠微粒:我們的下水道、食物、血液,甚至南極洲。[22-25] 這些消息聽起來令人驚恐,但我們究竟該擔心到什麼程度?先從我們自己開始說起。大多數人並不會刻意吞食大片塑膠,因此真正讓人擔憂的是那些我們根本無感的小顆粒——那些微塑膠。我們可能透過飲用水、食用魚類或肉類攝入塑膠微粒,也可能透過呼吸進入體內。[26]

那這些微粒進入人體後會發生什麼事?我們尚未完全了解,但有一種可能是:塑膠微粒不會在體內停留太久。[27, 28] 有一項證據來自魚類的研究:結果顯示,魚類在攝入微塑膠後,這些微粒很快就會被排出體外。大多數證據——或說是沒有證據——都指出,塑膠微粒本身對人體健康的危害並不大。

還有一個問題是,塑膠微粒是否會成為其他汙染物的「載體」。塑膠顆粒本身具有黏性,其他分子很容易附著在上面。這代表著塑膠可能會讓像多氯聯苯(polychlorinated biphenyl, PCB)這類化學物質進入我們的身體。此外,工業上在製造塑膠時也會加入一些添加劑。目前我還沒看到有明確證據顯示這些物質對人體健康造成影響,但現在下結論還言之過早。就我個人而言,我對塑膠造成人體健康的影響並不太擔心,但我也承認,目前的研究證據還不夠清楚,無法讓我對這件事有明確立場。如果有更多資訊出現,我的看法也可能會改變。

更令我擔心的是塑膠對野生動物造成的傷害。這方面的研究

已經有幾十年的紀錄了。[29] 動物可能接觸到塑膠汙染物的方式很多。首先是「纏繞」——目前已經有超過340種物種被記錄曾因塑膠纏繞而受害，包括大多數海龜、海豹和鯨魚。[30] 最常見的纏繞來源是繩索和漁具，這也是為什麼我們需要對漁業有更嚴格規範的原因之一。其次是「攝食」，也就是動物直接吞入水中漂浮的塑膠，或是吃下已經吞食塑膠的生物。這種情況也相當普遍：已有超過230種動物被發現體內有塑膠殘留。[31] 攝食塑膠會對動物健康產生各種影響，其中一項重要影響是塑膠會降低動物的胃容量與進食欲望。牠們誤以為胃裡塞滿塑膠代表自己已經吃飽了。最後則是「碰撞或擦傷」。尖銳的塑膠碎片可能割傷魚類或其他海洋動物，而漁具也會對珊瑚礁造成損害。

塑膠也可能破壞整個生態系的平衡。漂浮的塑膠會成為某些物種的「救生艇」，讓牠們從原本的棲息地漂流到其他海洋環境，造成當地生態系必須面對突如其來的「入侵物種」問題。[32]

一般大眾可能會認為，塑膠是海洋生物面臨的最大威脅之一。海廢確實是個問題，但並不是最嚴重的。在下一章節，我們會看到魚類其實正面臨更迫切的危機。然而，無論如何，海岸與海洋被塑膠汙染，對野生動物絕對是件壞事，而且這是一種我們有能力根除的負面影響。所以，我們該採取行動。

∞ 我們可以從這些小事做起

在這本書談到的所有環境問題中，阻止塑膠汙染算是最簡單的一項。我們已經知道該怎麼做，無需等待新的創新或技術突

破。只要投入一些基本的資源與建設，世界明天就能著手解決這個問題。要特別說明的是，這裡講的「塑膠汙染」是指：防止塑膠流入河川與海洋，傷害野生動物的那部分問題。

我們不需要完全停止使用塑膠。塑膠在某些用途已經不可或缺了，我們應該保留塑膠；至於其他用途，我們可以尋找替代品或減少使用。

富裕國家更該動起來

雖然全球大多數塑膠汙染是從中低收入國家流入海洋的，我們也不能把解決問題的責任全推給這些國家。富裕國家本身也在多個層面上對塑膠汙染推波助瀾。他們應立即停止將塑膠廢棄物出口到他國，除非他們願意同步投入資源，幫助當地建立良好的廢棄物管理體系。

儘管終結塑膠貿易也無法徹底解決汙染問題，可這已是我們立即斬獲的一大勝利。更別說，這也呼應了一個最基本的原則：貧窮國家不是富裕國家的垃圾場。富裕國家的影響力遠不止於出口廢棄物。我們照樣樂於從較貧窮的國家購買塑膠製品，或將包裹著塑膠的產品銷往這些國家，即使明知他們缺乏妥善處理廢棄物的基礎設施。塑膠汙染是一個錯綜複雜的全球性問題，要真正解決，需要一套整合性的解方。從富國到貧國，各國都能在這場改革中扮演重要角色。

投資更多廢棄物管理

解決塑膠汙染最關鍵的方式，並不光鮮亮麗。**解方不是特斯**

拉的電動車，也不是核融合的重大突破，而是務實卻不可或缺的基礎建設：投資廢棄物管理系統。若所有國家都擁有像富裕國家那樣的垃圾處理系統，幾乎就不會有塑膠流入海洋。各國需要的是能密封的掩埋場，避免垃圾逸散。他們也需要完善的垃圾收集與儲存機制，能應對數千條大城市街道產生的廢棄物。此外，也需要回收系統與處理中心，讓塑膠得以重獲新生。

垃圾處理這件事，怎麼包裝都不會變得吸引人。說到底，就是「收垃圾」。當一個國家還有一堆其他更緊迫的優先事項時，要爭取資源投入垃圾桶和掩埋場，其實很困難。而我們之所以會陷入如今的困境，正式因為收垃圾沒被當作要緊事。各地民眾的生活水準提高得很快。人們搬進城市，開始大量使用各式各樣的消費品，也終於有能力使用更多塑膠。這原本是件好事，代表人們變得更富裕、過得更舒適。但與此同時，垃圾處理卻始終沒被列為優先要務。

垃圾問題在某種程度上就跟空氣汙染很像。

在人類發展的初期階段，大家對垃圾的容忍度很高。雖然不好看、不衛生，但多數人願意接受這樣的交換條件，因為這些材料帶來的便利與好處遠大於不便。然而，隨著生活水準持續提升，人們的優先順序會慢慢轉變。他們會開始重視河川與海岸的清潔，會期待地方政府能有一套完善的垃圾收集與管理計畫。一旦社會進入這個轉捩點，塑膠垃圾就不再會隨意流入海洋。事情就是這麼單純。

中低收入國家若希望加快這個轉變，可以選擇現在就開始投資於廢棄物管理系統。富裕國家則應透過資金援助來支持這項

努力。若富裕國家不願意投入資源協助建立良好的廢棄物處理機制，那麼他們的立場也就顯而易見了：他們想營造出「有在行動」的形象，卻選擇最輕鬆、最表面功夫的方式來應付問題。

了解回收塑膠垃圾的影響力

問問看身邊的人：「你都怎麼做來拯救地球？」幾乎所有人都會回答：「我有在回收。」回收就像是環保主義者的全民標誌，幾乎成了做好事的代名詞。但就像在第3章所見，人們常以為回收對減少碳足跡有巨大的影響，其實影響非常有限。

為什麼回收沒有我們想的那麼有影響力？因為垃圾不會憑空舊換新，回收會耗能，也會產生環境成本。雖然通常比生產全新塑膠所需的能源還少一點，所以回收還是能帶來一些環保效益，卻沒有我們預期得那麼多。我們對回收的期待也常常過高。我們以為手中的寶特瓶會變成另一個寶特瓶，然後這樣的輪迴能不斷持續。但事實上，回收只是延後塑膠被丟進掩埋場的時間，並沒有真正阻止塑膠變成垃圾。更何況，製造塑膠產品——尤其是拋棄式塑膠——本身效率極高，相較於其他材料，使用全新塑膠往往反而是一種低碳的製造方式，這也讓回收變得沒那麼吸引人。

我並沒有要唱衰回收。我還是會提醒朋友要回收，我自己也會做。但我不會欺騙自己，以為光靠這件事就能拯救地球。所以，我的建議是：回收吧，這確實是一件好事。但如果那是你唯一做的，或是你自認為對環境做出的最大貢獻，那你就該提升一下自己的行動層級了。

產業界增進合作與創新

全球回收率之所以偏低,其中一個主因是:對許多國家來說,回收並不划算。我們在回收時常常把各式各樣的塑膠混在一起,有些能回收,有些不能。回收鏈因此被汙染,要清理乾淨得付出很高的成本。而產業界——也就是製造塑膠與使用塑膠產品的那些公司——並沒有幫上太多忙。他們大量生產塑膠,混合各種材質,然後丟給我們——這裡的「我們」指的是一般民眾、在地社區與地方政府——來想辦法建立回收系統並處理這些垃圾。政府應該對產業施加更多壓力,制定更嚴格的法規。產業界也必須配合改革。他們該簡化所使用的塑膠種類,確保這些塑膠都是可以被回收的。他們應該投入研發「化學回收」等能真正實現塑膠循環的技術。同時,他們也該協助各地社區建立處理垃圾的基礎設施,承擔起自己所產生廢棄物的一部分責任。

對漁業塑膠使用訂定嚴格規範

我們已經知道,海洋中的塑膠大多來自陸地。但在某些特定海域,大部分塑膠其實是來自海上活動。查爾斯・摩爾船長航行穿越太平洋垃圾帶時,看到的漁網與繩索比吸管或可樂瓶還多。

要解決這個問題,其實並不困難。海洋並不是無人管理的「自由區」——至少在法律上不是。在多數國家,商業漁船必須取得執照才可以出海,而且通常會有捕漁配額限制(這點在下一章會再深入說明)。我們也可以用基本的衛星定位技術來追蹤漁船的移動與作業路線。

所以解方非常直接明確:當漁船出海時,先登記他們攜帶的

設備數量,等他們返航後再點交一次。如果有繩索、漁網或漁線因天候惡劣遺失或是故意丟入海中,那麼就該開罰、暫停執照,甚至直接吊銷。當然,也要保留一些彈性空間來處理「非蓄意」遺失的情況——畢竟如果是一條大魚把整條漁線硬扯走,也不應該讓漁民因此被重罰。

這樣的政策明確、可行,而且對於減少海洋塑膠汙染會有非常實質的幫助。當然,我們也可以採取「胡蘿蔔」的獎勵誘因,像是政府可以設計獎勵機制,鼓勵漁民將塑膠垃圾帶回岸上處理。不只是他們自己的裝備,連他們在航行途中撿到的海上垃圾,也可以一併回收換取報酬。

畢竟,漁業本來就仰賴健康的海洋生態系才能維生。可悲的是,我們現在竟然處在一種荒謬的狀況:有些人一邊依靠大海討生活,卻又把大海當成垃圾場。

這樣下去,不只海洋生物受害,最終受害的也會是我們自己。給予漁民適當的誘因,讓他們成為守護海洋的第一線人員,才是雙贏的做法。

使用海洋垃圾攔截機

說到這裡,你可能覺得這些解方都太無聊了——什麼貿易政策啦、多蓋掩埋場和回收中心啦,還要有人去算每艘漁船上的漁網數量。有沒有更酷炫、更高科技的東西可以讓我們熱血一波?

有。要建好全球防止海洋塑膠汙染所需的基礎設施,至少還要好幾年。這段期間,我們總不能就這樣坐著、雙手抱頭,看著大量塑膠廢棄物流入大海吧?與其這樣,不如先來個臨時方

案──就像給地球這個大浴缸，先塞個高科技的閃亮排水塞。

請容我隆重介紹「海洋垃圾攔截機」登場。柏楊‧史萊特創立了非營利組織「海洋清理」（The Ocean Cleanup），而該組織研發出這項靠太陽能驅動的科技──你可以把海洋垃圾攔截機想像成一艘小船，四周圍繞一圈充氣管──部署在河流出口處，攔截從河川流出的漂浮垃圾。*

海洋垃圾攔截機的運作方式，是先攔下所有塑膠垃圾，再集中處理，最後運送到適當的廢棄物處理場。只要塑膠垃圾在「出海旅程的起點」就被擋下來，就可以在散布開來之前解決問題。到目前為止，這項計畫已經在印尼、馬來西亞、越南、多明尼加共和國以及牙買加部署了八台海洋垃圾攔截機原型。

不只「海洋清理」想要落實清除海廢的願景，世界上還有很多其他方案正在努力中。有些採用所謂的「河道攔流」裝置──像是長長彎曲的浮動柵欄，用來阻擋並收集塑膠。澳洲發起、現已擴展至全球的「海洋垃圾桶計畫」（Seabin Project），則利用像垃圾桶一樣的裝置，順著潮汐吸入水面上的漂浮塑膠。

美國巴爾的摩的「垃圾輪先生」（Mr. Trash Wheel）更是人氣超高的明星裝置，外型長得像卡通角色，長著大大的眼睛，像「飢餓河馬」一樣咬進塑膠垃圾，順流前進。

還有來自荷蘭的「氣泡防線」（Great Bubble Barrier），設計是在河床上鋪設一整條氣泡管，然後從底部釋放氣泡往上冒，

---

*一開始，這套系統只有一種機型，稱為「海洋垃圾攔截機」。但隨著慈善組織陸續開發出更多類型的技術，這款原型機也就改名為「海洋垃圾攔截機原型」。

形成一道氣泡牆,阻止塑膠繼續向前漂流。這些塑膠會被氣泡推升至水面,接著就可以被收集垃圾系統撈起回收。

現在要說這些解決方案到底多有效、是否能大規模推廣,還言之過早,但絕對值得一試。每天都有更多塑膠逸散進入我們的河川與海洋,並且會不斷碎裂成愈來愈小的微粒。這些碎片在未來將變得更難清除。我們可以選擇站在一旁絕望的等人來關上水龍頭,也可以在此期間盡自己所能,把雙手伸出去,盡可能接住那些從縫隙中掉出來的塑膠。

清理海灘與海岸線

全球大部分的海洋塑膠垃圾其實都處於一種「循環狀態」:可能暫時被困在海岸線,甚至被埋進沉積物裡,然後又被海浪翻攪出來、重新進入海中。這種「入土—出土」的循環可能反覆發生好幾次。[33] 這對我們來說,其實是個好消息。

要從深海中央打撈塑膠垃圾極其困難,但大多數塑膠其實並不在海中央,而是離我們的家園很近——就在沿海地區,我們伸手所及的範圍裡。

全世界都有許多人默默投入清理海灘的行列。說是默默,其實這份工作並不應該被視為無人感謝。如果你住在海邊,或者經常前往海岸線活動,那麼你能親手清除的塑膠垃圾,將會直接防止垃圾再次被帶入大海,發揮實質影響。

∞ 如何應對海洋垃圾

到目前為止,我們談的大多是如何防止塑膠進入海洋。但對於那些已經在海裡的塑膠垃圾,我們該怎麼辦?是該任其漂浮,還是有辦法清乾淨?

這裡有好消息,也有壞消息。先說壞消息:有些塑膠垃圾,我們已經無法從海洋中移除。我們都聽過那句話:塑膠在環境中會存在幾十年、甚至幾百年。這說法部分正確,某些化合物確實需要很久才會分解,但也有些塑膠會迅速碎裂,變成微塑膠。[34] 問題是,微塑膠已經無所不在,我們根本無法清除。

不過,對於那些比較大的塑膠碎片——也就是當年查爾斯·摩爾船長所見到的那些海上漂浮物——我其實愈來愈樂觀了。以前我並不這麼想,你在網路資料庫裡還能挖出我曾經懷疑的評論。網路就是這樣,總能翻出你過去那些令人臉紅的黑歷史。

YouTube 頻道「簡而言之」(Kurzgesagt)製作了網路上最精彩的科普影片,擅長用極具親和力的方式解釋科學知識。影片旁白的聲音溫柔沉穩,配上細緻精美的動畫,吸引數百萬人收看。我很幸運曾和他們合作,負責其中幾部影片的腳本與研究。

幾年前,我們共同推出了一支關於塑膠汙染的影片,大受歡迎。我負責撰寫腳本與相關研究。影片推出後,他們邀請我參加全球最大網路論壇 Reddit 的「你提問我就答」專訪活動,針對塑膠汙染問題接受網友提問。說實話,我對這類活動有點猶豫,感覺壓力很大。但這次不只我一個人參與,還有來自聯合國環境規劃署的專家加入。太好了,我有強力隊友可以依靠。

結果，我發現我完全沒有隊友。那兩位專家根本沒現身。那天成了我人生中最忙亂的一天。成千上萬的人湧進Reddit，提出問題、參與討論。這些問題都非常精彩——思慮周延、有深度，而且明顯是出於真心想要了解更多。他們理應得到認真詳盡的回答。那支原始影片的重點在於如何阻止塑膠汙染進入海洋。這正是我鑽研透徹的部分——我對相關資料瞭若指掌。但對於那些已經流入海洋的塑膠，我幾乎沒花時間深入思考。我想我當時只是下意識的認定，那部分已經無力回天了。

　　結果大家開始問我這個問題了。天啊。我應該是那個「專家」，但我完全沒頭緒。尷尬到爆，我只好偷偷在Google搜尋：「如何清除海洋裡的塑膠？」搜尋結果第一個跳出來的就是「海洋清理」計畫。

　　我點進去看了一下。大概花了五分鐘，頂多吧——但每多花一分鐘，Reddit上就多了一堆還沒回的問題。老實說，當時我看到「海洋清理」的計畫，第一反應是：這什麼鬼點子。但我還是選擇了比較外交式的說法：說明問題的複雜性、介紹這個計畫，然後說「現在還言之過早」。最後我補了一句：「持續關注這個話題吧。」——完美的模糊回應，既沒有承諾，也沒有否定。

　　在完成那場馬拉松式的網路問答之後，我就暫時把塑膠的議題拋到腦後。但一兩年後，我又繞回來關注這件事。我重新深入研究「海洋清理」計畫，這次是認真做功課。不是說我忽然覺得這是一個完美、無懈可擊的解方，我仍然保有一點理性的懷疑。但我變得更欣賞那些真正試著做些什麼的人——通常是一些非常聰明的人——就像柏楊・史萊特一樣。他沒有只抱怨、感嘆世

界的無力，而是挽起袖子，動手處理海洋塑膠的問題。順帶一提，他創立這個計畫的時候才18歲。所以如果你覺得自己年紀太輕、還無法改變什麼，那你就錯了。

當然，總有那些單打獨鬥的創業者，勇敢的接住一個問題並且全力衝刺。但這尤其適用於像「海洋塑膠」這類全球性的重大難題——誰該對太平洋中央那堆漂浮的塑膠負責？哪個政府應該買單？沒有人擁有公海，讓任何政府都不太可能把這件事列為首要任務。因此，最後就沒有任何政府真正出手。如果我們真的想要改變現狀，那就得靠有勇氣的個人與民間企業來帶頭行動。

柏楊·史萊特和他的團隊致力於清理海洋中的大型垃圾帶。他們會監測並追蹤塑膠垃圾濃度最高的區域，鎖定那裡做為目標。他們隨後會部署清理裝置（這些裝置與海洋垃圾攔截機不同）：是一種漂浮的攔截柵欄——你可以想像成游泳池裡的長形浮筒——用來收集並圈住塑膠垃圾。當「垃圾圈」裝滿之後，團隊會把這些塑膠撈起來，載到船上，再運回去進行分類和回收。

這項技術或許還不算完美，但已經看得出來這方法有效。每一次行動，都能看到一堆堆塑膠被從海中撈起。這個計畫面臨的一個挑戰是如何確保只撈到垃圾、不把海洋生物一起困住。根據最近的數據，他們撈起的總量中，大約有0.1%是「混獲」的野生動物——也就是不小心一起被攔住的生物。這個比例在捕撈活動中算是非常低了。不過，隨著技術進步，團隊希望未來能將這個比例進一步壓到幾乎為零。

我至今仍無法確定這項技術是否真能顯著減少海洋中現存的塑膠垃圾。但我真心希望這計畫能成功。至少，這會是一件值得

慶賀的事——因為有一小群人，勇敢的去解決一個多數人認為無解的問題。

∞ 不必過度擔憂的事

塑膠吸管——影響真的不大

紙跟水本來就合不來。紙是由纖維素（cellulose）製成的，而纖維素會在水中溶解。到底是誰覺得用紙來做吸管是個好主意，實在讓人難以理解。這種吸管真的很難用。但現在，「紙吸管」卻成了全球各地餐廳與酒吧展示永續形象的象徵。

我不支持塑膠吸管，其實我根本沒那麼在乎吸管本身。我在乎的是無效的政策——特別是當這些象徵性的政策，取代了那些真正能產生實質改變的做法。從全球塑膠汙染的整體規模來看，吸管根本不是重點。尤其在富裕國家，你手中的塑膠吸管最終流入海洋的機率其實非常低。即使吸管沒有被回收，大多也會被送往掩埋場處理。

我們無法精確知道究竟有多少塑膠吸管流入海洋，但估計大約只占海洋塑膠汙染的 0.02%。如果政府真的想禁止拋棄式塑膠吸管，沒問題，但這絕對不能是政府處理塑膠汙染的主要手段。

有些身心障礙者確實需要吸管，全面禁用對他們來說會造成不小的影響。對大多數人來說，其實根本不需要吸管。不過話說回來，偶爾在特殊場合用一下吸管，也真的沒什麼大不了的，沒必要因此感到罪惡感。我唯一的請求是：我們能不能快點走出「紙吸管」這個過渡期。

拋棄式塑膠袋——偶爾使用沒那麼嚴重

對環保人士來說,塑膠購物袋就像原罪一樣。我們都體會過那種痛苦:走進超市,才發現環保袋忘在家裡。接下來的十分鐘就像上演一齣喜劇,看你能塞多少東西進口袋、夾在腋下,甚至用牙咬著,你就是死也不想低頭要個塑膠袋。

我也是這樣。但事實上我知道,根據數據,偶爾用一個塑膠袋真的沒那麼糟。從碳足跡來看,拋棄式塑膠袋的影響反而比很多替代品還低。舉例來說:你必須重複使用紙袋好幾次,棉布袋甚至要用上幾十次甚至上百次,才能「彌補」紙袋和棉布袋製造過程對環境造成的負擔。[35, 36] 這種差異在其他環境指標上也同樣明顯,比如耗水量、酸化作用,或氮汙染水體的程度。這並不是叫你改用拋棄式塑膠袋,而是提醒你:如果你每兩次出門就買一個新的有機棉布袋,那其實是在製造更多問題。更重要的是,正如我們在前幾章談到的,你應該更在意「袋子裡裝了什麼」,而不是「這個袋子是什麼做的」。那對環境的影響大多了。

塑膠袋的真正問題是會汙染水域——但前提是我們沒有好好管理塑膠垃圾。在富裕國家,只要你不是在河邊或海灘亂丟,塑膠袋其實不太可能進入海洋。即使進了掩埋場,也不至於太糟。這個問題真正嚴重的,是在基礎建設還沒跟上的低收入或中等收入國家,這些地方塑膠袋的使用快速增加,但垃圾處理能力卻沒跟上。因此,在這些國家,嚴格管制一次性塑膠袋、提供替代方案,才真的有幫助。

所以,平常還是要注意自己使用的頻率,能用背包或耐用購物袋反覆使用當然最好。但如果有天走到結帳櫃檯,才發現忘了

帶環保袋,也不用太自責。

掩埋場——沒有想像的糟糕

我常常因為把東西送進掩埋場而感到內疚,覺得這像是一種失敗的象徵——我產生了不能回收、也無法再利用的垃圾。但在這一章裡,我一次又一次提到的一個解方,正是「我們需要更多、更完善的掩埋場」。這個說法可能讓你皺眉(我自己也會猶豫),但事實上,掩埋場沒那麼糟糕。

如果掩埋場管理不當,當然會出問題,世界上確實有不少地方的掩埋場狀況堪憂。例如露天堆置場或淺層的掩埋場,常會讓塑膠和其他垃圾被風吹走,底部還可能滲漏出汙染物,甚至排放出強烈的溫室氣體。

但如果掩埋場設計良好,且是建在地底深處的,那其實可以是一個相當有效的環境解決方案。很多人以為全世界的掩埋空間快要用完了,但這並不是事實。我曾自己算過一筆帳:如果我們把至今為止人類生產過的所有塑膠——總共約95億公噸——通通埋起來,我們到底需要多少空間?

我們先假設有一個掩埋場,深度約為30公尺,這是許多現有掩埋場的標準深度(像洛杉磯的朋地山〔Puente Hills〕掩埋場甚至深達150公尺)。我們保守一點,設計一個只有10公尺深的掩埋場。這樣的掩埋場需要多少面積來容納95億公噸的塑膠?答案是約1800平方公里。這差不多是倫敦的面積,乍看之下很大,其實只占全球陸地面積的0.001%。如果掩埋場較淺,可能會占多一點空間;若是更深或堆得更高,面積就更小。無論

怎麼規劃,所需的土地其實有限,大概只要一兩座城市的大小。

沒有人希望家門口就有掩埋場,但以全球來說,我們其實有足夠的空間可以好好處理這些垃圾,並不需要擔心「放不下」。

多數人一聽到掩埋場就覺得糟透了,但其實掩埋場有可能成為有效的碳儲存地點,進而減緩廢棄物對氣候變遷的影響。當垃圾分解時,會釋放出二氧化碳和甲烷——而甲烷是一種更強烈的溫室氣體。當然對氣候不利。不過,若掩埋場管理得當,只要切斷氧氣供應,其實可以延緩甚至阻止這個分解過程,讓這些碳元素鎖在垃圾中,而不是被釋放到大氣裡。

這個原理也適用於紙張與木材等其他含碳產品。想像一棵樹:如果我們把木頭燒掉或任其腐爛,就會釋放出二氧化碳。但如果我們把木頭埋起來,這些碳就會「被鎖住」,相當於我們從大氣中移除了一部分二氧化碳。這種方式就被稱為「碳匯」。

當然,掩埋場中還是會有一些分解作用,尤其是針對有機廢棄物如食物殘渣與紙類。[37] 但若掩埋場管理得當,就能捕捉這些分解過程中產生的甲烷,防止其逸散至大氣。同樣的,為了避免汙水滲透到周遭環境,掩埋場底部也應設有防滲層。不是每座掩埋場都有這樣的防護措施,部分材料在數十年後也會老化失效,但這是可以解決的問題。

掩埋場或許稱不上美觀,我們也確實該審慎選址,但只要管理妥當,掩埋場並不會成為環境災難。反而,在我們對抗塑膠汙染的過程中,「良好掩埋場」是不可或缺的工具之一。別讓我們對垃圾的焦慮與罪惡感,阻礙我們去善用這個實用的解方。

第 8 章

過度漁撈
掏空大海的貪婪行動

> 到了2048年，我們將看到幾乎空無一物的海洋。
> ──2021年《海洋陰謀》

2021年，網飛紀錄片《海洋陰謀》風靡全球，成為當年度最受矚目的節目之一，媒體也爭相報導。我周圍許多人一再引用片中的聳動宣言：「到了本世紀中葉，海洋將再無魚類可捕！」我們會把每一尾魚都從海中掠奪殆盡，漁網與釣線將空手而回。海底不再有生命存在。那些曾經孕育龐大海洋生態系的美麗珊瑚將崩解，再無生物得以依附其上。地球雖是藍色星球，卻將只剩荒蕪的海洋。

許多海洋科學家內心掙扎。一方面，他們終於看到過度捕撈與海洋現況獲得應有的關注；但另一方面，這部紀錄片卻充斥著錯誤資訊。

這項聳動的宣稱究竟從何而來？要追溯到2006年，包理斯・沃姆（Boris Worm）與同事在《科學》期刊上發表的一篇論文。[1] 沃姆現為加拿大達爾豪西大學（Dalhousie University）教授，是世界知名的海洋生態學家之一。這篇《科學》上的論文探討了全球海洋生物多樣性的狀況。當時，對於全球魚類資源的現況有很大的憂慮。藍鰭鮪正面臨重大危機，鱈魚與黑線鱈數量亦在減少，許多非政府組織也開始警告民眾避免食用鮭魚，引發廣泛關注。

這篇研究描繪出的景象並不樂觀，但最核心的發現卻幾乎沒有受到關注。媒體反而只聚焦在某個數據上──一個只在結論段

中出現一次的統計數字：

> 我們的資料凸顯出全球多樣性持續流失所帶來的社會性後果，這一趨勢正在全球範圍內加速發生。這令人憂心，因為這顯示出目前所有漁業物種在21世紀中葉前可能會全面崩潰（根據回歸推估，至2048年全面崩潰）。

我完全能理解為什麼這段話會讓許多人感到震驚。我也理解為何記者——尤其渴望爆點新聞的記者——會緊抓住這句話不放。結果，《紐約時報》真的刊出了一篇文章，標題為：「研究指出全球魚類物種將『全面崩潰』。」[2] 其他媒體更進一步推斷，到2048年全球將不再有魚。從此新聞鋪天蓋地而來。

但這段故事有兩個關鍵問題。首先是，當海洋生態學家提到「全球性崩潰」時，他們的語言和一般人所理解的不同。我們可能會以為「崩潰」代表魚都死光了。但實際上，對科學家來說，**「崩潰」只是代表數量「萎縮」**，而非「消失」。故事就是這麼從「2048年的全球魚類崩潰」演變成「2048年海洋空空如也」，但這並不是科學家的原意。

其實，在漁業科學中，「崩潰」有多種定義。包理斯・沃姆採用的定義是：某個物種的捕獲量若下降到歷史最高捕獲量的10%以下，就視為「崩潰」。舉例來說，如果我們曾在某一年捕撈到100萬尾大西洋藍鰭鮪，那麼之後若捕撈量低於10萬尾，就會被標記為「崩潰」。這種標準其實有點奇怪，因為它是根據「捕獲量」來定義，而不是實際存活在海中的魚隻數量。

但原因也不難理解，因為在沃姆發表論文的年代，科學界其實並沒有太多關於海洋中魚類數量的資料。若我們想知道魚群的狀況，唯一的辦法就是去觀察「是否好抓」。如果魚好抓，就代表牠們數量不少。

當魚群還很豐富的時候，要捕到牠們相對容易。但隨著族群數量變少，捕撈難度也會大幅上升。

當包理斯・沃姆說「趨勢顯示，到了21世紀中葉將發生全球性崩潰」時，他的意思並不是說屆時海裡會一條魚都沒有。即使他預測的「崩潰」真的成真，海洋也不會變成空的。當然，這樣的情況仍然是非常糟糕的——不管你是關心魚本身，還是關心靠捕漁維生的人——但這並不等於「空無一魚」。

接下來是第二個大問題：沃姆是怎麼推算出「本世紀中葉全球魚群將崩潰」這個預測的。他是根據當時有限的數據，評估全球魚類資源的狀況（資料其實非常稀少）。儘管數據不足，這樣的研究仍是必要的：科學家必須盡力用現有最好的資料去理解我們目前的處境，並預測未來會走向哪裡。他的估算指出，在2003年，大約有30%的全球魚類資源已達到「崩潰」的標準。他接下來所做的，是將這個趨勢畫成一條線，往前延伸直到達到100%。換句話說，他假設魚群會一個接一個的崩潰，最終在2048年全數瓦解。

這其實是一種「無心的推算」。對科學家來說，這種假設性推演算是有趣的思考練習：「如果事情照這個趨勢發展，什麼時候會達到100%？」我自己也常做這種計算。挺有趣的。但這種做法也顯示了一個根本性問題——在本書中我們已多次看到。這

種推算方式會助長「世界即將滅亡」的恐慌思維。

我們往往會預測人口數會爆炸性成長，然後擔心永遠不會停止；二氧化碳排放上升，我們就預設它會不斷上升；煤炭、農藥、空氣汙染——我們認為這些東西只會愈來愈多。如果你對「改變是可能的」感到懷疑，那麼掉進這種悲觀邏輯就非常自然。但事實上，這種想法並沒有科學根據。實際上，對於我們多數的環境問題而言，都有明確跡象顯示情況已經不同於以往了——我們正在做出修正，也確實有所改善。

所以，這篇研究之所以引發誤解，有兩個明顯的問題訊號……。

媒體在轉述這份研究時犯了兩個大錯。第一，「全球魚類資源崩潰」並不等於「海洋空無一魚」。第二，單純畫一條趨勢線延伸到100%，這種做法……老實說，很難稱得上是科學。雖然當時很難完全責怪記者，但在今天——事隔 15 年後——還繼續誤解就說不過去了。因為這場爭議其實催生了一場漁業數據的革命。這些更新的資料顯示，我們實際上已經遠離當初那個悲觀的預測情境。

許多海洋科學家看到《紐約時報》、《華盛頓郵報》和英國廣播公司都在報導魚類相關議題，感到非常振奮。但也有不少人對這些新聞感到困惑——即便他們已經搞清楚「全球崩潰」並不等於「海洋空了」。這些充滿末日氛圍的預測，與他們在現場（或更準確的說，在海裡）觀察到的狀況不符。沒錯，全球某些魚類資源確實狀況不佳，但其他的根本還沒有崩潰。事實上，有些魚類資源的永續狀況反而正在「改善」。如果要說的話，2048

年的魚可能會比預期的「更多」而不是「更少」。在沃姆的研究發表不久後,《科學》期刊也刊登了其他魚類科學家的幾篇反駁文章。

其中最強烈的批評來自雷・希爾伯恩（Ray Hilborn），他也是該領域的重量級人物，當時擔任華盛頓大學的漁業科學家。他從1970年代就開始投入這方面的研究，贏得過無數獎項，也對全球魚類未來抱持較為樂觀的看法。

在幾次訪談中，希爾伯恩毫不客氣的稱這項研究「非常草率」，甚至說這些預測「愚蠢到令人無法置信」。沃姆的論文發表當月，希爾伯恩在《漁業》期刊（*Fisheries*）發表了一篇名為〈信仰型漁業〉的反駁文章。[3] 他不只批評了整個海洋科學界，也對頂尖學術期刊開火，認為他們偏好能登上頭版頭條的新聞，而不是有根據的科學。

沃姆和希爾伯恩看待問題的角度不一，可能是因為他們來自截然不同的世界觀。沃姆是一位海洋生態學家，而希爾伯恩則是漁業科學家——這樣的差異，很可能就是分歧的根源。某些海洋生態學家之所以對情況感到悲觀，或許是因為他們希望生態系統能回到人類尚未干預前的原始狀態；而漁業科學家的重點則是，怎麼在盡可能捕撈更多魚的同時，維持健康的生態系。

後來，他們兩人都受邀在美國國家公共廣播電台（NPR）直播討論這場爭議。主持人原本可能希望看到一場火花四射的學術交鋒，但沒想到對談意外的和諧。沃姆和希爾伯恩發現彼此其實有不少共識，也對彼此抱持相當的尊重。兩人之後甚至持續透過電子郵件往來討論。

後來他們意識到，若要真正了解全球漁業狀況，所需的資料庫其實尚未建立。因此他們決定攜手合作，聯手建構資料系統。正如包理斯‧沃姆回憶所說：「雷和我各自意識到，這場公開爭論對科學一點幫助都沒有，反而會讓人只看見單方面的觀點。」[4]

他們成功申請到一筆研究補助，召集了 20 位科學家，目標是蒐集和整合關於「魚類豐度」的資料——也就是海中還剩下多少魚，而不是單純看捕撈量。

到了 2009 年，他們終於取得了足夠的資料。他們聯合發表的研究報告名為〈重建全球漁業〉，刊登在《科學》期刊上，[5]該期甚至以這篇文章做為導言寫道：「在一項引起爭議的研究預測野生魚類將消失之後，頂尖研究人員放下分歧，共同檢視全球漁業狀況，並討論該如何因應。」

海洋到了 2048 年不會「空無一魚」

2006 年那篇論文發表後，許多媒體爭相引用「2048 年海洋將會空無一魚」的說法。這張圖表指出這個說法的來源，並提出更新的反駁證據。

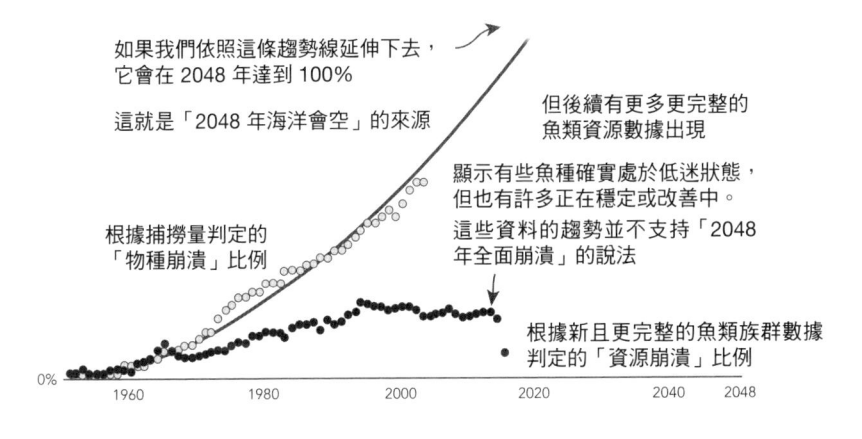

這項研究的結果顯示，整體而言，全球魚類資源並沒有明顯減少。不過，不同地區的狀況確實差異很大。有些魚類資源狀況良好，甚至在增加；但也有些地區資源依舊岌岌可危。因此，整體上雖然變化不大，是因為好消息抵銷了壞消息。但有一點非常明確：這些資料完全沒有顯示出到了世紀中期會出現所謂「全球魚類資源崩潰」的跡象。如果以這些數據重新推估趨勢線，甚至到西元 3000 年都不會碰到 100%。

這份更新的資料對我們理解全球漁業狀況來說至關重要。不過，「沒有變好，但也沒有變糟」的說法，畢竟沒有「全球魚群即將崩潰」這種劇烈說法來得吸睛。負面新聞總是比較容易賣座。正面的消息偶爾會受關注，中性的資訊則幾乎從不受青睞。

科學界常常出現正面交鋒，有時是學者間的爭論，有時是政治立場或意識形態的對立。要擱下彼此的分歧、共同推進科學，是件困難的事。而沃姆和希爾伯恩則為我們做出了榜樣。他們在證據不足以化解歧見時，選擇攜手合作，一起建立該有的資料。

但不是每個人都能隨著證據的改變而調整立場。這也是為什麼「2048 年海洋將會空無一魚」的錯誤說法，仍然在 2021 年的紀錄片《海洋陰謀》中再次被提起。

當然，這並不表示全球漁業狀況就此完美，我們也無需再擔心。我希望，若你曾相信《海洋陰謀》裡的說法，現在你心中那些最極端的擔憂，能稍微放下些。既然我們已經釐清最令人恐慌的說法，接下來我們可以更深入的檢視人類如何對待海洋的歷史、現在我們處於什麼位置，以及未來要怎麼做，才能讓海洋恢復健康。

∞ 問題的來龍去脈：從昔日到今日

捕鯨產業的興衰

我們如今展現人類主宰地位的方式，或許是獵捕一些海洋中體型較小的生物。但在過去，我們的目標卻是那些體型龐然的大型動物。舉例來說，藍鯨重達 150 公噸，是地球上曾經出現過最大的動物。你可能會以為牠們的體型可以保護牠們免於人類的剝削，但事實恰好相反，牠們的下場往往更慘。如同第 6 章提到的，人類總是對大型動物特別感興趣。鯨魚的油、肉和鯨脂是極具價值的資源。

談到早期捕鯨，我們或許會想到赫曼・梅爾維爾（Herman Melville）1851 年出版的小說《白鯨記》。但人類與鯨魚之間的對抗其實遠比這更早開始。2000 年代初期，研究人員在南韓一處名為盤龜台岩刻畫（Bangudae）的遺址進行探勘，該遺址可追溯至西元前 6000 年。[6] 他們在岩石上發現了許多令人驚豔的鯨魚雕刻。這些鯨魚圖像旁還有拿著魚叉的捕鯨人與船隻。這些岩畫可能就是人類最早進行捕鯨活動的見證。

捕鯨活動至少可追溯至數千年前。它在中世紀歐洲逐漸盛行，尤其在西元 500 年至 1600 年間，倫敦貴族、蘇格蘭人和荷蘭人會將鯨骨雕刻成燈具和裝飾品，並將珍貴的鯨肉擺上宴席。[7,8]

但當時的狩獵工具並不先進，因此捕鯨的效率很差。直到 18、19 世紀，尤其當捕鯨產業在美國興起，才真正成為一門重要的產業。雖然後來鯨油的用途逐漸多元化，但美國當時主要是將鯨油用於照明。

如今我們可能覺得難以想像，竟然會為了點亮一盞燭光而殺死如此壯麗的動物。但這正好說明了我們祖先的資源有多匱乏。他們並不是出於惡意而捕殺鯨魚，而是努力尋找可用的能源。結果發現，鯨油就是當時最好的選擇之一。

到了19世紀上半葉，美國的鯨油與鯨蠟油產量節節上升。1800年時，每年產量僅有數萬桶；到了1840年代中期，產量更已突破50萬桶。然而，和許多趨勢一樣，「上升得快也下降得快」。1840年代達到高峰後，產量迅速滑落。若將這段趨勢畫成圖表，會像是顛倒的U字形。

為什麼鯨油產量達頂峰後急速下滑？部分原因是化石燃料的出現。這時期，人們發現石油，煤油也逐漸取代鯨油成為照明用燃料，因為價格更低廉。捕鯨的經濟效益開始下降。[9] 美國捕鯨逐漸式微之際，其他地區的捕鯨業卻才正要起飛。

19世紀末，新的捕鯨科技誕生。挪威人不再使用傳統的帆船或划船捕鯨，而是用上了裝配火砲與魚叉的蒸汽動力船，效率大幅提升。不只捕得多，還能追捕過去太快而追不到的大型鯨種。大鯨魚通常死後會沉入海底，1880年代人們發明了充氣技術，能在鯨魚死後注入空氣讓牠們浮起來。

進入20世紀初，捕鯨進入「現代化」時期。除了追蹤與獵殺方式更加進步，人們也找到更多用途。鯨油不再只是照明或機械潤滑劑；化工產業也開始將其副產品製成香皂、紡織品，甚至人造奶油。龍涎香——一種來自抹香鯨腸道的物質——過去與現在都被用來製香水（香奈兒五號裡面就有）。鯨魚也進入了時尚產業。長鬚鯨的鬚板條狀角蛋白（與人類指甲、頭髮成分相同）

被廣泛應用於裙撐、馬甲、傘骨、魚竿、甚至是弩弓等物品。[10]

我們突然變得更加擅長捕鯨，市場需求也隨之擴大。每年我們殺的鯨魚愈來愈多，從每年幾千隻，到一萬、兩萬，在1960年代，我們一年殺掉8萬隻鯨魚。唯一稍有喘息的時期是第二次世界大戰，當人類將殺戮的對象轉向彼此時，鯨魚才得以暫時倖免。戰爭結束後，牠們又再次成為獵物。

捕鯨在20世紀上半葉急劇增加，但令人驚訝的是，這段歷史最後竟成為一段保育上的成功案例。1970年代捕鯨大幅下滑，之後在1980、1990與2000年代降到歷史低點。如今我們幾乎不再捕鯨——尤其是為了商業用途。

這個世界是怎麼辦到的？這背後有幾個關鍵因素。首先，到1960年代，鯨魚族群已極度稀少，使得捕撈作業變得既困難又昂貴。鯨油與鯨骨也逐漸失去原有的優勢，因為市場上出現了更便宜、取得更容易的替代品，足以應付化妝品、食品與紡織產業的需求。化石燃料也開始取代鯨油。

政治行動進一步推動了這個改變。1946年，幾個國家意識到捕鯨已無法永續，便成立了「國際捕鯨委員會」（International Whaling Commission, IWC）。經過數十年配額制度的失敗，IWC最終於1987年通過了全球性捕鯨禁令，除了少數例外情況外*，全面禁止商業捕鯨。

---

*該禁令僅適用於商業捕鯨，因此基於科學研究用途及原住民自給自足需求的捕鯨仍被允許。

20世紀的人類主導地位仍然對鯨魚數量造成了深遠影響。就在20世紀初期，我們的海洋中約有260萬隻鯨魚。[11,12] 100年後，僅剩下88萬隻。鯨魚數量下降了三分之二，其中某些物種受到的衝擊尤其嚴重。

捕鯨數量如今僅為過去的零頭

全球每十年被捕殺的鯨魚數量。

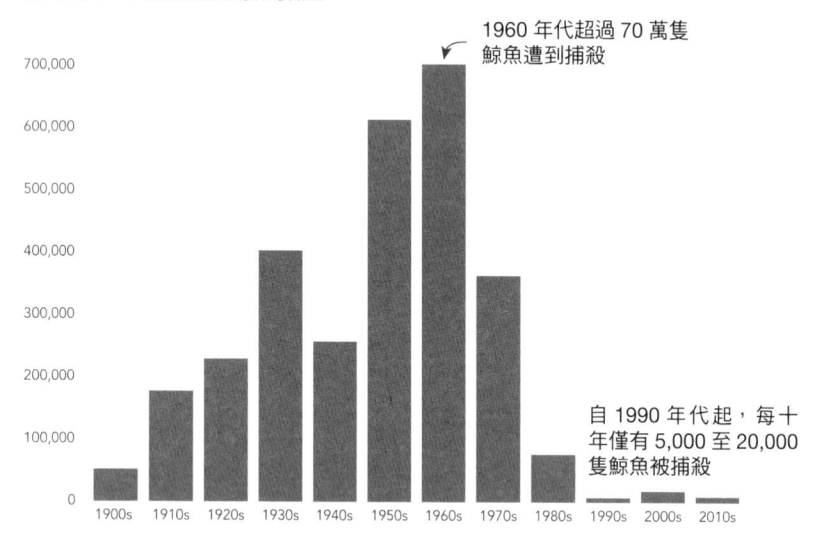

1960 年代超過 70 萬隻鯨魚遭到捕殺

自 1990 年代起，每十年僅有 5,000 至 20,000 隻鯨魚被捕殺

我猜你現在應該已經看懂了這個模式：最大的鯨魚最容易成為目標。小鬚鯨的數量下降了「僅僅」20%，而藍鯨幾乎被獵殺至滅絕。牠們的族群數量從34萬隻銳減至僅剩5000隻，下降幅度達98.5%。

鯨魚族群的恢復將需要很長時間。但世界及時採取了行動，讓牠們有機會重生。這個故事原本可能會是完全不同的結局。許

多物種正直奔滅絕邊緣，而我們在最後一刻猛踩了剎車。

漁撈的歷史

最早期的現代人類遺骸之一顯示他是個吃魚的人。「田園洞人」的骨骸碎片是在北京附近的田園洞中發現的，推測他生活在約四萬年前。同位素分析顯示，他食用大量淡水魚類。

我們也從洞穴壁畫、遺棄的魚骨，以及臨時製作的魚鉤得知，人類捕漁的歷史可以追溯到數萬年前。在那段漫長的時光裡，我們的工具大多相當簡陋。比較創新者可能會有釣鉤和釣線，或是魚叉。而多數則只是使用蘆葦編織的簡單魚簍。

不過，這種情況在15世紀開始改變，也就是當第一批大型漁船出現在歐洲時。這些漁船會佈下長長的「刺網」，形成一道網牆或網幕，用來攔捕漁群。這些方法在捕捉大量魚類時要有效得多，但也捕撈了許多不必要的海洋生物。當時的捕漁探險經常一去好幾週，漁夫帶著滿載漁獲返航。

從那時起，大規模的捕漁行動迅速擴張至世界各地。不僅漁網與捕撈技術更為精密，漁船也愈造愈大、愈開愈快。之後漁船配備引擎，漁民能夠更有效的佈網、快速行動以防魚群逃逸，並在過程中捕得更多漁獲。

對許多富裕國家而言，魚群資源的崩盤成為現實。以加拿大東部紐芬蘭與拉布拉多的北大西洋鱈魚漁獲為例，我們可以看到從17世紀開始數量明顯上升。18世紀時，年捕量約為十萬公噸。到了20世紀，這一數字已達到25萬公噸。漁獲量在1968年達到高峰，但隨後魚群資源崩潰，導致局勢急轉直下。漁業在

1990年代初被迫全面關閉。

另一項創新開啟了全新的捕漁時代——蒸汽拖網漁船於1880年代出現在英國。這些船隻能航行到更遠的近海,能夠在海上停留更長時間,並配備了更好的設備,可以深入海底進行捕撈。儘管兩次的世界大戰造成中斷,[13] 漁獲量仍在20世紀上半葉迅速上升。[14]

底拖網捕漁隨後傳播至全球,但由於缺乏對魚群資源的嚴格監控,魚群數量開始下降。在英國及其他富裕國家,底拖網捕漁在20世紀末與21世紀初大幅減少。

如我們將看到的,許多國家已經學會如何更永續的管理魚群資源。部分瀕危魚種的數量已有所回升。但那些未受監管、未受限制的捕漁方式——例如不分種類地大量捕撈——正在世界某些地區增加。我們必須確保這些國家不會重蹈過去漁業曾走過的毀滅性老路。

∞ 今日,世界已經沒那麼糟

全球漁業已漸趨永續管理

我們的捕漁習慣究竟有多不可持續?這個問題聽起來簡單,實際上卻充滿爭議。要回答這個問題,我們首先得釐清什麼叫做「永續漁業」——但並不是每個人都有共識。

我們可以針對技術細節和數字爭論不休:我們捕撈了多少魚、剩下多少魚、魚群是否正在枯竭。但真正的分歧往往不在這裡,而是在更早一步——我們如何看待魚這件事上的倫理衝突。

你可能已經注意到，我們談論魚的方式，與談論其他野生動物並不相同。在本書關於生物多樣性的章節中，我們的目標是「不計代價的保護牠們」。有些人也用同樣的方式看待魚，但多數人並不這麼想：他們將魚視為可以捕捉的對象。

當人們以不同的視角看待魚，這類辯論往往無法深入——甚至還沒進入「數據階段」，討論就已經卡住了。

在看待魚類的問題上，有兩種主要的思維流派。第一種——經常被環保人士、生態學家以及動物福祉倡議者採納——認為魚是一種擁有自身權利的動物。這正是我們對待大多數野生動物（如大象或猴子）的方式。我們的目標是讓這些野生動物的族群恢復到人類介入之前的自然狀態。對魚來說也應如此：我們應該讓魚群數量回到我們開始捕漁之前的歷史水準。在這種觀點下，「永續」代表著只能捕撈極少數甚至幾乎不捕。

另一種觀點，則將魚視為一種資源。我們大多數人都吃魚，數億人更是仰賴漁業維生。我們無法同時讓魚群數量恢復到捕撈前的水準，又在同一時間大量捕漁。因此，在這種觀點下，「永續」的定義是：在不進一步耗竭魚群的前提下，每年盡可能捕撈最多的魚。這也符合《布倫特蘭報告》（Brundtland Report）中對「永續發展」的經典定義：為了滿足當代人類的需求，我們可以捕漁，但不能捕得太多，以免犧牲未來世代的捕漁權利。

科學家可以計算出這個神奇的「甜蜜點」：也就是能捕到最多魚、又不會讓魚群數量低於其最高生產力水準的那個臨界值，這稱為「最大可持續產量」（Maximum Sustainable Yield）。如果捕得太多，魚群就會因過度撈捕而枯竭，未來世代將面臨魚

荒；但若捕得太少，則會犧牲當代的糧食與收入。因此，多數漁業的目標是：捕撈不過量、不過少，剛剛好。

這兩種思維的張力顯而易見。對「永續」的定義根本不同，終極目標也完全不同。當魚群達到「最大可持續產量」時，數量大約只有捕撈前的一半。[15] 這代表，在第一種觀點下，這樣的水準頂多算一半永續。對第二種觀點來說卻是完全合格的狀態。

這種僵局很難打破。我可以理解這兩種立場。我們確實傾向把魚類與陸地上的野生動物分開看待，這在我看來很奇怪。但同時，要人類突然全面停止捕漁也不切實際。如果人們還是會繼續捕漁，我們就必須確保正確監測與管理野生魚群，也就是在不過度捕撈的前提下，維持魚群健康的平衡。而這，基本上就將我們引向第二種思維陣營。

聯合國糧農組織設有一個專門研究與彙報漁業情況的部門，每年都會發布全球漁業活動永續性的估算結果。[16] 1980 和 1990 年代對漁業來說是動盪不安的時期。1970 年代初期，全球將近 90% 的魚群資源都還是以永續的方式進行管理，但接下來的情況急轉直下。

全球對魚類的需求持續上升，被過度開發的魚群比例也逐年攀升。年復一年，超出可承受範圍的魚種數量不斷增加。你或許會以為這樣的趨勢會持續下去，就如同包理斯・沃姆在本章開頭所預測的那樣。

到了 2000 年代初，全球大約有四分之一的魚群資源被過度開發。到了 2008 年，這一比例上升至三分之一。不過這一上升趨勢後來趨緩了。從那之後，被過度開發的魚群比例大致穩定在

全球三分之一的魚群資源被過度開發

當漁獲量超過最大永續產量（即魚群能自我恢復的速度）時，就會被視為「過度開發」。

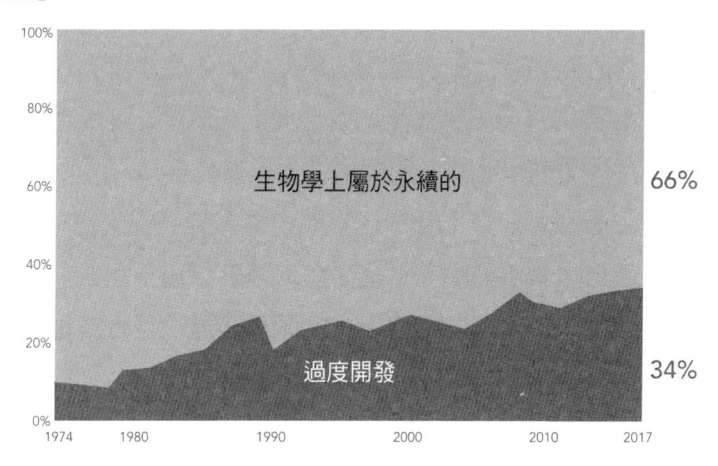

三分之一左右。這代表目前全球大約有三分之二的魚群資源是以永續的方式進行管理的。*

當然，這不值得大肆慶祝。我們已不再處於1980和1990年代那樣陡峭的惡化階段，年增趨勢已經放緩或停滯。這至少讓我們爭取到了一些時間，去好好了解哪些地方做對了，並將這些成功經驗應用到其他地方。

＊若我們以「漁獲量」來看哪些魚是以永續方式捕撈的，這個比例其實超過80%。這是因為某些魚群資源（例如某些特定地區的魚種）比其他魚種規模更大。如果不是計算魚群種類中有多少被永續管理，而是以實際捕撈的魚量來衡量，那麼根據這個方法，全球有83%的漁獲來自永續來源。

養殖的魚比捕撈的多

這裡有些地方似乎對不上。我們成功讓過度開發的野生魚群數量趨於穩定,但自 1990 年以來,全球海鮮產量卻翻了超過一倍。這是怎麼做到的?不是因為捕到更多魚,而是因為我們開始養魚了。這被稱為「魚類養殖」或「水產養殖」,可以想像成在陸地上養牛、養豬、養雞的類似模式。

不像依賴野生魚群(就像在陸地上依賴野鳥或野鹿一樣),我們現在能自己繁殖魚類。養殖戶在受控的環境下餵養並繁殖魚類,這些環境可以是海洋或河川裡的圍欄設施,也可以是陸地上的人工水池——等到魚成熟後再進行宰殺販售。

全球目前來自養殖的海鮮比野生捕撈還多

近幾十年來海鮮產量的增長,主要來自水產養殖。這對於保護野生魚群資源是好消息。

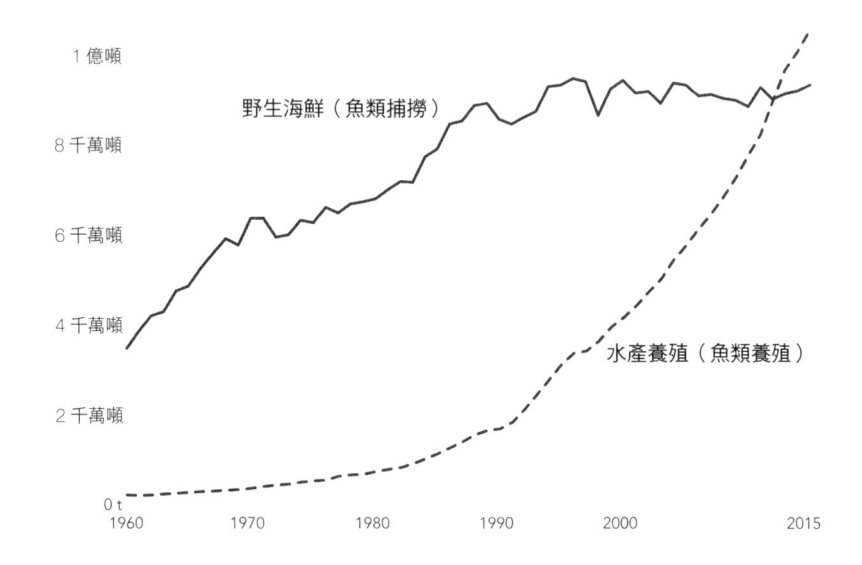

魚類養殖是一個相對新的產業，自1990年代以來迅速發展。1990年，全球水產養殖的海鮮產量僅2,000萬噸；到了2000年，這個數字翻了一倍。到了2010年，又再度翻倍。而如今，我們每年生產超過一億噸來自水產養殖的海鮮。全球目前的養殖海鮮產量，已經超越野生捕撈的產量。自1990年以來，野生魚類的捕撈量幾乎沒變過，但水產養殖彌補了所有額外需求。如果我們光靠野生捕撈來滿足這些需求，海洋的情況可能會非常慘烈。

　　水產養殖的救命之處，其實和我們從野生哺乳動物過渡到農耕與畜牧的歷程很相似。想像一下，如果我們試圖靠野生哺乳類來餵養一個快速成長的人口，牠們早就滅絕了（我們也撐不下去）。我們能夠自己生產糧食與飼養牲畜，使我們能養活更多人，同時不會對野生動物造成太大壓力。在海洋裡，我們也做到了類似的事情。

　　魚類養殖過去並不是一張可靠的安全網。剛起步的時候其實效率很差，很多養殖魚得靠其他低品質的野生魚來餵養，有些甚至要大量使用。這被稱為「投入魚：產出魚」的比例——也就是你要投入多少條魚，才能產出一條養殖魚。到1997年時，全球的這個平均比例還是2比1。[17,18] 這聽起來顯然不合理，因為這代表我們對野生魚群施加了更多壓力。

　　幸好，這個過程這些年來大大改善。我們變得更擅長養魚，也發展出以植物為基底的飼料。對許多魚種來說，現在的比例已經是0.3。有些魚甚至不需要野生魚做為飼料，這代表總報酬率可以高於3。大約11%的野生魚（我們每年捕撈的9,000萬噸裡

的一部分）會被拿去做為水產養殖的飼料，而這些飼料可以換來大約一億噸的海鮮。這筆交易還不錯——當然，如果你不是一條魚的話。就像我們對陸地動物的規模養殖那樣，由於魚類的養殖效率很高，導致我們每年宰殺的數量是以數兆計。魚場的動物福利標準往往也很差。

我曾擔心，隨著水產養殖業的崛起，對野生魚類做為飼料的需求會變得不可持續。但這件事並未發生。事實上，我們現在用來做飼料的野生魚，比幾十年前還少；同時我們從水產養殖中獲得的產量則是五倍以上。

魚類養殖是一項挽救了全球許多野生魚群的重要創新，但它不是我們手中唯一的解方。

代表性魚種的數量增加

我小時候面臨的主要魚類困境，就是到底能不能吃鮪魚。我一直聽說全球的鮪魚陷入嚴重危機。我不知道為什麼鮪魚會是最常被過度捕撈的魚種。我只是想，應該是因為大家都像我一樣愛吃吧。

我其實一直沒有在關注世界鮪魚的近況，直到最近才重新了解。說來慚愧，畢竟鮪魚還是那麼受歡迎。但其實，這應該早就告訴我答案了：如果一種魚能夠在數十年內都這麼熱門又便宜，那牠的族群應該沒有崩潰。

我的人生可說是見證了鮪魚的「大逆轉」。1930年代，南方黑鮪的數量超過850萬條。到了1970年代，數量減半，只剩400萬條；千禧年時更跌破100萬。族群數量幾乎減少了90%。

＊大西洋黃鰭鮪的數量也減少了75%。但進入21世紀後，情況開始大為改善。許多鮪魚族群的數量不再繼續崩跌。現在有更好的監測技術，以及更嚴格的規範，限制漁民在何時、何地、能捕撈多少，讓各國可以用永續的方式來管理魚類族群。

長鰭鮪與黃鰭鮪這兩種鮪魚，已從「接近瀕危」被調整為「無虞」等級；南方黑鮪則從「極度瀕危」被調整為「瀕危」。牠們當然仍然處於困境中，但至少方向是對的。

對大多數人來說，聽到「野生鮪魚族群減少了一半」會覺得很震驚。但別忘了，「最大可持續產量」指的是一個魚種可以被捕撈的最大限度，而不會導致族群數量持續下降——而對多數魚種來說，這個點正好就在牠們數量減少了一半的位置。如果我們希望有永續的海鮮供應，那麼鮪魚的數量應該只需要恢復到過去族群量的一半就好。這是因為對多數魚種而言，「最大可持續產量」的位置正好就是族群數量降到過去一半的時候。

目前有許多鮪魚族群已經開始受到妥善管理，全球仍維持著穩定的食物供應，我們不再捕得太過頭，導致族群下滑。不過也不是完全都是好消息，印度洋的鮪魚目前的狀況就令人擔憂——我們的捕撈速度實在太快、數量太多了。如同接下來會談到的，希望我們能在族群完全崩潰之前，再度上演一次鮪魚的逆轉勝。

不只鮪魚族群正在復甦，鱈魚族群也上演了一場回歸之路。1980至1990年代，鱈魚的族群數量幾乎呈懸崖式崩跌。大西洋

＊有些說法稱所有鮪魚族群的數量都下降了90%，但這是不正確的。此處所說的90%減少，是針對南方黑鮪，並不包含其他大西洋與太平洋的鮪魚族群。

第8章　過度漁撈

鱈魚的捕撈量從1980年的800萬公噸暴跌到2000年不到300萬公噸。但全球後來痛定思痛，短短十年間，鱈魚族群又翻倍回升。

來自歐洲與北美的鮪魚、鱈魚、黑線鱈和鮭魚族群，目前都受到密切監控。我們在「剛剛好」的位置進行捕撈——捕得夠多，但不至於讓族群數量縮減。這樣的平衡點，就像童話故事中「金髮女孩挑粥吃」的那碗粥一樣，不多不少，恰到好處。

亞洲、非洲與南美洲漁況尚待管理

很多人常引用企業管理思想家彼得·杜拉克的名言：「你無法管理你沒有衡量的東西。」這句在商業領域廣泛流傳的話語，同樣適用於環境保育。

歐洲與北美洲的指標性魚種之所以能成功復甦，正是因為對牠們進行了密切監測。

可惜的是，並非所有國家都能投入這樣等級的監測。在亞洲、非洲與南美洲的許多地區，我們面臨著大量的資料缺口。當然，缺乏資料不一定代表事情正在惡化。你沒有戴高級的睡眠監測手錶，並不代表你睡不好。但在這個情境下，若一個國家沒有密切監測漁業資源，往往真的代表狀況不佳。因為如果沒有這些資訊，要維持魚類資源的平衡是非常困難的。他們需要這些資料來判斷自己可以捕多少魚，以及什麼時候該捕。他們需要這些資料來設定捕撈配額，確保漁民之間能有公平的分配。

短期內，無知或許是種幸福，但長遠來看卻不然。其實，密切監控魚群數量的理由往往是出於一種自利的考量。各國若希望

在中期內擁有一個有利可圖的漁業產業，就必須這麼做。正如我們從加拿大和英國的例子所見，若不積極管理，他們將不得不花費更多努力才能捕到足夠的魚，漁業利潤會逐漸降低。短視近利，最終只會反噬自身。

還有其他跡象顯示這些地區的漁業狀況並不樂觀。我們知道這些地方的捕漁活動非常頻繁。底拖網捕漁在中國與印度等國非常普遍。若不對如此高強度的捕撈進行密切監控，實在很難相信這些地區的漁業資源仍處於健康狀態。我們或許缺乏大規模的調查資料，但已有少部分地區的研究可供參考，而這些小規模研究皆顯示魚群數量大幅減少。[19]

邁向全球漁業健康管理的第一步，就是開始計算魚的數量。沒有算清楚之前，根本是在黑暗中摸索。

世界的珊瑚正被活活漂白

決定人生要走什麼路從來都不容易。我大致知道自己想走的方向：我熱愛科學，也一直想當個作家，因此科學新聞寫作看起來是個理想的選項。但我面臨一個選擇：要唸新聞與創意寫作相關的學位，讓科學的熱情退居幕後？還是反過來，主修科學，再以寫作做為副修？最後，我選了科學。至少我當時是這樣說服自己的。實際上，也許是某件別的事影響了我。那間大學的科學課程有個必修項目：要去牙買加實地考察。為了畢業得參加一次熱帶加勒比海島的潛水之旅──這可真是個「痛苦」的任務。

在沙灘派對與熱帶雨林探險之間，我們在牙買加北岸的發現灣（Discovery Bay）潛水。我們到那裡是為了進行生態調查與珊

瑚礁採樣。那是我第一次真正「面對現實」的體驗環境變遷的震撼。儘管我已經花了好幾年讀論文、寫報告、在顯微鏡下觀察珊瑚切片,我還是沒有為現場的情況做好心理準備。

我本來以為潛入珊瑚礁的感覺,會像皮克斯動畫《海底總動員》裡那樣。電影中的珊瑚是那麼繽紛美麗:粉紅、紅、橘、藍色交錯,看起來充滿生命力。珊瑚礁周圍總是有魚群與海洋生物環繞,小丑魚尼莫和藍倒吊魚多莉會鑽進鑽出,穿梭在迷宮般的珊瑚叢中。我原以為自己跳進海洋後,也會看到這樣的景象。

實際情況和我預期的完全不同。我潛入水中,卻找不到珊瑚。若不是事先知道這裡應該有珊瑚,我根本會以為什麼都沒有。映入眼簾的只有白色的岩石與碎礁,整片礁石都被藻類覆蓋,完全看不到魚。整趟沿岸採樣中,最「令人興奮」的發現就是海膽——牠們是唯一的生命跡象。

這是我人生第一次真正貼近的感受到我們對地球所造成的破壞。我沒跟其他同學談這次潛水帶來的震撼。我不知道他們是否也有同樣的感受。我因為不好意思而選擇沉默。我明明花了好多時間學理論、讀書寫作,怎麼到了現場,實際看到的景象卻這麼出乎預料?

珊瑚礁是由無數珊瑚組成的群體,是地球上最美麗、最多樣的生命形式之一。牠們生活在海洋中,也因此,如同海洋中許多生物一樣,只有極少數人有機會親眼見到。[20] 然而,珊瑚礁對全球社會來說卻極其重要。全世界有超過100個國家的4.5億人住在珊瑚礁附近,依賴它們維持生計。珊瑚礁是多樣化生態系統的基石,雖然只覆蓋了不到0.5%的海洋面積,卻養育了全球將近

30%的海洋魚種。

這也是為什麼——當我們看到全世界的珊瑚正一片一片死去時——會讓人感到如此心碎。

要了解珊瑚為什麼會面臨困境，我們得先搞清楚牠們是什麼，以及牠們如何維生。

珊瑚是屬於刺絲胞動物門（Cnidaria）的動物，這個門類包含超過1.1萬種水生動物。大多數珊瑚生活在海洋環境中，而淺海珊瑚多半分布於熱帶地區。*牠們會利用海水中的碳酸鈣來建構堅硬的外骨骼。但珊瑚成功存活的關鍵在於牠們獲取能量的方式。珊瑚體內寄居著一種名為「蟲黃藻」的微小藻類，兩者共生。藻類透過光合作用產生能量，供應珊瑚大部分的營養來源。沒有這些藻類，珊瑚無法生存。而藻類需要陽光，因此珊瑚只能生存在接近海面、光線充足的淺水處。

珊瑚礁面臨許多威脅——有些來自自然，有些來自人類。這些威脅包括海水升溫、海洋酸化、海洋化學成分變化，以及生態系動態的變遷。這些都不是新問題——珊瑚在地球歷史上不斷承受不同程度的壓力。

在遙遠的過去，有些壓力極其劇烈。例如「五大滅絕事件」（在第6章有提到）中的每一次都伴隨著全球氣候與海洋化學的劇變，對珊瑚來說是一場場毀滅性的災難。每次事件過後，全球

---

*珊瑚主要有兩種：淺水區的溫水珊瑚和深水珊瑚。兩者明顯的差異是溫水珊瑚住在離海水平面比較近的地方，通常是水岸區；而深水珊瑚活動範圍可達水下3000公尺深。我們在這裡把重點放在溫水珊瑚上。

數百萬年內都不會有活珊瑚礁出現。即使是在沒有那麼極端的時期，珊瑚也會遭遇壓力，像是颶風與熱帶氣旋的襲擊，或在聖嬰現象年分發生的白化事件，以及生態系統動態的劇變。珊瑚會承受極大壓力，但通常能在接下來幾年內恢復。

來自人類壓力的改變，使這些事件的頻率和強度增加。我們將多重威脅加諸於珊瑚礁之上。我們在過度捕漁的同時，還將汙水和化肥排入沿海水域。更糟的是，我們還同時在調高溫度。

我對世界珊瑚礁最大的擔憂是珊瑚白化。珊瑚白化發生在珊瑚將依賴的藻類排出體外時，藻類是珊瑚用來吸收陽光的主要來源。這會使珊瑚缺乏能量來源，最終死亡。當珊瑚遭遇極端升溫時，它們會排出藻類。這稱為「白化」，因為珊瑚會失去大部分顏色，最終變成像白色碎石一樣——與以前的美麗生物相比，顯得無比淒涼。

在沒有人的世界和氣候變遷的情況下，珊瑚白化仍然會發生。尤其是聖嬰現象的年分。聖嬰現象是一種每七年發生一次的正常氣候週期，會導致海洋特定區域的局部升溫。當白化事件分散發生時，珊瑚就有時間恢復。它們只需要一些喘息的空間。

問題在於，由於氣候變遷，白化事件不再只發生在聖嬰現象的年份，它們現在每年都會發生，即使是在「涼爽的」反聖嬰現象期間。這代表著珊瑚幾乎沒有時間恢復。它們還會遭遇更多或更強烈的氣旋。而捕漁過度和藻類爆發的壓力也使它們更加困擾。這就像一名健身房的運動員反覆高強度訓練，無數次的訓練而沒有得到睡眠、水分或食物。身體無法承受，最終會崩潰。

有大量的證據顯示，珊瑚礁正面臨著更頻繁且更嚴重的白化

事件。衛星數據使我們能夠追蹤珊瑚礁周圍水溫的變化，以及它們所承受的熱應力程度。第一次進行這項全球規模研究的研究顯示，全球珊瑚礁受到白化影響的百分比從1985年到2012年增加了三倍。[21]

在一項較新的研究中，著名的珊瑚生態學家泰瑞・休斯（Terry Hughes）及同事追蹤了1980年至2016年間100個熱帶地區的珊瑚白化事件頻率。他們的研究範圍包括了54個國家的所有主要珊瑚熱點，從西太平洋到大西洋，再從印度洋到澳大利亞的大堡礁。

他們調查了白化事件的總數及其強度。「輕度」白化事件是指影響少於30%的珊瑚，而「嚴重」白化事件則是指影響30%或更多的珊瑚。他們發現，這100個珊瑚礁上的白化事件數量有所增加。在1980年代，我們或許會預期每27年才會發生一次嚴重的白化事件。而到2016年，這一頻率縮短為每6年一次。

這些較短的恢復時間，代表著珊瑚礁徹底死亡的可能性更大。隨著海洋繼續變暖，這成為我們最大的擔憂。我們正在將世界上最具多樣性、最複雜且最美麗的生態系統推向極限，且每年繼續加大這些壓力。

保護珊瑚礁最明顯的方式是限制全球氣候變遷。許多政府將會優先考慮其他更便宜的方式來促進珊瑚礁保護。然而不要被誤導：威脅世界珊瑚礁的最大原因是海洋變暖。如果各國不減少溫室氣體排放，那麼他們只是在試圖欺騙我們。

證據非常清楚：為了拯救世界的珊瑚礁，我們需要停止氣候變遷。

∞ 我們可以從這些小事做起

少吃魚

看了像《海洋陰謀》這類的紀錄片後,人們的直覺反應是完全不吃魚。我有些朋友就做了這個決定。如果你能夠不再吃魚,而且你也不想再吃魚,那麼這是非常正當的選擇。這能讓你避開動物倫理的困境。如果你準備改採植物性飲食,這對環境也是個好選擇。但許多人不願意——或在某些情況下,是無法——完全放棄吃魚。更實際的未來,是至少在短期內人們應該少吃一點。

不是建議每個人都這麼做。在前面的章節,當我討論少吃肉時,我曾指出這並非適合世界上每個人。對某些人來說,尤其是在較貧窮國家,肉類是少數能取得、富含蛋白質與微量營養素的食物之一。若有良好的替代品和多元的飲食,我們可以滿足營養需求。但數十億人負擔不起營養完整的飲食,必須善用手邊可得的食物。

魚類也是如此。有些社群依賴魚類做為重要的營養來源。他們往往沒有擺滿超市貨架、富含蛋白質的植物性替代品,當地藥局也沒有Omega-3補充劑。在這些替代方案變得全球普及、價格實惠且容易取得之前,我不會建議將不吃或少吃肉、魚做為適用於所有人的永續解決方案。但許多富裕國家的消費者當然可以少吃一點,而且幾乎不會察覺任何差異。

吃受到把關的魚

魚肉可以是一種對氣候比較好的蛋白質食物。我們喜歡吃的

很多海鮮，製造的「碳足跡」（就是對地球暖化的影響）比雞肉還要少，而雞肉已經是所有肉裡面對氣候最友善的了。

比如，我相信很多魚是對氣候好的蛋白質食物，而且我可以不要吃那些碳足跡很高的魚。所以，我就不吃龍蝦了。可是，我不只關心碳足跡，我也擔心對「生物多樣性」的影響——就是我們生產食物的方式會不會傷害到其他的動物和植物。當然，還有對魚的數量有沒有影響。我想要選那種沒有被抓光光的魚。但我要怎麼確定呢？

看標示是一個好方法，但要小心：很容易被騙。我還記得有一次，我發現雞蛋盒子上寫的「新鮮」，不代表那些雞蛋是自由奔跑的母雞生的。事實上，意思常常是相反的——那只是個「好聽」的說法，其實雞蛋是來自關在籠子裡的母雞。

那現在，我們這些消費者可以怎麼做呢？有一些「海鮮選購指南」做得很好，可以告訴我們怎麼選。例如在英國，我最常用的是「海洋保護協會」（Marine Conservation Society）的〈好魚指南〉（Good Fish Guide）。[22]在美國，最好用的是蒙特利灣水族館（Monterey Bay Aquarium）的〈海鮮觀察〉指南（Seafood Watch）。[23]其他國家也有他們自己的指南。

這些指南會幫不同的魚打分數，告訴你哪些是「最好的選擇」，哪些「最好不要吃」。這是經過專家們很仔細、公正的評估才訂出來的分數。

大部分的指南都有網站或手機應用程式，如果你想吃哪種魚，可以上去查查看。你可以查到這種魚是從哪裡來的，還有是用什麼方法抓到的。可是問題是，我們得自己主動去找這些資

料。所以,在你走進超市買東西以前,最好先查一下。

用嚴格的規定限漁

我們需要知道一種魚的數量有多少,還有這種魚生小魚的速度有多快。等我們知道這些資料,就可以算出我們可以捕多少魚,才不會讓牠們被捕光光,也就是「永續捕捉」。如果牠們生得比較慢,我們就要少捕一點,才能保持平衡。如果牠們生得很快,那我們就可以多捕一點。

比較大的魚通常需要比較久的時間才能長大,然後才會生寶寶——其實大部分的動物也是這樣。這就是為什麼大家這麼擔心鮪魚。

當我們知道可以捕多少魚之後,就要嚴格的注意和管理漁夫們到底捕了多少。困難之處在於通常海裡不只有一艘漁船在捕漁。我們需要算出全部總共可以捕多少,然後想辦法把這個數量分給每一群漁夫。這聽起來雖然很難,但是做得到。

有一件事很清楚:好好管理漁業很有用。不只魚的數量可以恢復,而且人們還是可以捕到一些魚。每一艘船都有嚴格規定的可捕捉數量(叫做「配額」);船回到陸地時,捕到的魚都要算數量。如果捕太多魚(就是過度捕撈),就會被罰錢或處罰。

在比較有錢的國家,比較常用這種嚴格的捕漁配額規定。但即使在歐洲國家,也會有時候效果好,有時候效果不好。如果大家都有確實遵守規定,就會有用。但如果科學家的建議沒人聽,或是大家不夠努力去做,那就沒用了。

歐盟有一套「共同漁業政策」(Common Fisheries Policy),

裡面訂了一些規則，教大家要怎麼用不會傷害魚群的方式來管理牠們（永續管理）。所有會員國一起同意要怎麼分擔這些責任。歐盟已經進步很多了。在2007年，過度捕撈最嚴重的時候，當時歐洲地區有78%的魚種都被捕太多了。[24]到了2020年，這個數字降到只剩下30%。[25]

這做法可以說是有得有失，不過，情況明顯好多了，只不過歐盟在2013年的時候說好要在2020年完全停止過度捕撈，結果差得很遠，沒有達成目標。為什麼呢？因為很多國家訂定的可以捕撈魚量（配額），都超過了科學家建議的安全數量。

有些魚的數量真的變多了很多。舉個例子，像是歐洲鰈（European plaice），那是一種扁扁的魚。在1980年代末期到1990年代那十年，這種魚的數量少了一半以上。[26]還好歐盟在2007年開始好好管理，現在歐洲鰈的數量幾乎變成以前的三倍。

但是同時，有些其他的魚就慘了，數量反而變少：像是在波羅的海和凱爾特海的鱈魚就一直被過度捕撈。

這個情況正好說明了三件都是真的事情：情況很糟（因為還有30%的魚被過度捕撈，而且歐盟沒達成目標）。情況好很多了（因為30%比以前的78%少很多）。情況是可以變好的。

我們知道要怎麼制定好的、可以保護魚群永續生存的政策。如果我們能夠全面的把這些好政策實施下去，那麼要完全停止過度捕撈，是很有可能做到的。

對「誤捕」和「丟棄」漁貨嚴加處理

我們都看過影片和照片。大型的工業捕漁船會把很大很大

的網子和一個像犁田工具的東西丟到海底去。那種工具叫做「拖網」，會把經過的所有東西，不管是什麼，全部都撈起來——不只想要抓的魚，還有其他的魚、海龜、海豚、魟魚和海豹。這些動物會在網子裡拚命掙扎，想要逃走，但是都逃不掉。

接下來，我們看到漁夫把抓到的漁獲拉上船。他們會開始挑選分類。鮪魚、鮭魚或是鱈魚，就會被丟進箱子裡放好。剩下的東西，就被丟回海裡去。

這些被丟回去的動物，就算那時候還沒死，大部分也很快就會死掉。看到牠們掙扎的樣子，真的很讓人難過，而且這也是一種浪費。牠們是無辜受害的。就算你覺得為了吃東西而殺動物沒有關係，但是讓海洋動物受傷、死掉，卻又不是為了吃掉或發揮任何價值，這樣真的很不好。發生這種事，對誰都沒有好處。

我們不是故意抓到、後來又被丟回海裡的漁獲，就叫做「丟棄漁獲」（discards）。全世界來看，大概有10%被捕到的動物會被這樣丟掉。[27, 28] 很難說10%到底是多還是少。當然，這個數字可以再更低一點。最理想的狀況，應該是零才對。

不過10%這個數字也比以前少很多了。如果我們回到1950年代和1960年代，那時候捕到的魚裡面，有20%是被丟回海裡的。所以，情況是有變好。但是我們現在捕的魚也比以前更多。幸好，被丟掉的總數量還是比以前少。在1970年代，我們每年大概會丟掉1400萬噸那麼多的魚。從那之後，我們已經把這個數字減少了三分之一。

我們是怎麼辦到讓丟掉的魚變少的呢？我們要怎麼做，才能讓這個數字盡量接近零呢？

其實一部分是因為魚在市場上的價錢比以前貴了。以前，如果漁夫不小心抓到他們不想要的魚，可能會覺得「這個賣不掉啦！」或者「就算賣掉了也賺不了多少錢」。所以他們就把那些魚丟回海裡。但是現在不一樣了，漁夫比較願意把抓到的所有魚都帶回岸上，因為他們知道這些魚都賣得掉。

　　還有一個更厲害的做法是，有些國家規定不可以在海上把抓到的魚丟掉。這個規定有時候叫做「卸漁義務」（就是把魚帶上岸的責任），意思是漁夫必須把所有抓到的魚都留在船上，並且報告說這是他們「捕獲的漁貨」。歐盟就有實施這個政策，這是他們2013年修改「共同漁業政策」時很重要的一部分。如果漁夫每天可以抓的魚有限制數量（配額），那他們就得更小心不要抓到不想要的魚（誤捕）——因為這些不想要的魚，還是會算在他們當天可以抓的總數量裡面。這些規定非常有用，如果其他國家也能學著這樣做，我們就可以大大減少被丟掉的魚了。

　　最後，我們一定得提到捕漁用的工具。用一個大網眼的漁網，當然會比用釣魚竿撈到更多海洋生物啊。那種大型拖網漁船最糟糕了。這種船會把經過路線上的所有東西都撈起來。用海底拖網抓到的漁獲，大概有五分之一會被丟掉。對某些種類來說——像是抓蝦子的拖網——丟掉的比例甚至可能高達50%，也就是一半這麼多！

　　要怎麼減少這些被丟掉的魚呢？一個方法是減少或是完全停止使用海底拖網。另一個方法是改良我們用的捕漁工具。經過一段時間，我們設計出更好的設備，這些設備比較有「選擇性」——就是只會抓到我們想要的魚。有些管理得很好的拖網漁

業,已經把丟棄率降到10%以下了。我們是怎麼做到的呢?有很多方法:改變漁網網眼和魚鉤的大小跟形狀;在陷阱網上加上「逃生板」;使用水底燈光和警報器。[29,30]這些改良真的很有用。有些國家,像是貝里斯,就走在很前面,他們已經禁止使用那種沒辦法只針對特定魚種的捕漁工具了。

要完全消滅「誤捕」(不小心抓到不想抓的魚)可能不太實際。但是,已經沒有那麼多漁獲被丟棄了,這表示我們還是可以做點什麼。如果每個國家都像貝里斯一樣,那我們就有可能讓這個世界幾乎沒有被丟棄的魚了。

全球被丟棄的魚數量一直在下降

丟棄漁獲是指在捕漁活動中,被抓到之後又被丟回海裡的動物(可能是活的,也可能是死的)。

全球被丟棄的魚數量,在過去幾十年從 1400 萬噸下降到 800 萬噸

設置海洋保護區

有個讓我們可以確保海洋的某些部分不被人類過度使用，那就是試著完全禁止人類的影響。就像在陸地上，我們有古蹟或國家公園，會受到嚴格的管理。我們也有一些特別的生物多樣性地點，會禁止外來的干擾。

世界上有8％的海洋區域被劃定為「海洋保護區」（MPAs）。[31]這些區域──包含海水和海底──是法律規定要保留下來保護的地方。但每個海洋保護區的規定都不太一樣，可能包括像是禁止捕漁區、限制可以使用的漁具種類、禁止或限制採礦等活動，還有管理從河川或工廠流出來的東西對海洋造成的影響。

就像我們在生物多樣性那一章看到的，海洋保護區到底多有效，科學上還沒有一定的答案。在一個完美的世界裡，我們會禁止在海洋的某個特定區域進行開發利用，這樣所有的影響就會完全消失。但現實情況比較複雜一點。禁止了某個地方的活動，這些活動常常會移到另一個──沒有受到保護的──海洋區域。結果對我們海洋整體的影響並沒有不同。事實上，在某些情況下，如果我們把活動移到那些規定比較寬鬆、或是生物種類更豐富的地方，情況可能會更糟。

單純增加受保護的海洋面積，並不是萬能的解決方法。這完全要看我們怎麼管理這些海洋保護區，還有規定是不是真的有被好好執行。如果海洋保護區的限制很寬鬆，也沒有好好執行，那對我們海洋的健康幾乎沒什麼幫助。[32]事實上，如果只是把一個區域貼上「保護區」的標籤，卻沒有好好實施保護措施，結果可

能更糟——這種假象會讓我們掉以輕心。

儘管對於海洋保護區的效用還有爭議，但全世界已經設定了很有企圖心的目標，要擴大海洋保護區涵蓋的海洋面積。我們已經錯過了第一個目標，就是在2020年前保護10%的海洋——到了2021年，只有8%的海洋受到保護。下一個目標是希望在2037年達到30%，然後在2044年達到世界海洋的一半。如果我們想要有機會達成這些目標，我們需要趕快行動了。

我們可用的方法很多，海洋保護區只是其中一種而已。如果只擴大保護區，卻沒有配合這一章提到的其他解決方法，那麼就算目標再大，對我們的海洋也沒有幫助。這樣做只會把海水弄得混濁不清，讓我們看不清楚海洋受到的傷害。

∞ 不必過度擔憂的事

選對品種，魚的「碳足跡」其實很低

若你因為擔心氣候對多數魚類的影響而睡不著覺，那其實大可不必。選對種類，我們就可以吃魚，而且造成的「碳足跡」還是很低。

捕漁或養魚確實會產生溫室氣體——雖然不像牛打嗝那樣直接跑出來。如果是捕野生的魚，我們開船捕牠們要耗油；抓到後需要冷凍或冷藏才能保持新鮮；我們還要運送和包裝牠們。如果是養殖的魚（就是「水產養殖」），我們要生產飼料來餵牠們，這也會對氣候造成影響，就像我們養雞、養豬、養牛一樣。

如同第5章看到的，像是運送和包裝，通常產生的溫室氣體

很多魚類可以是低碳（對地球比較好）的蛋白質來源

每公斤食物產生的溫室氣體排放量。雞肉是所有肉類中碳足跡最低的，不過很多魚類的碳足跡甚至比雞肉還要低。

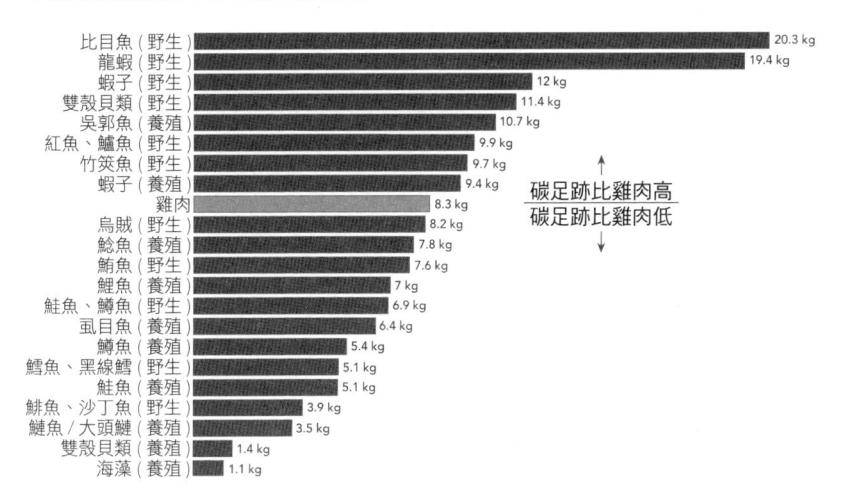

種類	排放量
比目魚（野生）	20.3 kg
龍蝦（野生）	19.4 kg
蝦子（野生）	12 kg
雙殼貝類（野生）	11.4 kg
吳郭魚（養殖）	10.7 kg
紅魚、鱸魚（養殖）	9.9 kg
竹筴魚（野生）	9.7 kg
蝦子（養殖）	9.4 kg
雞肉	8.3 kg ← 碳足跡比雞肉高／碳足跡比雞肉低
烏賊（野生）	8.2 kg
鯰魚（養殖）	7.8 kg
鮪魚（野生）	7.6 kg
鯉魚（養殖）	7 kg
鮭魚、鱒魚（野生）	6.9 kg
虱目魚（養殖）	6.4 kg
鱒魚（養殖）	5.4 kg
鱈魚、黑線鱈（野生）	5.1 kg
鮭魚（養殖）	5.1 kg
鯡魚、沙丁魚（野生）	3.9 kg
鰱魚／大頭鰱（養殖）	3.5 kg
雙殼貝類（養殖）	1.4 kg
海藻（養殖）	1.1 kg

排放比較少。有一個發表在《自然》科學期刊的大型研究，分析了幾千個養殖場和野生捕撈的魚對環境的影響。[33] 研究發現，我們常吃的很多魚——像是鮪魚、鮭魚、鱈魚、鱒魚、鯡魚——是所有肉類裡面，對氣候最友善的。雖然魚不像植物性蛋白質那麼好，但仍然算是很低碳的選擇。大部分的魚在其他對環境的影響方面，表現也都不錯。牠們幾乎都比雞肉還要好。

不過要小心。有一些特別好吃的海鮮，牠們的碳足跡可能很高，而且價錢也很貴。像是比目魚和龍蝦，碳足跡就非常高。如果你想要吃海鮮，又希望對環境好（永續），我會建議不要吃牠們。比較好的選擇是養殖的雙殼貝類——像是蛤蜊、牡蠣、烏蛤、淡菜、扇貝——還有小型的野生魚，例如鯡魚和沙丁魚。

第 8 章　過度漁撈

養殖魚，奇怪卻合理的辦法

正當全世界的野生魚群數量急速減少、快要消失的時候，水產養殖就出現了。從1980年代末期開始，幾乎所有增加的魚產量，都是來自水產養殖。

但是，我們很多人對於吃養殖魚還是覺得有點不太習慣。也許是因為覺得「天然的」最好吧。吃野生的魚好像感覺比較自然，吃那種在人造環境裡長大的魚感覺沒那麼自然。不過，如果全世界的人們想要繼續像現在一樣吃這麼多魚（甚至更多），那麼消費者就需要去習慣吃養殖魚這件事。

有些人會擔心，到底用了多少野生的魚來當作（養殖魚的）飼料。一開始為什麼要用魚當飼料呢？嗯，這是因為這樣可以提供養殖魚牠們在大海裡通常會吃到的營養。在大海裡，比較大的肉食性魚通常會吃比較小的魚，這樣牠們就能得到高品質的蛋白質和胺基酸，還有很重要的Omega-3脂肪酸。

世界已經漸漸不再用野生魚當飼料了，這是因為養殖漁業的技術變好了，而且也開始改用植物做成的飼料，這種飼料可以提供魚粉和魚油所能給的所有營養。例如，我們可以利用藻類，做出更有營養的濃縮飼料。人類又再一次用聰明的方法，模仿大自然的方式解決了這個問題。

未來，我們很有可能完全不需要用到野生魚，就可以養魚了。所以，身為買東西的我們，不用太擔心。如果你是發明家、制定規則的人，或是願意出錢支持的人，你們可以幫助我們更快達成這個目標。

養殖魚變多,但不用抓那麼多野生魚來餵牠們了

以前,養魚需要抓很多野生魚來當飼料。現在改用植物做的飼料,加上養殖技術變好,所以養出來的魚變多了,但是抓來當飼料的野生魚反而變少了。

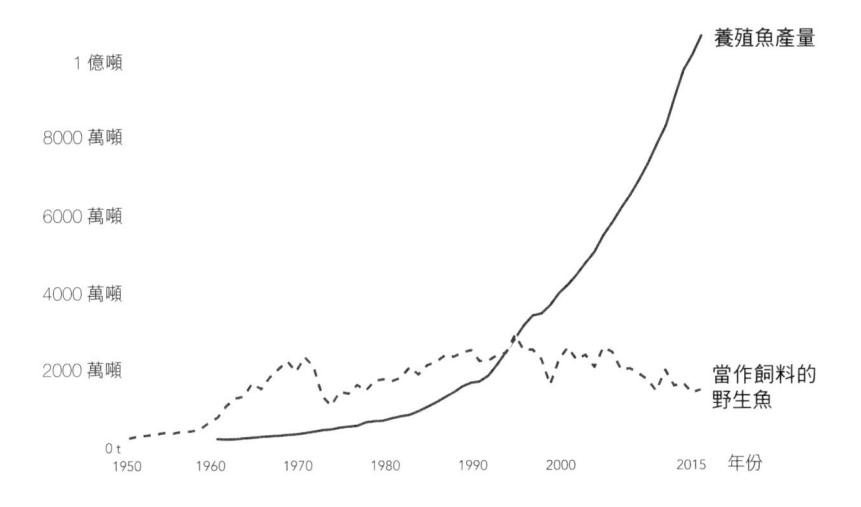

結論

「永續」就如同我們人類應該往前的方向,像天上的北極星一樣指引我們。我們要確保現在的人們有好日子過,也要減少我們對環境的影響,這樣未來的人們才能有同樣(或更好)的機會,並讓野生動物能跟我們一起繁盛。這就是我們的夢想。我相信這是我們有生之年可以達成的目標,而且我希望我有在這本書裡清楚說明我的理由。

以前從來沒有任何一個世代的人做到過這件事。如同第1章看到的,「永續」有兩個部分。我們的祖先從來沒有做到永續,因為他們連第一部分都辦不到——無法滿足當時人們的需求。在當時,有一半的小孩會死掉、可以預防的疾病卻很常見,而且大家常常營養不良。

過去一百年來,全世界在改善生活水準方面,有了顯著的進步。有些地方進展比較慢,但是每個國家在健康、教育、營養都有進步,讓國民過得愈來愈好。

當然,我們還沒抵達終點。這個世界在很多方面還是很糟糕:很多婦孺還是會因為可以預防的疾病死掉,差不多每十個人就有一個人會餓肚子,而且不是每個小孩都有機會上學。我們還有很重要的工作要做。很多解決方法就在我們眼前——我們知道

該怎麼做，而且很多國家已經做到了。如果我們下定決心去做，未來幾十年內，是有可能在世界上每個地方都達成的。

本書把重點放在第二部分：確保我們留下的環境，比我們所繼承的時候更好。我們看了七個大問題，理解現在的處境、過去的發展和接下來必須採取的行動。對每個問題來說，我們若不是正處於通往較低影響的轉捩點，就是已經跨越了這個點。

空氣汙染每年會導致數百萬人死亡，但這其實可以挽救。我們知道怎麼把空氣汙染的程度降到最低。我在英國呼吸的空氣，是過去這數百年來最清新的，或許也是這千年來最乾淨的。解決方法很簡單：不要再燒東西了。我們要確保大家都有電可以烹飪、維持室內溫度，停止焚燒作物和化石燃料，規範工業廠房，並且將注意力聚焦在乾淨的公共運輸網上。這些改變的作用可以很快：中國只用了七年就把汙染程度減半。其他國家或許沒那麼快，但我們可以在接下來的幾十年內就大幅減少空汙。潔淨能源愈來愈便宜之後，空汙問題會愈來愈簡單；窮國可以跳過焚燒化石燃料的階段，直接去用好東西。

以化石燃料為能源和動力來發展的路徑很漫長，不過對抗氣候變遷的時候，越級打怪的實力很重要。富裕的國家當初是靠化石燃料來發展經濟、賺進大把財富，為人類的福祉帶來數不盡的優點。但是也讓氣候付出沉重的代價。接下來，我們要確定每個人都可以越級改用低碳能源走向繁榮。我們的祖先從來沒有這個選擇。可再生能源的價格已經大幅降低了，電池和電動車的成本也是。很快的，低碳路線就是平價路線。我們會是不必兩難的第一代。一切都已經在改變，到了本世紀中，就會變得跟以前完全

不一樣。

能源的取捨對森林也同樣適用。首先是用來當作火柴和建築材料的木材，然後是為了開墾農田。以前若不砍伐森林，就沒有足夠的農地可耕種食物。作物的產量在過去一個世紀增加了三倍、四倍甚至五倍，突破了這一困境。我們可以在不使用更多土地的情況下，種出更多的食物。

全球人為毀林的現象在1980年代達到高峰，至今在我們最珍貴的森林中，比如亞馬遜雨林，這一趨勢也達到了頂點。許多新興經濟體都已經承諾要在2030年結束森林砍伐。在接下來的幾十年裡，如果我們繼續投資於高效農作物，並在食物選擇上做出更好的決策，將終結人為毀林的行徑。我們已經失去了世界三分之一的森林，這一趨勢正在放慢，而且我們能阻止這趨勢繼續，接下來我們將會看到更多被遺忘的森林重生。

要解決氣候變遷、停止人為毀林或保護生物多樣性，就必須改變食物的生產方式。在過去50年裡，飢餓人口數快速下降，但仍有十分之一的人口得不到足夠的食物。這不是因為我們無法種出足夠的食物，而是因為我們把食物餵給牲畜，給車當燃料，或者丟進垃圾桶裡，食物就這樣浪費掉了。這是好消息：這代表我們有能力重塑食物系統。我們可以製造類似肉類的產品，而不會對環境造成影響，也不需要屠殺動物。這將節省大量資源並減輕全球的營養不良問題，同時又能夠滿足全球需求。我們只需要製作出既營養又美味的產品，並且價格夠便宜，就能讓全球每個人都能受益。50年後，我們不會再使用全球一半的土地來種植食物，也不會每年屠殺數十億的動物來餵養人類自己。全世界每

個人都能在一個不吃動物的星球上過上美好的生活。

人類一直與地球上的其他生命為敵。我們不是獵殺動物，就是跟動物爭奪空間。現在的變化在於，野生動物面臨著各種各樣的威脅：不僅是狩獵，還有氣候變化、人為毀林、來自農業的汙染、與牲畜的競爭、塑膠、海洋酸化以及過度捕漁。這簡直是在對動物生態「千刀萬剮」。生物多樣性正在流失，要解決這問題似乎不可能，而且我們也無法單獨解決這個問題；不過，透過解決其他問題，我們可以走完這條路。在接下來的幾十年中，我們將看到偉大的野生動物復甦。幾千年來人類與其他物種的對立將結束，兩者將能夠在同一時間繁榮。

塑膠汙染是本書中最容易解決的問題。只要停止塑膠進入環境，別讓每年100萬噸的塑膠垃圾進入海洋就行。我們只需投資廢物管理系統，就能夠解決這個問題。最大的障礙是金錢。如今，大部分的塑膠汙染來自低收入和中等收入國家。富裕國家做為製造商和貿易夥伴，有責任幫助其他國家優先建設垃圾掩埋場和回收中心。只要共同合作，塑膠汙染將在未來幾十年內解決。如果各國能將這個問題列為更高的優先事項，那麼我們甚至只需更短的時間就能徹底解決。

我們的最後一個問題是過度捕漁。由於捕漁者眾多且無法監控水下魚群，過度捕漁的現象幾乎無法避免。我們得先了解魚群的數量及變化，才能知道我們還可持續捕捉多少。當我們的社會規模還很小時，我們並沒有超出可永續範圍內進行捕漁，但隨著科技進步，我們成為掠奪海洋的專家。不過幸好，現在我們對這個問題有了控制：過度捕漁的比例已經放緩，魚場讓我們能夠生

產更多魚，減少對野生魚群的壓力，在某些地區，我們標誌性的魚類物種正在恢復。這些物種的復甦只需要 10 年或 20 年的時間。我們無論在哪裡都可以用這樣的速度恢復魚種──說不定還更快。

我們所面臨的問題都環環相扣。大家很擔心我們得在這些問題之間取捨：如果選擇先解決一個問題，會犧牲另一個議題。但事實並非如此；這些問題相互關聯代表著我們可以一口氣解決。轉向可再生能源或核能，可改善空氣汙染和氣候變化；少吃牛肉可改善氣候、森林砍伐、土地使用、生物多樣性和水汙染；提高作物產量，可造福氣候和人類。

我們的環境問題還有另一個共同點，那就是歷史背景相同。我們一直告訴自己，近代才有環境問題。大家認為這些問題是過去幾十年，由於人口爆炸和貪婪造成的。實際上，幾乎所有問題都有著悠久的歷史。人類對環境的影響可以追溯到幾十萬年前。這些損害並非故意造成──我們的祖先通常別無選擇。但他們的行為對環境以及與我們共同生活的物種產生了後果。

這些問題的另一個共同點是，進展正在發生，而且進展速度很快。雖然不像我們希望的那麼快，但無論如何，態度、投資、關注的焦點和資源都在迅速改變。可持續的解決方案正成為最具成本效益的選擇。人們要求政治領袖採取行動，這些領袖無法再忽視這些呼聲。

未來 50 年內，我們有真正的機會解決這些問題。順利的話，這應該能夠在我的一生中完成。到了那時，我可能會老去，但世界仍然在推動改變，直到最後一刻。

結論

請謹記這三件事

（1）當個有效的環保人士可能會讓你覺得自己「不好」

有些本書提到的「解決方案」可能會讓你不舒服，感覺怪怪的。我自己就糾結了很多年：當個有效的環保人士讓我覺得自己好像是騙子。我選擇的「料理」看起來好像是環境災難。我一直在用微波爐，我烹飪的時間愈短愈好；幾乎所有的食材都有包裝；酪梨是從墨西哥運來的，香蕉來自安哥拉。我不常買當地自產的食材，如果有的話，我也不會在意標章。

你如果問別人「永續飲食」看起來是什麼樣子，他們的描述應該會和我的飲食習慣相反。「環境友善的飲食」好像應該來自當地市場，由完全不用化學農藥的有機農場或牧場提供，用紙袋裝著讓你拎回家，上面沒有保鮮膜。放棄加工食品：要吃新鮮的肉和蔬菜。我們應該花時間開烤箱好好烹調。

但我知道我的飲食方式很低碳。微波爐是最有效率的料理方式，當地食材不見得優於遠方貨櫃船送來的食物，有機食品通常碳足跡較高，包裝只占食物整體環境組織裡的一小部分，但卻可以讓食品保鮮久一點。

然而，這感覺還是很不對勁。我知道我在替環境做出有效的選擇，但有一部分的我感覺好像是個叛徒。我可以看到別人聽到我做的決定後，一臉疑惑。我擔心他們會覺得我是個「壞」環保人士。

這大概回到了老掉牙的「自然謬誤」：愈自然的東西愈好，對吧？在這裡，自然等於好，而不自然等於壞。我們對來自工廠的合成物總是心存懷疑。這種「天然的尚好」思維方式很容易被

諷刺為「非科學」，因為它確實不科學。但是，諷刺並不是推動改變的有效方式，它會讓我變成一個偽君子，因為我自己也未必完全擺脫這些情感。我仍然無法避免嚮往那些「自然」的解決方案。要抵抗這些情緒需要持續的，甚至是讓人不舒服的努力。

然而，這是我們需要克服的問題。我們的直覺如此「不正確」，這本身就是個問題。在世界需要減少肉類消耗的時候，我們看到人們對於肉類替代品的反對，因為它們是「加工過的」。當我們需要減少農業用地時，我們卻看到有機農業的回潮，但這種農業卻更需要土地。當我們愈來愈需要生活在密集的城市中時，我也聽到更多人幻想能在鄉村過上自給自足的浪漫生活。

如果我們需要做的事與直覺不符，那麼這就成了問題。這代表著，社會對於可持續發展的形象需要改變。實驗室培養的肉類、密集的城市和核能都需要重新定位。這些都應該成為可持續發展道路的新象徵。我希望這本書能在改變這個敘事上發揮一點作用。也只有當「環保友好」的行為與有效的行為一致時，做一個好環保人士的感覺才不會那麼糟。

（2）體系改變是關鍵

現實是，我們無法僅透過個人行為改變來解決環境問題。這在新冠疫情期間變得格外明顯。2020 年大部分時間，全世界都待在家中，這對數百萬人生活品質造成了極大的影響。我們的生活被削減到最基本的需求。路上幾乎沒有汽車、天上幾乎沒有飛機。購物中心和娛樂場所都關閉了。世界各地的經濟陷入困境。全球的生活方式發生了戲劇性變化。全球二氧化碳排放量發生了什麼變化？下降了約 5%。

這是個難以接受的事實。我們希望相信「人民的力量」——如果大家團結一心，稍微負責任一點，我們就能達到目標。不幸的是，要實現真正的持續進展，我們需要大規模的系統性和技術性改變。我們需要改變政治和經濟上的激勵機制。

這並不代表著我們有所個人貢獻。正如這本書中所見，有些具體的行為確實可以產生影響。但有三個真正重要的方面是我們可以做的，這些能夠支撐一切，是推動系統性變革的關鍵力量。

首先是參與政治行動，並選擇支持可持續行動的領袖。一次正面的政策改變，幾乎可以立刻超過數百萬人的個人努力。1970年代，尼克森總統設立了現今關鍵的環境保護局，並簽署了《空氣清潔法》與《淨水法》，以清理美國的空氣和河流汙染。這些政策徹底改變了自然環境，並挽救許多人免於有毒汙染的危害。若只是依靠民眾行為的逐步改變，這種結果是無法達成的——至少不會那麼迅速。

我們需要確保環保行動在政府的談判桌上有一席之地。領導者需要知道公眾在乎這些議題。尼克森總統被認為是歷史上最「綠」的領袖之一，但事實上他對環境問題相當冷漠。[1] 對他來說，這些並不是他的優先事項。但他不得不假裝在乎，因為公眾在乎。如果政治人物不將他們的優先事項與公眾的需求對齊，他們就無法當選。

我們可以做的第二件事，是用我們的錢包投票。每次我們買東西，都在向市場發出明確訊號——以及向那些將產品擺上架的人發出訊號——這是我們所關心的事。每當我們購買一輛電動車、一個太陽能電網，或是一個植物肉漢堡時，我們都在告訴全

球的創新者們:「我們在這裡,來服務我們吧」。

這些產品都是新技術,而且多數技術一開始的成本都很高。它們遵循著一個學習曲線,生產愈多,我們就愈學會如何高效的產出。隨著我們購買增多,價格會逐漸下降。較富裕的消費者可以在成為早期採用者的過程中發揮關鍵作用,幫助將價格壓低。這一點最初可能會帶來個人的成本。但重點是,他們可以做為早期的傳訊者,向市場表明對這些商品的需求正在增長。創新者們——嗅到商機——會像禿鷹一樣迅速行動。這種競爭會推動整個市場向前發展。不久之後,我們就會看到一些令人驚豔的產品在爭奪最低價格。1990年代,一顆電動車電池的價格可能高達100萬美元,但現在成本已經降到5,000到12,000美元,而市場也被競爭著推向價格最便宜的一方。

另一種明智使用金錢的方式是將其捐贈給對永續有效的事業。這並非每個人都能負擔得起的事,但能夠做到的人會對自己以外的世界產生深遠的積極影響。

幾年前,我參加了「能力範圍內」這個倡議活動,承諾每年至少將收入的10%捐給有效的事業。我們將金錢捐給哪裡,與我們捐贈多少一樣重要,甚至更重要。每一美元都可能會對某些事業產生數百、數千、甚至數百萬倍的影響。除了可以捐贈給關注環保的慈善機構,我們還可以捐贈給其他領域的慈善機構,如健康、教育或減貧事業,這些也有助於我們達成永續目標(我主要將每月的捐款捐給全球健康與減貧相關的慈善機構。我多數捐給了「對抗瘧疾基金會」,也支持低收入國家兒童的營養補充品。這兩個事業是在改善和拯救生命方面,最具成本效益的

事業之一）。請記住，永續的目標是為現今與未來世代提供良好的生活標準。環境損害受害最深的，往往是世界上最貧困的人。幫助人們脫離貧窮，必須成為我們的核心目標。如果你正在尋找基於證據的建議，幫助你將捐款用在能夠發揮最大效果的地方，GiveWell 是我最信賴的慈善機構評估平台。[2]

你可以做的最後一件事，是思考如何度過你的時間。本書中提到的問題，並不會自己解決。這將需要來自各行各業創意與決心的努力。我們需要創新者和企業家來創造新技術和改善現有的技術。我們還需要資助者來提供資金支持。更需要支持環境行動的政策制定者，並做出正確的決策來解決這些問題。

一般人一生中會花大約 8 萬小時在工作上（有一個很棒的組織，叫做「80,000 小時」，是由哲學家威廉‧麥克阿斯克爾〔WillMacAskill〕創立。該慈善機構提供有實證依據的捐款建議，幫助人們選擇能夠創造最大正面影響的職業，讓他們能夠貢獻自己）。選擇一個你真正能做出改變的職業，這樣你的影響力可能會是減少碳足跡的數千倍，甚至數百萬倍。

(3)與其他人一起朝相同方向努力

要落實本書的解決方案，我們需要與那些也希望推動我們向前的人一起合作。

在任何一個環境領域裡，對於我們該如何前進，你都會發現很多不同的意見。核能還是可再生能源？騎車還是開電動車？嚴格的純素還是彈性素食？奇怪且不具生產力的是，人們認為解決方案必須是全有或全無的，非此即彼。你必須選擇一個「隊伍」，並且批評另一方。但這不會促進我們向前邁進。對我來

說，大多數人其實是在同一隊伍裡。

這個比喻不是我想出來的，但我覺得這個比喻把張力描述得很精妙，我認為我們都應該將這個比喻套用在自己身上。想像你是一支箭，射向你認為我們應該去的方向。假設你非常支持核能。周圍的人則同樣熱衷於建立低碳能源基礎設施，但他們討厭核能，喜歡可再生能源。他們的方向可能略微偏離你的方向——也許是偏向左邊或右邊10度。但最重要的是，你和那支箭都在朝大致相同的方向推進：兩者都希望儘可能快速的建立低碳能源。你們是隊友，不管你是否意識到。

問題在於，我們大多數的時間都花在與我們最近的那支箭做鬥爭。我們爭論核能和太陽能之間的選擇，或是風能和太陽能之間的對立；爭論人們是否應該吃加工過的大豆漢堡或扁豆，甚至爭論該優先減少食物排碳還是能源排碳。重點是，在最基本的層面上，所有人都在為朝同一方向前進而努力。

當我們在自己內部爭吵時，指向相反方向的箭頭卻在拉扯著我們。化石燃料公司、肉類遊說團體和那些反對環境行動的人，都輕鬆的逃過了這一切。他們不需要做太多事來對抗我們。我們就被內部的爭論所分化，沒有將焦點對準真正的反對者。過程中的一個好原則是，我們應該小心對待那些與我們理念大致一致的人，不必將他們當作敵人。這並不代表著我們不能討論他們的觀點——我們絕對需要這樣的批評，以確保我們選擇有效的解決方案——但我們應該在這些討論中保持建設性和寬容。

那些朝相同方向努力的箭頭，指向的是專注於建構能推動我們前進的解決方案的人。悲觀者對解決方案不感興趣。他們已經

結論

放棄了。他們經常會站在解決方案的對立面。比較好一點的，是他們只是對進步產生了反作用力；最糟糕的，是他們積極的把我們拉向相反的方向。他們對環境行動的影響，跟否定者一樣，可能是同樣有害的。

持續朝同一方向努力

我們對如何解決環境問題的看法可能略有不同，但我們都是同一隊的。

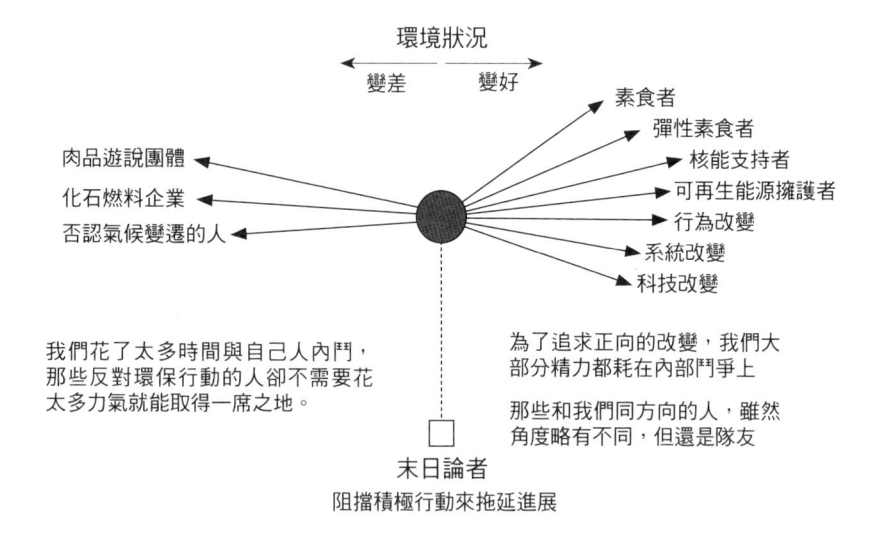

環境狀況
← 變差　變好 →

素食者
彈性素食者
核能支持者
可再生能源擁護者
行為改變
系統改變
科技改變

肉品遊說團體
化石燃料企業
否認氣候變遷的人

末日論者
阻擋積極行動來拖延進展

我們花了太多時間與自己人內鬥，那些反對環保行動的人卻不需要花太多力氣就能取得一席之地。

為了追求正向的改變，我們大部分精力都耗在內部鬥爭上

那些和我們同方向的人，雖然角度略有不同，但還是隊友

來當第一代

如果你生活在今日，那麼你就處於一個真的很獨特的時代，因為你能實現我們的祖先無法想像的事情：實現一個可持續的未來。我相信我們這一代可以成為實現這個目標，既能滿足每個人的需求，同時將環境保持在比我們繼承時更好的狀態。

我們與祖先的不同之處在於，經濟和技術的變化代表我們擁有選擇。我們的選擇不限於鯨油、煤炭或木柴了。我們已經開發更好的替代方案來做同樣的事。這種選擇也帶來責任。我們可以做出負責任的選擇來推動自己前進，但我們也可以選擇保持現狀。沒人能保證會有永續未來——想要，就必須創造。我們有機會成為永續第一代，但不是必然。

　我會如此樂觀，是因為我遇到的很多人都在為此而努力。學著與這些人為伍，受他們的啟發，忽略那些說我們注定失敗的人。我們並不注定失敗，我們可以為每個人建造一個更好的未來。讓我們將這個機會轉化為現實。

數據資料來源

致謝

　　沒有人能獨自建構一個永續的世界。這本書也不可能單槍匹馬就能完成。封面上寫的是我的名字，但實際上我應該只有一小部分的功勞。

　　感謝我的經紀人，艾薇塔斯創意經紀公司（Aevitas Creative Management）的托比・蒙迪（Toby Mundy），謝謝你讓我萌生寫書的念頭，也幫助我在文學世界中找到方向。

　　我無法用言語表達對企鵝蘭登出版社（Penguin Random House）旗下查托與溫達斯（Chatto & Windus）團隊的感謝。我的編輯貝琪・哈蒂（Becky Hardie），謝謝你願意相信我這位首次出書的新人，並與我一樣對這本書充滿熱情。我再也找不到比你更棒的夥伴了。

　　感謝查托的編輯助理艾西亞・喬杜里（Asia Choudhry）提供寶貴的回饋與支持。謝謝凱瑟琳・佛萊（Katherine Fry）精細而嚴謹的校稿、蕾安儂・羅伊（Rhiannon Roy）指引出版流程、卡蜜拉・洛基斯（Carmella Lowkis）和安娜・瑞德曼・艾爾沃德（Anna Redman Aylward）協助將書送到讀者手中。還有無數在幕後默默付出的人：版權銷售、封面設計、行銷推廣。你們每一位都該在封面上留名。沒有你們，這本書不會有現在的樣子，而我也不會成為今天的作者。

還要大大感謝我在美國的編輯瑪麗莎‧維吉蘭提（Marisa Vigilante），以及小布朗之光（Little, Brown Spark）團隊。謝謝你們所有人。

這本書歷時六年才完成。書中許多研究與資料源自我在「數據看世界」任職的經驗。我是在 2017 年主動寫信當志工後才正式加入。謝謝麥克斯‧羅瑟和艾斯特班‧奧提茲—奧斯皮納（Esteban Ortiz-Ospina），你們不僅沒有忽視我，還給了我這個機會。你們不只是優秀的導師，更是我珍愛的朋友。我愛你們，也為我們共創的一切感到驕傲。感謝牛津大學馬丁學院，願意給我這位特立獨行的學術人一個容身之地。

在「數據看世界」，我很幸運能與一群志同道合、立志讓世界更美好的人共事。特別感謝費歐娜‧斯普納（Fiona Spooner）閱讀初稿並給予回饋，還有愛德華‧馬修（Edouard Mathieu）是我見過最支持人的夥伴之一：這世界上很少有人會讓我這麼想與之共事。

這本書關於我們對未來的投資。我幸運的遇到許多願意栽培我且相信我的導師。對戴夫‧瑞伊（Dave Reay）和皮特‧希金斯（Pete Higgins），我欠你們太多太多，我只能希望未來我能以你們一半的誠信行走世界。漢斯‧羅斯林、奧拉‧羅斯林（Ola Rosling）以及安娜‧羅斯林‧羅朗德（Anna Rosling Rönnlund），是你們讓我對世界的理解徹底翻轉，從一個悲觀者變成積極的行動者。

感謝莉茲‧葛蘭特（Liz Grant）和凱特‧史托瑞（Kate Storey）長久以來的支持。還有許多一直在背後為我加油的

人：莎洛妮‧達塔尼（Saloni Dattani）、山姆‧鮑曼（Sam Bowman）、班‧索斯伍德（Ben Southwood）、尼克‧惠特克（Nick Whitaker）（Works in Progress）、威爾‧麥卡斯基爾（Will MacAskill）、蓋文‧溫伯格（Gavin Weinberg）、艾比‧羅瑞格（Abie Rohrig）——感謝你們的努力，讓這本書得以實現。

我也很幸運認識來自世界各地的頂尖專家，願意給我指點迷津。感謝約瑟夫‧普爾（Joseph Poore）、柏楊‧史萊特、馬提亞斯‧艾格（Matthias Egger）、羅宏‧勒布雷東（Laurent Lebreton）、雷‧希爾伯恩（Ray Hilborn）、麥可‧梅爾尼丘克（Michael Melnychuk）、馬克斯‧莫斯勒（Max Mossler）、戴夫‧瑞伊閱讀初稿並提供意見。書中若有任何錯誤，皆為我個人之責。

我們每個人都需要那些愛我們的人，無論我們的作品是否成功。特別感謝莎拉‧坎農（Sarah Cannon）和馬特‧哈伍德（Matt Harwood）帶來的笑聲與打氣。艾瑪‧史托瑞—高登（Emma Storey-Gordon）不斷激勵我前進。麥可‧休斯（Michael Hughes）幫助我飛翔（或至少不會摔得太慘）。這裡也想提到這些年我經常仰賴的幾位朋友：梅瑞迪斯‧柯瑞（Meredith Corey）、希瓦姆‧哈古納尼（Shivam Hargunani）、湯瑪斯‧亞歷山大（Thomas Alexander）、肖娜‧丹諾文（Shona Denovan）、安迪‧漢米爾頓（Andy Hamilton）、艾琳‧米勒（Erin Miller）、伊芙‧史密斯（Eve Smith）、珍妮‧戴貝克（Jenny Dybeck）、雅尼‧史密斯（Yanni Smith）、林賽‧維龐德（Lyndsey Vipond）、艾拉（Isla）、艾莉森（Allison）和哈米許

（Hamish）。感謝大衛（David）、吉蓮（Gillian）和安德魯・克爾（Andrew Kerr）的支持。

若沒有摯愛的家人，我什麼都不是。感謝安德莉亞（Andrea）、湯米（Tommy）和奇蘭（Kieran），你們就像是我的第二組家人，雖然我不缺父母和兄弟，但我很幸運多擁有了你們，這份關係對我意義重大。還要感謝我的祖父母，他們一直珍藏著我童年時期寫給他們的「書」。我祖母更是深信如果這本書成為了暢銷書，她就能靠之前那些書發財。感謝亞倫（Aaron）教我在足球場上要厚臉皮，也教我如何應對網路抨擊。我很自豪你是我兄弟。還有梅根（Megan），我認識的人中最善良的人之一，即將迎來新生命。讓我們一起為下一代打造更好的世界吧。

當然，最深的感謝要獻給我的父母凱倫（Karen）和大衛（David），這本書是送給你們的。我們的心驅動我們行動，而我們的大腦則指引方向。你們是我見過最善良也最聰明的人。我希望我從你們身上學到的東西，都能透過這些文字傳達出來。謝謝你們給我無條件的愛，讓我可以在派對的角落裡安心看書，也謝謝你們成為每個孩子都應該擁有的那種父母。

最後，獻給凱瑟琳（Catherine），我最愛的人。是你讓我變得更好，也讓這個世界更美好。謝謝你包容我凌晨四點起床、週末閉關寫書的生活。我無法想像身邊如果沒有你，會是什麼樣子。我希望讓你知道，你給的支持我一直銘記在心。這本書只是我人生的一小章節，而我想與你共寫剩下的所有篇章。

創新觀點

這世界有點糟，但還有救！
面對氣候變遷、環境汙染、物種滅絕，用數據打敗末日宿命，
從七個永續關鍵點啟動「對地球好」的行動

2025年7月初版　　　　　　　　　　　　　　定價：新臺幣500元
有著作權・翻印必究
Printed in Taiwan.

著　　　者	Hannah Ritchie	
譯　　　者	葉　妍　伶	
叢書編輯	賴　玟　秀	
副總編輯	陳　永　芬	
校　　對	黃　子　萍	
內文排版	王　信　中	
封面設計	張　　　巖	

出　版　者	聯經出版事業股份有限公司	編務總監　陳　逸　華
地　　　址	新北市汐止區大同路一段369號1樓	副總經理　王　聰　威
叢書主編電話	(02)86925588轉5316	總　經　理　陳　芝　宇
台北聯經書房	台北市新生南路三段94號	社　　長　羅　國　俊
電　　　話	(02)23620308	發行人　林　載　爵
郵政劃撥帳戶第0100559-3號		
郵撥電話	(02)23620308	
印　刷　者	文聯彩色製版印刷有限公司	
總　經　銷	聯合發行股份有限公司	
發　行　所	新北市新店區寶橋路235巷6弄6號2樓	
電　　　話	(02)29178022	

行政院新聞局出版事業登記證局版臺業字第0130號

本書如有缺頁，破損，倒裝請寄回台北聯經書房更換。　ISBN 978-957-08-7712-0 (平裝)
聯經網址：www.linkingbooks.com.tw
電子信箱：linking@udngroup.com

Copyright © Dr Hannah Ritchie, 2024
First published as NOT THE END OF THE WORLD: HOW WE CAN BE THE FIRST
GENERATION TO BUILD A SUSTAINABLE PLANET in 2024 by Chatto & Windus, an
imprint of Vintage. Vintage is part of the Penguin Random House group of companies.
This edition arranged with Vintage through BIG APPLE AGENCY, INC. LABUAN,
MALAYSIA.
Traditional Chinese edition copyright: 2025 LINKING PUBLISHING CO
All rights reserved.

國家圖書館出版品預行編目資料

這世界有點糟，但還有救！面對氣候變遷、環境汙染、物種滅絕，用數據打敗末日宿命，從七個永續關鍵點啟動「對地球好」的行動/ Hannah Ritchie著．葉妍伶譯．初版．新北市．聯經．2025年7月．352面．14.8×21公分（創新觀點）

譯自：Not the end of the world

ISBN 978-957-08-7712-0（平裝）

1.CST：環境教育 2.CST：環境保護 3.CST：永續發展

445.99
114007049